机械识图与绘制

主　编　邓海英　叶　青
副主编　何　秀　刘　驰
参　编　向小汉　毛丹丹　高茂涛
　　　　蓝　雄　莫文锋　丘柳滨
主　审　关意鹏

U0234677

北京理工大学出版社
BEIJING INSTITUTE OF TECHNOLOGY PRESS

内 容 简 介

本书按照模块化、任务驱动的方式进行编写。全书围绕"机械识图与制图"这一主题，按确定典型工作任务、学习与工作过程设计、项目实施与评价等步骤开展，根据工作流程对每个实践项目的知识和技能进行枚举、归纳和总结。本书分为 5 个项目，共 38 个典型工作任务。前三个项目包含机械制图基本知识、三视图的绘制、机件的表达方法，后两个模块包含零件图的识读与绘制、装配图的识读及绘制。

本书适合高职在校生、本科生、工程技术人员以及社会自学者使用。

图书在版编目（CIP）数据

机械识图与绘制 / 邓海英，叶青主编. −− 北京：
北京理工大学出版社，2021.9
ISBN 978 − 7 − 5763 − 0353 − 7

Ⅰ. ①机… Ⅱ. ①邓… ②叶… Ⅲ. ①机械图 – 识图
②机械制图 Ⅳ. ①TH126

中国版本图书馆 CIP 数据核字（2021）第 190217 号

出版发行 / 北京理工大学出版社有限责任公司
社　　址 / 北京市海淀区中关村南大街 5 号
邮　　编 / 100081
电　　话 / （010）68914775（总编室）
　　　　　（010）82562903（教材售后服务热线）
　　　　　（010）68944723（其他图书服务热线）
网　　址 / http：//www.bitpress.com.cn
经　　销 / 全国各地新华书店
印　　刷 / 三河市龙大印装有限公司
开　　本 / 787 毫米 × 1092 毫米　1/16
印　　张 / 20.5　　　　　　　　　　　　　　　　责任编辑 / 曾　仙
字　　数 / 481 千字　　　　　　　　　　　　　　文案编辑 / 曾　仙
版　　次 / 2021 年 9 月第 1 版　2021 年 9 月第 1 次印刷　　责任校对 / 周瑞红
定　　价 / 89.00 元　　　　　　　　　　　　　　责任印制 / 李志强

前　　言

随着高职教育教学改革的不断深入，院校推行"1 + X"证书培养机制，高职教材必须适应这种培养模式，本书正是为了适应这一需求而编写的。

本书综合了高职学生的学习特点和德国 AHK 职业培训考证体系，以国家职业标准为依据，以综合职业能力培养为目标，以典型工作任务为载体，以学生为中心，根据典型工作任务和工作过程来设计课程内容。为了培养学生的综合职业能力，本书围绕"机械识图与制图"这一主题，确定典型工作任务、学习与工作过程设计、项目实施与评价等步骤，按照工作过程对每个实践项目的知识和技能进行枚举、归纳和总结，以介绍每个实践项目的技能和知识结构；而且，对不同项目任务进行比较、分析与综合，搭建能体现整个课程的知识、技能脉络的实践项目结构。

本书中的任务描述是指在典型工作任务中具备学习价值的代表性工作；学习要点是指完成学习任务后应能达到的行为程度；在学习过程部分，针对学生所要完成任务的条件、结果和技术标准，引导学生思考问题而设计引导问题，并将引导问题作为学习工作的主线贯穿完成学习任务的全部过程，让学生在完成工作任务中查找并学习所需的专业知识，思考并解决专业问题，提高学习的主动性。

本书整合了"机械制图""互换性与技术测量""AutoCAD"三门专业基础课的内容，针对高职高专学生所必备的机械制图技能，并结合零件测绘、互换性技术和金属材料热处理等知识，运用"学一课，成一事"的职教理念，在一个个完整的项目工作过程中向学生传授专业知识和技能，有助于学生掌握零件表达方案的选择、极限与配合的选用、表面粗糙度的选用、几何公差的选用与标注、金属材料对工艺的影响等知识，从而能绘制符合实际生产加工所需的图纸。而且，本书对接"1 + X"证，所选用的实例、习题能满足制图员职业资格考试，可在课程结束后达到以证代考。本书还融入了文化自信、民族自豪、工匠精神、责任意识、经济环保、树立正确人生观等德育元素，将思政教育与专业技能目标互融，有助于培养学生的职业能力和素养，引导学生自主学习，提高学生发现问题、解决问题的能力。本书的最大特点是突出了完整的项目工作过程，且有以本书为蓝本而开发的配套在线开放课程"零部件技术测绘与出图"（http://www.xueyinonline.com/detail/219286487），因此选用本书可方便地实现线上线下混合教学。

本书由邓海英、叶青担任主编，何秀、刘驰担任副主编。其中，邓海英编写项目一；何秀编写项目二；刘驰编写项目三；向小汉编写项目四中的任务 4.1 ~ 任务 4.6；毛丹丹编写项目四中的任务4.7～任务4.11；叶青编写项目五；高茂涛编写附录；全书由邓海英、叶青负责统稿。本书由关意鹏审阅了全稿，在此表示衷心的谢意！

由于编者水平有限，书中疏漏之处在所难免，恳请广大读者对本书提出宝贵意见。

编　者

2021 年 8 月

目　　录

项目1 机械制图基本知识

> **项目导读**：机械图样是工程技术的语言，是指导机械制造和装配的技术文件。本项目以任务的形式，介绍绘制和识读机械图样所需的制图基本知识、三视图形成和三视图投影规律及绘图基本技能，培养学生严格执行《机械制图》《技术制图》等国家标准的意识，并养成规范的制图习惯。

任务1.1　抄画垫块零件图

姓名：_____　班级：_____　学号：_____

任务描述

请同学们秉着严谨、认真的学习和工作态度，用 A4 图幅，按照国家标准规定的线型画法及尺寸标注的规则，并按 1∶1 的比例抄画图 1.1−1 所示的垫块零件图。

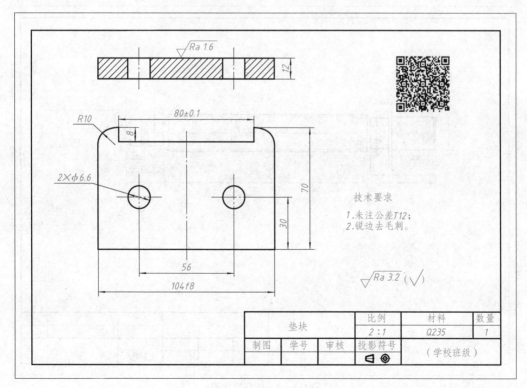

图 1.1−1　垫块零件图

任务提交：提交一张 A4 图纸、工作页。

完成时间：_____。

知识点：《技术制图》国家标准，绘图工具及其使用，用三角板画平行线、水平线、竖直线、15°倍数的倾斜线。

技能点：学会正确使用绘图工具及仪器，学会用尺规绘图的方法及步骤，学会削铅笔。

素养点：树立遵守国家标准的意识，养成规范的制图习惯，培养严谨、细致的工作作风。

理论指导

1. 图样的作用和内容

机器由若干零件组装而成。在制造机器时，要根据零件图加工零件，根据装配图将零件装配成机器。因此，图样是工业生产的重要技术资料，被称为工程界的技术语言。如图 1.1-2 所示，虎钳由钳口座、活动钳口、螺杆、螺钉、紧定螺钉等零件组成。图 1.1-3 所示为螺杆零件图。一张完整的零

图 1.1-2　虎钳立体图

件图包含一组图形、完整的尺寸、技术要求、标题栏四项内容。图 1.1-4 所示为虎钳装配图。一张完整的装配图包含一组图形、必要的尺寸、技术要求、标题栏、零件序号和明细栏等内容。

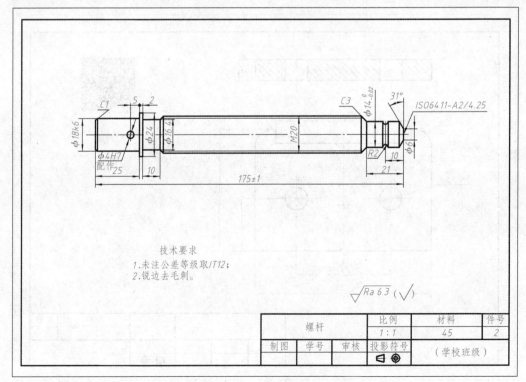

图 1.1-3　螺杆零件图

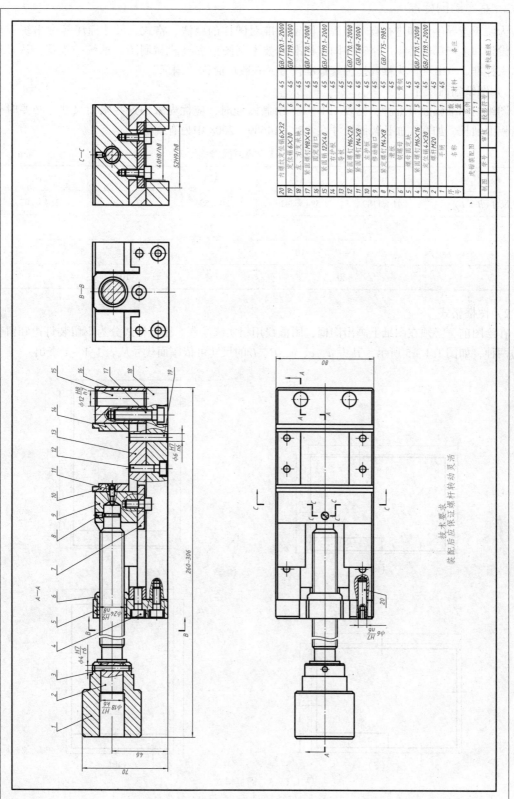

序号	名称	数量	材料	备注
20	内六角头定位销6×32	2	45	GB/T120.1-2000
19	定位销6×30	6	45	GB/T119.1-2000
18	左、右支承块	2	45	
17	紧固螺栓M8×40	2	45	GB/T70.1-2008
16	圆柱定位口	1	45	GB/T119.1-2000
15	紧固销12×40	2	45	
14	导护板	1	45	
13	右护板	1	45	
12	紧定螺钉M6×20	4	45	GB/T70.1-2008
11	紧固螺钉M4×8	4	45	GB/T68-2000
10	左护板	1	45	
9	移动钳口	1	45	
8	紧定螺钉M4×8	1	45	GB/T75-1985
7	滑块	1	黄铜	
6	制钳螺母	1	45	
5	螺杆固定块	1	45	
4	紧固螺钉M6×16	5	45	GB/T70.1-2008
3	定位销4×30	1	45	GB/T119.1-2000
2	螺母M20	1	45	
1	手柄	1	45	

虎钳装配图

图号 虎钳装配图
单号
比例 1:1
（学校班级）

技术要求
装配后应保证螺杆转动灵活

图1.1-4 虎钳装配图

2. 基本制图标准

为便于指导生产和进行技术交流，国家标准对图样的画法、格式、尺寸标注等做出统一规定。设计和生产部门必须严格遵守国家标准《技术制图》和《机械制图》的统一规定，认真执行国家标准。"GB/T"为推荐性国家标准代号，一般可简称"国标"。

1）图纸幅面尺寸

图纸的标准幅面有五种，见表 1.1-1。绘制图样时，应优先采用这些幅面尺寸。必要时可以沿幅面加长、加宽，加长幅面尺寸在 GB/T 14689—2008 中另有规定。

表 1.1-1　幅面尺寸　　　　　　　　　　　　　　　　　　　mm

幅面代号	A0	A1	A2	A3	A4
尺寸($B \times L$)	841×1189	594×841	420×594	297×420	210×297
a	25				
c	10			5	
e	20			10	

2）图框格式

在绘图前，必须在图纸上画出图框，图框线用粗实线绘制。图框格式分为不留装订边和留装订边两种，如图 1.1-5 所示，其中 a、c、e、B、L 的尺寸可依幅面代号从表 1.1-1 查出。

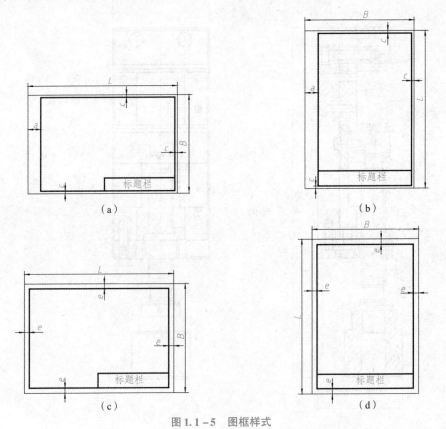

图 1.1-5　图框样式

（a）留装订边，A3 图框横放；（b）留装订边，A4 图框竖放；

（c）不留装订边，A3 图框横放；（d）不留装订边，A4 图框竖放

3）标题栏

标题栏位于图框的右下角，国家标准对标题栏的内容、格式及尺寸均做了规定，如图1.1-6所示。制图作业的标题栏可采用图1.1-7所示的推荐格式。

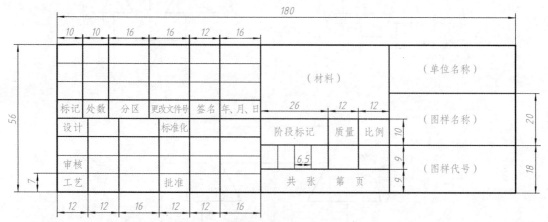

图1.1-6　标题栏的格式及各部分尺寸

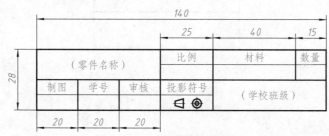

图1.1-7　制图作业的标题栏

4）比例

比例是指图样中图形与其实物相应要素的线性尺寸之比。为看图方便，应尽可能按机件的真实大小（即原值比例）画图。当需要按比例绘图时，优先采用表1.1-2中的国标规定的不带括号的比例，必要时也允许选取表1.1-2中带括号的比例。

表1.1-2　绘图的比例

原值比例	$1:1$
缩小比例	$(1:1.5)$　　$1:2$　　$(1:3)$　　$(1:4)$　　　$(1:6)$ $1:1\times10^{n}$　　$(1:1.5\times10^{n})$　　$1:2\times10^{n}$　　$(1:2.5\times10^{n})$　　　$(1:3\times10^{n})$ $(1:4\times10^{n})$　　$1:5\times10^{n}$　　$(1:6\times10^{n})$
放大比例	$2:1$　　$(2.5:1)$　　$(4:1)$　　$5:1$　　$(1:6)$ $1\times10^{n}:1$　　$2\times10^{n}:1$　　$(2.5\times10^{n}:1)$　　$(4\times10^{n}:1)$　　$5\times10^{n}:1$

注意：无论用的是放大还是缩小的比例，标注的尺寸都为机件的真实尺寸，如图1.1-8所示。

5）图线（GB/T 17450—1998，GB/T 4457.4—2002）

（1）图线线型及应用。绘制技术图样时，图样上的线条应采用GB/T 17450—1998、GB/T 4457.4—2002规定的线型（表1.1-3）。常用图样应用示例如图1.1-9所示。常用工程图线线素的长度见表1.1-4。图线宽度d的推荐系列为0.18、0.25、0.35、0.5、0.7、1、1.4、2，单位为mm。

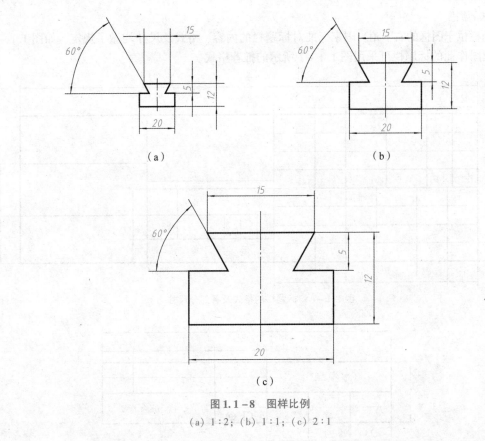

图 1.1 - 8 图样比例

(a) 1:2; (b) 1:1; (c) 2:1

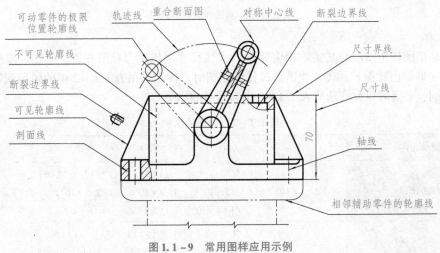

图 1.1 - 9 常用图样应用示例

表 1.1 - 3 机械制图的常用线型及其应用（摘自 GB/T 4457.4—2002）

线型名称	线型	线宽	主要用途
粗实线	——	d	可见轮廓线，可见棱边线、相贯线
细实线	——	$0.5d$	过渡线、尺寸线、尺寸界线、指引线和基准线、剖面线、重合断面的轮廓线等

线型名称	线型	线宽	主要用途
波浪线	〜〜	0.5d	断裂处的分界线、视图和剖视图的分界线
细点划线	—·—·—	0.5d	轴线、对称中心线、分度圆（线）、孔系分布的中心线等
细虚线	- - - - -	0.5d	不可见轮廓线，不可见棱边线
粗点划线	▬·▬·▬	d	限定范围表示线
细双点划线	—··—··—	0.5d	相邻辅助零件的轮廓线、可动零件的极限位置的轮廓线、轨迹线等

表 1.1－4　常用工程图线线素的长度

线素	线型	长度
点	细点划线、粗点划线、细双点划线	≤0.5d
点间隔	虚线、细点划线、粗点划线、细双点划线	3d
划	虚线	12d
长划	细点划线、粗点划线、细双点划线	24d

（2）图线的画法（图 1.1－10）。

①在同一图样中，同类图线的宽度应基本一致。虚线、点划线及双点划线的线段长度和间隔应各自大致相等；点划线、双点划线的首末两端应是线段，而不是短划。

②绘制圆的对称中心线（简称中心线）时，圆心应为划的交点。当圆的图形较小，绘制点划线有困难时，允许用细实线代替点划线。

③各种线型相交时，都应以划相交，不应在空隙或点处相交。当虚线处于粗实线的延长线上时，粗实线应画到分界点，而虚线应留有空隙。

④当虚线圆弧和实线圆弧相切时，实线圆弧应画到分界点，而虚线圆弧应留有空隙。

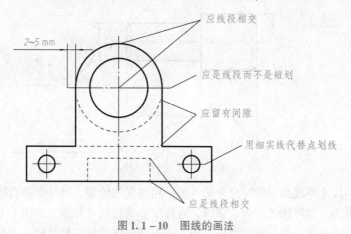

2~5 mm

应线段相交

应是线段而不是短划

应留有间隙

用细实线代替点划线

应是线段相交

图 1.1－10　图线的画法

6）字体

（1）基本要求：字体工整，笔画清楚，间隔均匀，排列整齐。

（2）字体大小：字体的字号规定了八种：20，14，10，7，5，3.5，2.5，1.8。字体的号数即字体高度，如 10 号字的字高为 10 mm。字体的宽度一般是字体高度的 2/3 左右。

（3）汉字要求：汉字应写成长仿宋体字，并应采用《汉字简化方案》中规定的简化字。汉字的高度 h 应不小于 3.5 mm。

（4）数字、字母：分斜体和直体两种，斜体字的字体头部向右倾斜 15°。

汉字、字母、数字书写示例如图 1.1－11、图 1.1－12 所示。

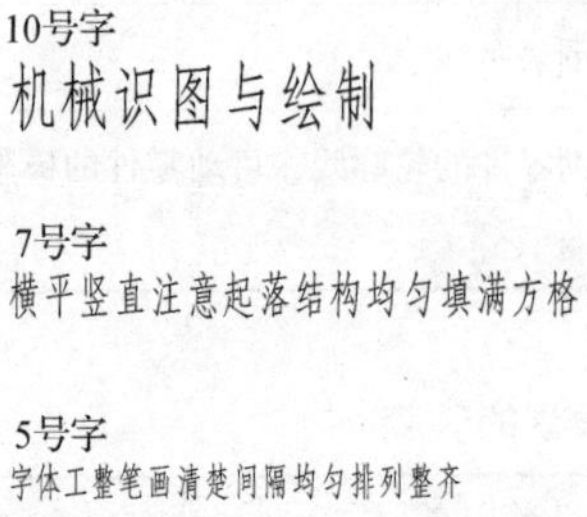

10号字
机械识图与绘制
7号字
横平竖直注意起落结构均匀填满方格
5号字
字体工整笔画清楚间隔均匀排列整齐

图 1.1－11　汉字书写示例

ABCDEFGHIJK
abcdefghijk
1234567890

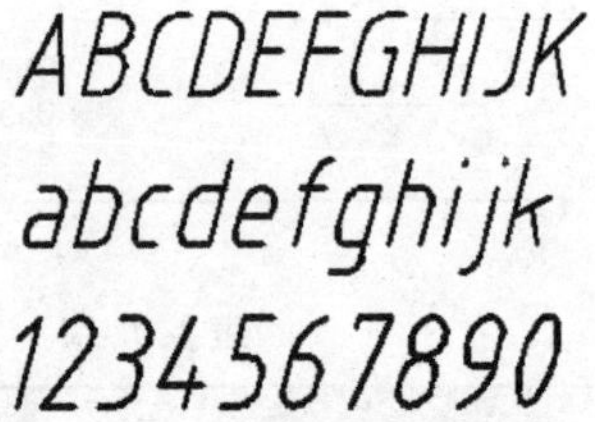

图 1.1－12　字母、数字书写示例

7）尺寸注法（GB/T 4458.4—2003 和 GB/T 16675.2—2012）

图样中，图形表达机件的结构形状，尺寸确定机件的真实大小。标注尺寸很重要，应该严格遵守国家标准《机械制图　尺寸注法》中的规定，保证尺寸标注得正确、完整、清晰、合理。

（1）基本规则。

①机件的真实大小应以图样上所注的尺寸数值为依据，与图形的大小及绘图的准确度无关。

②图样中的尺寸以毫米（mm）为单位时，不需要标注计量单位的代号或名称。如果采用其他单位，则必须注明相应的计量单位的代号或名称。

③对机件的每一种结构，一般只标注一次，并应标注在反映该结构最清晰的图形上。

④图样中所标注的尺寸为该图样所示机件的最后完工尺寸，否则应另加说明。

（2）尺寸组成。

一个完整的尺寸由尺寸数字、尺寸线、尺寸界线、尺寸线的终端符号组成，标注示例如图 1.1－13 所示。

尺寸界线
C1
尺寸数字
C1
箭头
φ15
φ10
尺寸界线超过
尺寸线 2~5 mm
20
35
尺寸线
尺寸线间，尺寸线
与轮廓线相距 5~7 mm

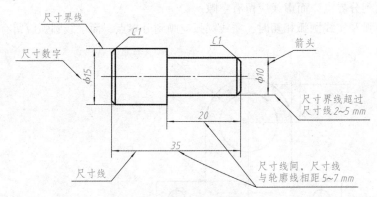

图 1.1－13　尺寸组成

①尺寸界线：尺寸界线表示所注尺寸的范围，用细实线绘制。尺寸界线自图形的轮廓线、轴线、对称中心线引出，也可用轮廓线、轴线、对称中心线做尺寸界线，如图 1.1－14 所示。尺寸界线一般应与尺寸线垂直，必要时才允许倾斜。在光滑过渡处标注尺寸时，必须用细实线将轮廓线延长，从它们的交点处引出尺寸界线，如图 1.1－15 所示。

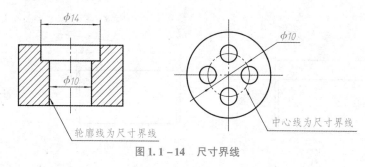

图 1.1 – 14 尺寸界线

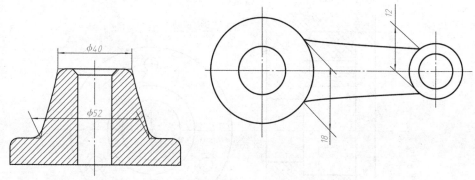

图 1.1 – 15 尺寸标注

②尺寸线：尺寸线表明所注尺寸的度量方向，用细实线绘制。一般情况下，尺寸线必须单独画出，不能用其他图线代替，轮廓线、中心线或它们的延长线均不可作为尺寸线使用，也不得与其他图线重合或画在其他图线的延长线上，如图 1.1 – 16 所示。标注线性尺寸时，尺寸线必须与所标注的线段平行。

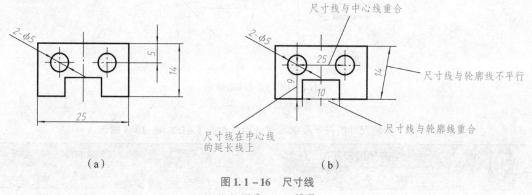

图 1.1 – 16 尺寸线
(a) 正确；(b) 错误

③尺寸数字：尺寸数字用标准字体书写，同一张图上的字高要一致。线性尺寸的数字，一般应注写在尺寸线的上方，也允许注写在尺寸线的中断处，如图 1.1 – 17 (a) 所示。数字不能被任何线条通过，当不可避免时，应将图线断开；当位置不够时，可将尺寸数字引出标注，如图 1.1 – 17 (b) 所示。

④尺寸线的终端：尺寸线的终端有三种形式——箭头、斜线和圆点。机械制图多采用箭头，箭头的形式如图 1.1 – 18 (a) 所示，箭头尖端应与尺寸界线接触。在同一张图上，箭头的大小要一致。小尺寸串联时，箭头画在尺寸界线的外侧，其中间可用圆点或斜线代替箭头。斜线用细实线绘制，其形式如图 1.1 – 18 (b) 所示。

⑤标注尺寸时，应尽可能使用符号和缩写词，见表 1.1 – 5。

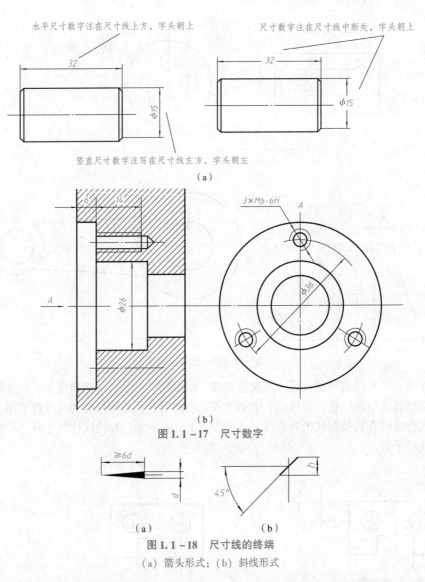

水平尺寸数字注在尺寸线上方,字头朝上

尺寸数字注在尺寸线中断处,字头朝上

竖直尺寸数字注写在尺寸线左方,字头朝左

(a)

(b)

图 1.1-17 尺寸数字

(a)

(b)

图 1.1-18 尺寸线的终端

(a) 箭头形式;(b) 斜线形式

表 1.1-5 标注尺寸的符号及缩写词(摘自 GB/T 4458.4—2003 附录 A)

序号	符号及缩写词		序号	符号及缩写词	
	含义	现行		含义	现行
1	直径	ϕ	9	深度	⤓
2	半径	R	10	沉孔或锪平	⊔
3	球直径	$S\phi$	11	埋头孔	∨
4	球半径	SR	12	弧长	⌒
5	厚度	t	13	斜度	∠
6	均布	EQS	14	锥度	▷
7	45°倒角	C	15	展开长	↻
8	正方形	□			

● 线性尺寸。线性尺寸的数字应按图1.1-19所示的方向填写，并尽量避免在图示30°范围内标注尺寸。竖直方向尺寸数字也可按图1.1-20所示的形式标注。

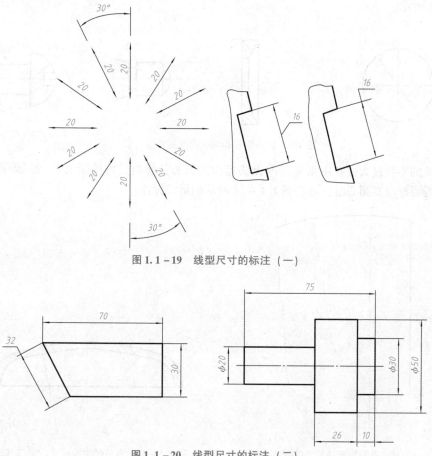

图1.1-19　线型尺寸的标注（一）

图1.1-20　线型尺寸的标注（二）

● 直径、半径尺寸和球面尺寸。直径、半径尺寸的标注如图1.1-21所示，标注直径时，应在尺寸数字前加注符号"φ"；标注半径时，应在尺寸数字前加注符号"R"，且尺寸线经过圆心。

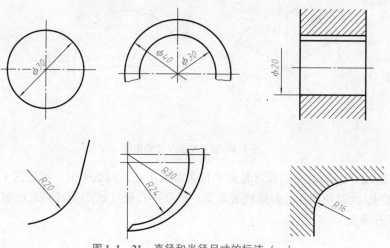

图1.1-21　直径和半径尺寸的标注（一）

标注球面直径或半径时，应在符号"φ"或"R"前加注符号"S"。对于螺钉、铆钉的头部，轴（包括螺杆）的端部以及手柄的端部，在不致引起误解的情况下可省略符号"S"，如图 1.1 – 22 所示。

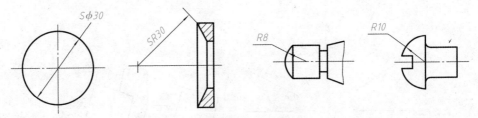

图 1.1 – 22　直径和半径尺寸的标注（二）

当圆弧的半径过大或在图纸范围内无法标出其圆心位置时，可按图 1.1 – 23 所示的形式标注。当不需要标出其圆心时，可按图 1.1 – 24 所示的形式标注。

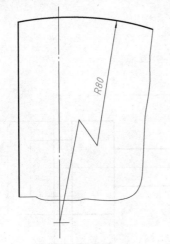

图 1.1 – 23　直径和半径尺寸的标注（三）　　图 1.1 – 24　直径和半径尺寸的标注（四）

● 角度尺寸。角度的数字一律水平填写，数字应写在尺寸线的中断处，必要时允许写在外面或引出标注，角度的尺寸界线必须沿径向引出，如图 1.1 – 25 所示。

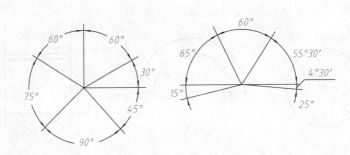

图 1.1 – 25　角度尺寸的标注

● 狭小部位的尺寸标注。在没有足够的位置画箭头或注写数字时，可按图 1.1 – 26 所示的形式标注，此时，允许用圆点或斜线代替箭头。标注小直径（或小半径）尺寸时，箭头和数字都可以布置在外面。

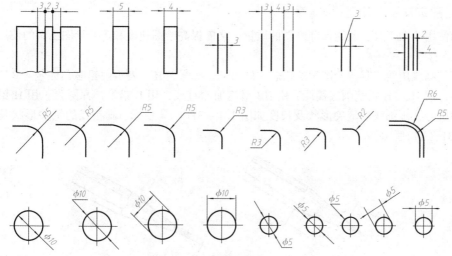

图 1.1-26　狭小部位的尺寸标注

- 斜度和锥度的标注。斜度与锥度的标注如图 1.1-27、图 1.1-28 所示。

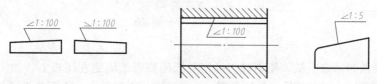

图 1.1-27　斜度的标注

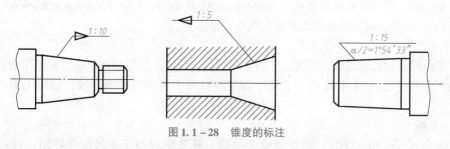

图 1.1-28　锥度的标注

- 倒角的标注。倒角的标注如图 1.1-29、图 1.1-30 所示。

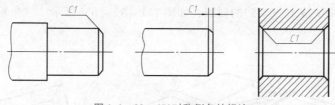

图 1.1-29　45°对称倒角的标注

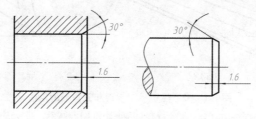

图 1.1-30　非对称倒角的标注

3. 绘图工具及其使用

正确使用绘图工具，既能保证绘图的质量，又能提高绘图速度和延长绘图工具的使用寿命。

1) 铅笔

铅笔是画线用的工具。绘图用的铅芯软硬不同。标号"H"表示硬铅芯，标号"B"表示软铅芯。通常用 H、2H 铅笔画底稿线，用 HB 铅笔加深直线，用 B 铅笔加深圆弧，用 H 铅笔写字和画各种符号。画细线的笔尖形状及长度如图 1.1 – 31 (a) 所示，画粗线的笔尖形状及长度如图 1.1 – 31 (b) 所示。

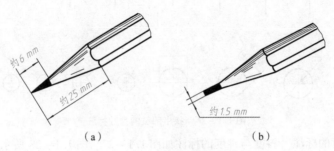

（a）　　　　　　　　　　（b）

图 1.1 – 31　铅芯的长度与形状

（a）画细线；（b）画粗线

2) 图板

图板用于铺放和固定图纸。使用时，可将图纸用胶带纸固定在图板上，如图 1.1 – 32 (a) 所示。图板表面光洁，左右两导边必须平直。注意：图板不能受潮，不要在图板上按图钉，更不能在图板上切纸。常用图板规格有 0 号（900 mm×1200 mm）、1 号（600 mm×900 mm）和 2 号（450 mm×600 mm），可以根据图纸幅面的大小选择图板。

3) 丁字尺

丁字尺由尺头和尺身组成，主要用于画水平线。使用时，左手把住尺头，靠紧图板左侧的导边（不能用其余三边），上下移动丁字尺，自左向右画不同位置的水平线，如图 1.1 – 32 (a) 所示。

4) 三角板

三角板由 45°和 30°（60°）两块组成为一副。将三角板与丁字尺配合使用，可画竖直线和 15°倍角的斜线，如 30°、45°、60°。两块三角板互相配合，可以画出任意直线的平行线和垂线，以及画与水平线成 15°、75°的斜线，如图 1.1 – 32 (b) 所示。三角板和丁字尺要经常用细布揩拭干净。

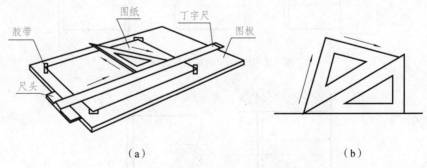

（a）　　　　　　　　　　（b）

图 1.1 – 32　图板、丁字尺和三角板的用法

（a）画水平线、竖直线和 60°斜线；（b）画 15°、75°斜线

5）圆规和分规

圆规是用来画圆或画圆弧的工具。如图 1.1 – 33（a）所示。分规是等分线段、移置线段及从尺上量取尺寸的工具，如图 1.1 – 33（b）所示。

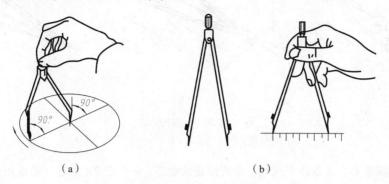

（a） （b）

图 1.1 – 33 圆规和分规
（a）圆规的用法；（b）用分规量取尺寸

4. 表面粗糙度的标注

表面粗糙度图形符号，如图 1.1 – 34 所示，符号的各部分尺寸和字体大小有关，并有多种规格，对于 3.5 号字，有 $H_1 = 5$ mm，$H_2 = 10.5$ mm，符号线宽 $d' = 0.35$ mm。更多的表面粗糙度标注详见任务 4.2，理论指导 3。

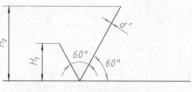

图 1.1 – 34 表面结构基本图形
符号的画法

学习过程

学习阶段一 学习制图基本知识

为了能正确绘制垫块零件图，需要具备以下知识：

（1）机械图样是工程技术界的语言，分为两类。其中，指导零件制造的图样称为_____，指导装配的图样称为_____。

（2）机械图样必须按照国家规定画法绘制，图样上标注的尺寸单位默认是_____。

（3）A4 号图纸的长为_____、宽为_____，A3 号图纸的长为_____、宽为_____。

（4）绘图比例是：_____尺寸和_____尺寸之比。2∶1 是_____（放大/缩小）的比例。图样标注的尺寸是零件的_____尺寸，与绘图比例无关。

（5）尺寸数字前面加 φ，表示_____尺寸。尺寸数字前面加 R，表示_____尺寸。尺寸数字前面加 SR，表示_____尺寸。

（6）在零件图上，可见轮廓线用_____线表达，不可见轮廓线用_____线表达，对称中心线用_____线表达，尺寸线、尺寸界线用_____线表达。

（7）读图 1.1 – 1 所示垫块零件图的标题栏，得知零件的名称是_____，材料为_____，绘图比例是_____。

学习阶段二 练习使用绘图工具及仪器

1. 学会削铅笔。建议将 2B 铅笔削成矩形，将 H 或者 HB 铅笔削成圆锥形，如图 1.1 – 35 所示。

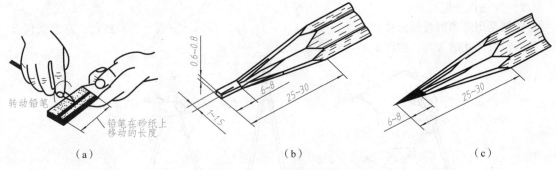

图 1.1-35 铅笔的削磨

(a) 铅笔的磨法；(b) 磨成矩形断面；(c) 磨成圆锥形

2. 学会削铅笔芯。准备两个圆规，削好圆规的铅芯：一个装 2B 铅芯（磨成矩形，加深用）；一个装 HB 铅芯（磨成铲形，打底稿用），如图 1.1-36 所示。

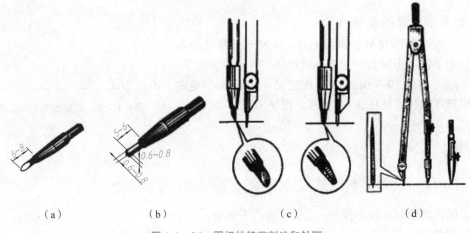

图 1.1-36 圆规的铅芯削法和针脚

(a) 铲形；(b) 矩形；(c) 普通尖，打底稿用；(d) 支承尖，描深用

3. 用削好的铅笔和圆规，画图 1.1-37 所示的图线，检验自己的铅笔是否符合要求。

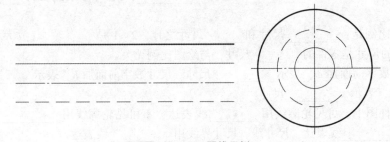

图 1.1-37 图线示例

小贴士

　　工匠精神是指对自己作品的精雕细琢、精益求精。同学们绘制的每一根线条，其线型和宽度都要符合国家标准，同时还要注意培养美学意识，线条力求光滑、粗细均匀。

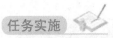 **任务实施**

1. 准备绘图工具：三角板（45°、60°），丁字尺，铅笔（H、HB/2B 各一支），橡皮，擦图片，圆规，铅笔刀。

2. 削铅笔，削圆规铅笔芯。建议将 H 铅笔削成圆锥形，将 2B 铅笔削成矩形。

3. 图纸准备：选用 A4 图纸（210 mm × 297 mm）。

4. 画图框（不留装订边）。

5. 画标题栏（按照制图作业推荐用格式和尺寸绘制）。

6. 填写标题栏（使用 HB 铅笔，汉字采用长仿宋体，一笔一画，书写工整）。

7. 用 H 或 2H 铅笔画基准线（各圆的对称中心线），轻轻画底稿图。

8. 标注尺寸。

9. 检查无误后，加深（先加深圆、圆弧，后加深直线，确保光滑连接）。

 检查评估

检查项目	结果评估（学生填写）	自评分（学生填写）	教师总评
1. 是否选用了国家标准规定的图幅尺寸和比例			
2. 线型是否符合国家标准规定的线型			
3. 线条宽度是否符合国家标准规定的宽度			
4. 尺寸数字的书写是否符合尺寸标注规则			
5. 加深过程是否合理			
6. 技术要求、标题栏的填写是否准确			

注：评分分为优、良、中、及格、不及格。

 小结及反思

1. 分析抄画结果不正确的原因，总结避免再次出现类似问题的办法。

2. 记录在抄画图1.1–1所示零件图的过程中所遇到的问题。

存在的问题	是否解决	解决办法

姓名：_____ 班级：_____ 学号：_____

任务描述

图 1.2-1 所示为手柄零件图，识读并选用合适的图幅，按照国家标准规定的线型画法及尺寸标注的规则，按 1:1 的比例用尺规抄画该零件图，并回答问题。

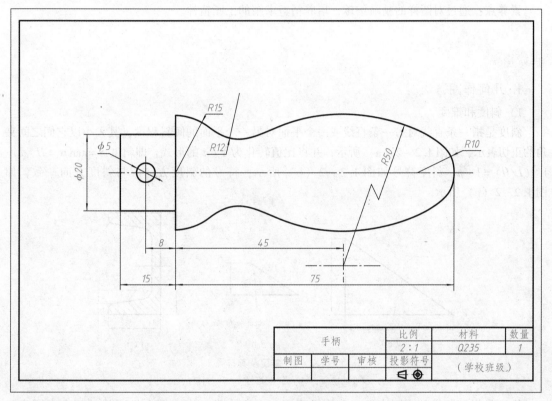

图 1.2-1 手柄零件图

（1）长度方向的基准是_____，宽度方向的基准是_____。

（2）确定 R10 圆弧的圆心位置尺寸是_____。

（3）R50 圆弧圆心的一个定位尺寸是_____，其另一个定位尺寸如何找出？_____。

（4）φ5 属于圆的_____（定形/定位）尺寸。8 是 φ5 圆的_____（定形/定位）尺寸。

小贴士

圆弧连接是初学者的学习难点。用尺规绘制的图形是否美观，取决于圆弧连接的光滑程度，相切处是否光滑则取决于绘图的精准度。同学们要克服畏难情绪，画图时认真细致、精雕细琢。

任务提交： 提交一张 A4 图纸、工作页。

完成时间： _____。

 学习要点

知识点：

(1) 几何作图：斜度、锥度、等分圆周、圆弧连接。

(2) 平面图形的尺寸分析。

(3) 尺寸的分类：定形尺寸和定位尺寸、尺寸基准。

技能点： 会使用尺规绘制平面图形。

素养点： 通过对图样的精雕细琢，培养精益求精的工匠精神。

理论指导

1. 几何作图方法

1) 斜度和锥度

斜度是指一条直线对另一条直线或一个平面对另一个平面的倾斜程度，其大小以它们之间夹角的正切表示，如图 1.2 – 2 (a) 所示，并将比值转化为 $1:n$ 的形式，即斜度 $S = \tan \alpha = H:L = 1:(L/H) = 1:n$。斜度符号如图 1.2 – 2 (b) 所示；符号的斜度方向应与斜度方向一致，如图 1.2 – 2 (c) 所示。

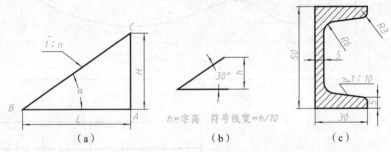

图 1.2 – 2 斜度及其符号

(a) 斜度的定义；(b) 斜度符号；(c) 斜度的标注

锥度是指正圆锥的底圆直径 D 与圆锥高度 L 之比，即 $D:L$。圆台锥度就是两个底圆直径之差与圆台高度之比，如图 1.2 – 3 (a) 所示。即锥度 $C = (D-d)/l = 2\tan(\alpha/2)$。锥度也转化成 $1:n$ 的形式表示。锥度符号如图 1.2 – 3 (b) 所示，符号的方向应与锥度方向一致，如图 1.2 – 3 (c) 所示。

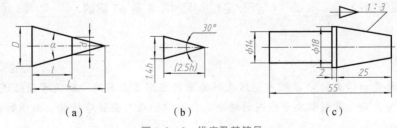

图 1.2 – 3 锥度及其符号

(a) 锥度的定义；(b) 锥度符号；(c) 锥度的标注

2）作圆的内接正六边形

用绘图工具作圆的内接正六边形的方法有两种，如图 1.2 - 4 所示。

第一种方法：以点 A、B 为圆心，以原圆的半径为半径画圆弧，截圆于 1、2、3、4，即得圆周的六等分点；将这 6 个点依次连接，即可得到圆内接正六边形。

第二种方法：用 30°-60°三角板配合丁字尺通过水平直径的端点作四条边，再以丁字尺作上、下水平边，即得圆内接正六边形。

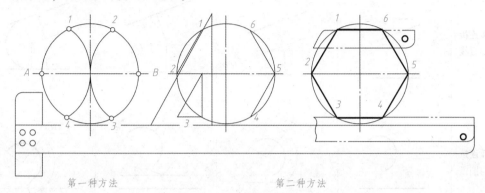

第一种方法　　　　　　　　　　　第二种方法

图 1.2 - 4　圆的内接正六边形画法

3）作圆的内接正五边形

圆的内接正五边形画法如图 1.2 - 5 所示。首先，以半径 EF 的中点 G 为圆心，以 AG 为半径作圆弧，交水平直径线于点 H；然后，以 AH 为半径，分圆周为五等分，顺序连接各分点即得圆的内接正五边形。

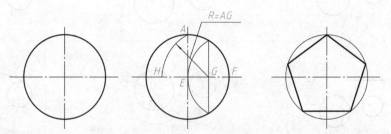

图 1.2 - 5　圆的内接正五边形画法

4）等分线段

将线段 AB 四等分的示例如图 1.2 - 6 所示。首先，过已知线段 AB 的端点 A 任作一射线 AC，由此端点起在射线上以任意长度截取四等分。然后，将射线上的等分终点与已知直线段的另一端点连线，并过射线上各等分点作此连线的平行线与已知直线段相交，交点即所求，如图 1.2 - 6 所示。

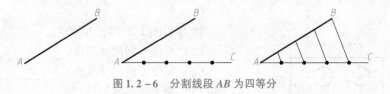

图 1.2 - 6　分割线段 AB 为四等分

5）圆弧连接

用一圆弧光滑连接相邻直线段或曲线段的作图方法称为圆弧连接。圆弧连接的作图方法如表 1.2 - 1 所示。其基本步骤可归纳为：首先，求作连接弧的圆心；然后，找出连接点（即连接弧与已知线段的切点）；最后，在两个连接点之间画出连接弧。

表 1.2 – 1　圆弧连接的作图方法

类别	已知条件	作图方法和步骤		
		求连接圆弧圆心	求切点	画连接弧
用圆弧连接两已知直线				
用圆弧连接直线与圆弧				
用圆弧外连接两已知圆弧				
用圆弧内连接两已知圆弧				

学习过程

学习阶段一　分析平面图形的尺寸

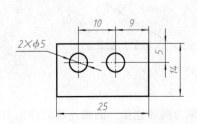

图 1.2 – 7　分析平面图形的尺寸（一）

1. 分析图 1.2 – 7，并填空。
（1）长度方向尺寸基准：＿＿＿＿＿＿＿
（2）宽度方向尺寸基准：＿＿＿＿＿＿＿
（3）两个圆的定形尺寸：＿＿＿＿＿＿＿
（4）两个圆的长度方向定位尺寸：＿＿＿＿
（5）两个圆的宽度方向定位尺寸：＿＿＿＿

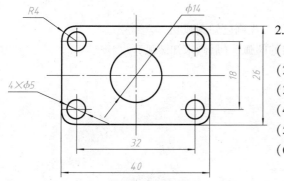

图 1.2 – 8　分析平面图形的尺寸（二）

2. 分析图 1.2 – 8，并填空。
（1）长度方向尺寸基准是＿＿＿＿＿＿＿＿＿。
（2）宽度方向尺寸基准是＿＿＿＿＿＿＿＿＿。
（3）4 × φ5 圆的定位尺寸是＿＿＿＿＿＿＿＿＿。
（4）4 × φ5 中的 4 表示＿＿＿＿＿＿＿＿＿。
（5）φ14 表示圆的＿＿＿＿＿（直径/半径）。
（6）R 表示圆弧的＿＿＿＿＿（直径/半径）。

学习阶段二　完成尺寸分析，绘制圆弧连接

1. 抄画图 1.2 – 9 所示的平面图形，并标注尺寸。

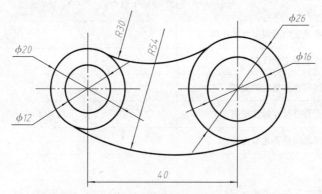

图 1.2 – 9　抄画平面图形并标注尺寸（一）

2. 抄画图 1.2 – 10 所示的平面图形，并标注尺寸。

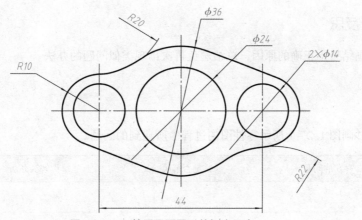

图 1.2 – 10　抄画平面图形并标注尺寸（二）

任务实施

1. 准备绘图工具。
2. 图纸准备。自己所选用的图纸幅面是＿＿＿＿＿＿＿。

3. 确定定位尺寸和定形尺寸。

（1）找出半径和圆心位置都已经确定的圆弧。（先画已知圆弧）

（2）找出半径已知，但是圆心位置尚未确定的圆弧。（后画未知圆弧）

4. 用 H 或 2H 铅笔画基准线，画底稿图。

（1）画已知圆弧。

（2）确定未知圆弧的圆心位置。

（3）画未知圆弧。

5. 标注尺寸。

6. 检查加深。（先圆后直）

7. 填写技术要求、标题栏。

检查评估

检查项目	结果评估 （学生填写）	自评分 （学生填写）	教师总评
1. 是否选用了国家标准规定的图幅尺寸和比例			
2. 线型是否符合国家标准规定的线型			
3. 线条宽度是否符合国家标准规定的宽度			
4. 尺寸数字的书写是否符合尺寸标注规则			
5. 所画的手柄连接圆弧之间是否光滑连接			
6. 加深过程是否合理			
7. 技术要求、标题栏的填写是否准确			

注：评分分为优、良、中、及格、不及格。

 小结及反思

1. 分析抄画结果不正确的原因，总结避免再次出现类似问题的办法。

2. 记录在抄画图 1.2 - 1 所示零件图的过程中所遇到的问题。

存在的问题	是否解决	解决办法

姓名：＿＿＿＿＿＿＿　班级：＿＿＿＿＿＿＿　学号：＿＿＿＿＿＿＿

任务描述

1. 建立图框的样板文件（图层、单位样式、文字），如图1.3–1所示。

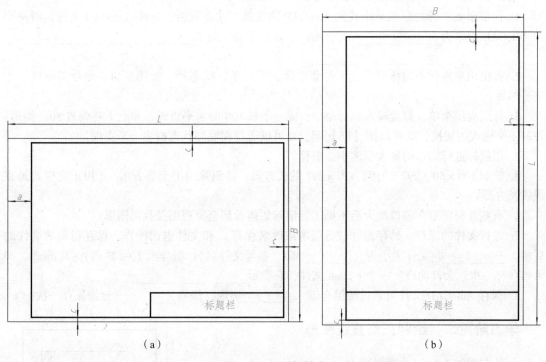

图 1. 3 –1 　图框样式

（a）A3 图框留装订边横放；（b）A4 图框留装订边竖放

2. 创建图层。

前面学过了制图的基本知识和手绘图样，现在开始学习 AutoCAD 软件，熟悉软件界面、各命令操作，绘制平面图形。本任务是在了解 AutoCAD 软件的基础上创建图层和图框。

为了便于绘图和观察分析图形，在 AutoCAD 中通常将不同线型、不同作用的图线绘制在不同的图层。一个图层就像一张透明图纸，在不同的透明图层上绘制各自对应的实体，这些透明图层叠加起来就形成了最终的机械图样。此外，将图样放在标准图框中。本任务创建图层和图框，便于后续的 AutoCAD 绘图。

任务提交：提交一张 AutoCAD 图形文件（至少含图框、标题栏）、工作页。

完成时间：＿＿＿＿＿＿＿＿。

学习要点

知识点：AutoCAD 操作界面及基本操作，不同类型的直线绘制，简单编辑命令、图层、标准图框。

技能点：创建图层，绘制标准图框。

素养点：通过标题栏责任人的签字，树立良好的工作责任意识。

学习阶段一　认识 AutoCAD

结合学习资料，在教师的指导下完成下列 AutoCAD 操作，并填空。

1. 在桌面或"开始"菜单中找到 AutoCAD 的快捷方式并双击，新建 AutoCAD 文件。所使用的 AutoCAD 版本为＿＿＿＿＿＿＿＿，AutoCAD 的安装地址为＿＿＿＿＿＿＿＿＿＿＿＿＿＿＿＿＿＿＿＿＿＿＿＿＿＿＿＿＿＿＿。

2. 指出用户界面中的标题栏、下拉菜单区、工具条、状态栏、绘图窗口、命令提示区、十字光标等。

3. 分别应用菜单、键盘输入执行命令，画一条长 100 的水平直线，并上下各偏置 50。提示：控制正交模式的切换，既可以按【F8】键，也可以通过在底部状态栏单击来实现。

4. 用鼠标进行图形的放大、缩小、平移。

5. 绘制 100×50、297×210、420×297 的长方形，并删除第 1 个长方形。（用正交模式画直线或长方形）

6. 有些几何图形在窗口放大后不见了，请问如何看到全屏视图及找回图形？

7. 进行文件的保存、另存为（较低版本或改名保存）和文件退出操作。保存得到的文件的后缀为＿＿＿＿＿＿＿，文件大小为＿＿＿＿＿＿＿MB。参考文件名为"（学号）＋（姓名）－1. dwg"，如果再保存一次，会自动产生一个 * . bak 文件，它表示＿＿＿＿＿＿＿＿＿＿＿。

8. 保存 AutoCAD 文件可通过按组合键＿＿＿＿＿＿＿实现，每隔＿＿＿＿＿＿＿分钟保存一次。

学习阶段二　绘制正交直线图形

1. 绘制图 1. 3 - 2，并标注尺寸。

2. 绘制从点（20,70）开始，长 100、与 X 轴正向成 120°的直线。绘制从点（20,70）到点（100,200）的直线。绘制从点（20,70）开始，X 向增量为 100、Y 向增量为 － 200 的直线。

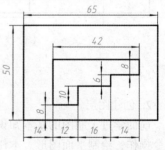

图 1.3 - 2　正交直线图形

学习阶段三　创建图层

1. 打开图层特性管理器，发现系统已有图层 0 层，并有线型 Continuous，Continuous 表示线型为＿＿＿＿＿＿＿＿＿。

2. 在新图纸中创建新图层，需要手动加载多个线型，写出下列线型的含义。

Center ＿＿＿＿＿＿＿＿＿＿＿＿　　Dashed ＿＿＿＿＿＿＿＿＿＿＿＿

Divide ＿＿＿＿＿＿＿＿＿＿＿＿　　Center2 ＿＿＿＿＿＿＿＿＿＿＿＿

3. 根据表 1.3 – 1 创建图层。3 人为一个小组，合作完善表格内容，然后个人独立完成图层的创建。

表 1.3 – 1　图层管理

名称	颜色	线型	线宽	用途	完成后画钩
粗实线	白色	Continuous	0.35	可见轮廓线、剖切符号	
细实线	白色		0.18	剖面线、重合断面的轮廓线、螺纹的牙底线、指引线、分界线、过渡线、范围线	
虚线	绿色		0.18	不可见轮廓线	
点划线	红色		0.18	轴线、对称线和中心线、齿轮的节圆和节线	
假想线	青色		0.18	假想轮廓线	
尺寸	青色		0.18	尺寸块	
文字	洋红色		0.18	文字	
图框	黄色		0.35	图框边界线	

打开图层特性管理器，新建多个图层，按表 1.3 – 1 更名，逐一修改其颜色、线型和线宽，并将文件保存。

学习阶段四　绘制标准 A3、A4 图框，存为样板文件

1. 国家标准图面共有 5 种，其中 A4 图纸的幅面尺寸是＿＿＿＿＿＿，A3 图纸的幅面尺寸是＿＿＿＿＿。

A. 594×841 　　　　　　　　　　B. 420×594

C. 297×420 　　　　　　　　　　D. 210×297

2. 把 2 张 A1 图纸合起来就是一张 A0 图纸，则标准 A0 图纸的幅面尺寸为＿＿＿＿＿＿。

3. 可用＿＿＿＿＿＿键打开或关闭对象捕捉功能。试在设置中修改捕捉点为端点、交点和圆心。

4. 请按图 1.3 – 1 绘制留装订边的 A3、A4 图框（$a = 25$，$c = 5$），可以按图 1.3 – 3 和图 1.3 – 4 所示的标注尺寸检查是否绘制正确。

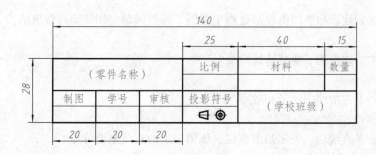

图 1.3 – 3　A3 图框横放标题栏参考样式

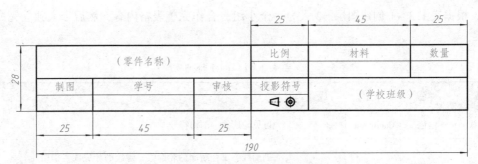

图 1.3－4　A4 图框竖放标题栏参考样式

小贴士

　　工程图是用于指导生产的，必须正确规范，无论是错误的图样还是潦草不清晰的图样，都会导致废品率提升，使经济蒙受损失。因此，图纸中的标题栏除了包含零件的信息之外，还包含各项责任人签字。我们在绘制每一张工程图时，都要有高度的责任感。

任务实施

　　用 AutoCAD 绘制 A3、A4 图框模板文件。

检查评估

检查项目	结果评估 （学生填写）	自评分 （学生填写）	教师总评
1. 设置图层的线型、线宽、颜色是否正确			
2. 绘制 A3、A4 图框是否正确，保存为样板文件			
3. 绘制图形是否正确			
4. 标注尺寸是否正确			

注：评分分为优、良、中、及格、不及格。

小结及反思

1. 你在图层创建、标准图框绘制过程中遇到了哪些问题？你是如何解决的？

2. 在绘图中，你用到了哪些快捷命令？

3. 请评价一下你的绘图质量和效率。

4. 在绘制一条直线后，关闭当前图层，该图层上的直线是否可见？

任务1.4　绘制与识读简单立体的三视图

姓名：＿＿＿＿＿＿　班级：＿＿＿＿＿＿　学号：＿＿＿＿＿＿

 任务描述

选用 A4 图纸，根据图 1.4 – 1 所示的立体图绘制三视图并标注尺寸及技术要求，材料为 45 钢，除立体图所标注表面外，其余表面的表面粗糙度为 Ra 12.5。

任务提交：提交一张 A4 图纸、工作页。

完成时间：＿＿＿＿＿＿＿＿。

学习要点

知识点：

（1）掌握三视图的形成及投影规律。

（2）掌握简单立体三视图的画法。

（3）掌握简单立体的尺寸标注。

技能点：会根据实物，用尺规绘制简单零件图。

素养点：培养耐心细致的工匠精神。

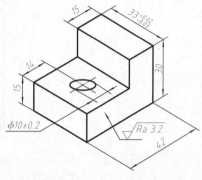

图 1.4 – 1　立体图

理论指导

1. 三视图的形成及其投影规律

1）三视图的形成

如图 1.4 – 2 所示，分别从物体的前面、上面和左侧面三个方向进行投射，因而需要建立三个互相垂直的投影面。这三个互相垂直的投影面即构成一个三投影面体系。三个投影面分别为：正投影面，简称正面，用 V 表示；水平投影面，简称水平面，用 H 表示；侧投影面，简称侧面，用 W 表示。

每两个投影面的交线称为投影轴，如 OX、OY、OZ，分别简称 X 轴、Y 轴、Z 轴。三根投影轴相互垂直，其交点 O 称为原点。

将物体放置在三投影面体系中，按正投影法（即投影线互相平行，且垂直于投影面）向各投影面投射，在 V 面得到物体的正面投影、在 H 面得到水平投影，在 W 面得到侧面投影。

为了画图方便，需将相互垂直的三个投影面摊平在同一个平面上，如图 1.4 – 2（c）所示。展开的方法：正投影面不动，将水平投影面绕 OX 向下旋转 90°，将侧投影面绕 OZ 向右旋转 90°，分别重合到正投影面上。注意：当水平投影面和侧投影面旋转时，OY 分为两处，分别用 OY_H（在 H 面上）和 OY_W（在 W 面上）表示。这样用正投影法得到的三个投影图称为物体的三视图。即：

主视图——物体在正投影面上的投影，即由前向后投射所得的视图。

俯视图——物体在水平投影面上的投影，即由上向下投射所得的视图。

左视图——物体在侧立投影面上的投影，即由左向右投射所得的视图。

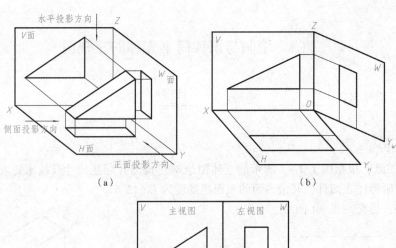

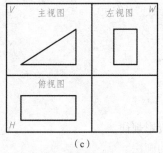

图 1.4－2　三投影面的展开

（a）物体的三个方向的投影；（b）投影面的展开法；（c）三个投影面摊平在同一平面上

绘图时，通常不画出投影面和投影轴，图 1.4－3 所示即三棱柱的三视图。三视图的配置以主视图为准，俯视图在它的正下方，左视图在它的正右方。

视图中的可见轮廓线用粗实线表示，不可见的轮廓线用虚线表示，投影面和投影轴省略不画，如图 1.4－3 和图 1.4－4（c）所示。

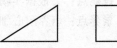

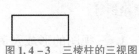

图 1.4－3　三棱柱的三视图

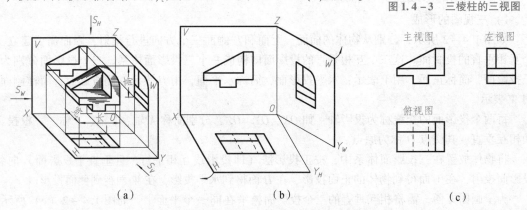

图 1.4－4　物体在三投影面体系中的投影

（a）物体的三个方向的投影；（b）投影面的展开法；（c）三个投影面摊平在同一平面上

2）三视图的投影规律

主视图反映物体的长度（X）和高度（Z）；俯视图反映物体的长度（X）和宽度（Y）；左视图反映物体的高度（Z）和宽度（Y）。如图 1.4－5 所示，三个视图符合"长对正，高平齐，宽相等"的关系：主、俯视图——长对正；主、左视图——高平齐；俯、左视图——宽相等。绘图时，可将丁字尺和三角板配合使用，保证三视图的三等关系，如图 1.4－5（b）所示。

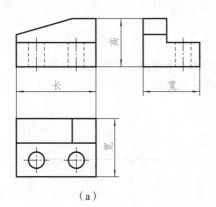

（a）

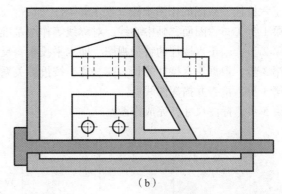

（b）

图 1.4-5　三视图的投影规律

 小贴士

　　要严格按照投影规律画三视图。俯视图和左视图相同要素的宽度应相等，这是易错点，在绘图时要反复检查，可以用三角板或圆规测量检查。

2. 平面基本体的三视图

　　任何物体都是由表面（平面或者曲面）构成的，单一的几何立体称为基本体，表面全部为平面的立体称为平面立体，如图 1.4-6 所示。棱柱体和棱锥体是工程上常见的平面基本体。

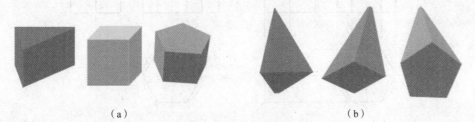

（a）　　　　　　　　　　　　　　　　（b）

图 1.4-6　平面立体

（a）棱柱体；（b）棱锥体

1）正六棱柱的三视图

正六棱柱的底面为正六边形，各侧面的棱边互相平行，且与底面垂直，如图 1.4-7 所示。

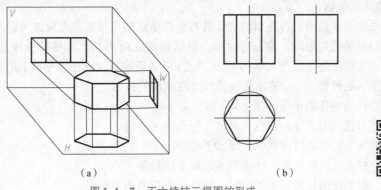

（a）　　　　　　　　　　　　（b）

图 1.4-7　正六棱柱三视图的形成

（a）正六棱柱的投影；（b）正六棱柱的三视图

正六棱柱三视图的作图步骤（图1.4-8）如下：

第1步，布置图面，画中心线、对称线等作图基准线。

第2步，画正六棱柱的特征视图，即水平投影，反映上、下端面实形的正六边形。

第3步，根据正六棱柱的长、高、宽，按投影关系画正面投影、侧面投影。

第4步，检查并描深图线。

第5步，标注尺寸，完成作图。

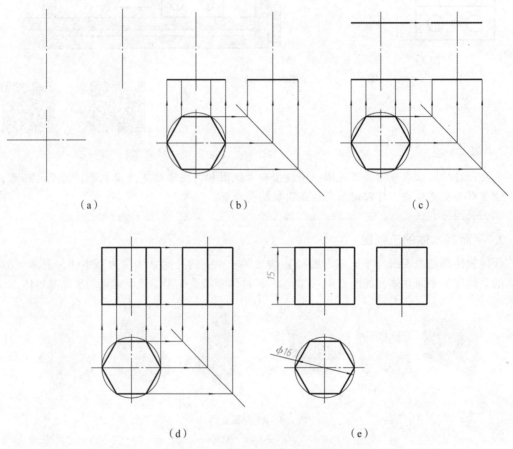

（a）　　　　　　　　（b）　　　　　　　　（c）

（d）　　　　　　　　　（e）

图1.4-8　正六棱柱三视图的作图步骤

（a）第1步；（b）第2步；（c）第3步；（d）第4步；（e）第5步

2）棱锥体的投影

棱锥的底面为多边形，各侧面为若干具有公共顶点的三角形。当棱锥的底面是正多边形，各侧面是全等的等腰三角形时，称为正棱锥。根据棱锥底面形状，可将棱锥体分为三棱锥、四棱锥、五棱锥、六棱锥等。如图1.4-9所示，点 s 表示棱锥体顶点在水平面上的投影，点 s' 表示棱锥体顶点在正面的投影，点 s'' 表示棱锥体顶点在侧面的投影。

三棱锥三视图的作图步骤（图1.4-10）如下：

第1步，布置图面，画中心线、对称线等作图基准线。

第2步，画三棱锥的特征视图，即水平投影。

第3步，根据三棱锥的高，按投影关系画正面投影。

第4步，根据正面投影和水平投影，按投影关系画侧面投影。

第5步，检查并描深图线，标注尺寸，完成作图。

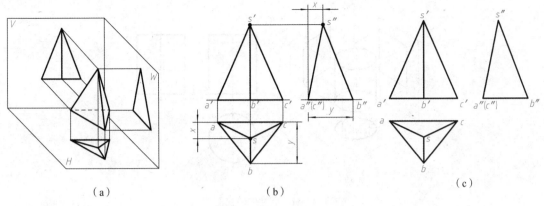

（a）　　　　　（b）　　　　　（c）

图 1.4 – 9　正三棱锥三视图的形成

（a）正三棱锥的投影；（b）正三棱锥的三视图对应关系；（c）正三棱锥的三视图

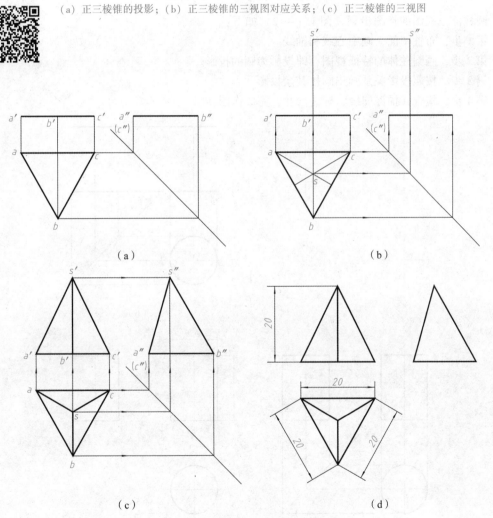

（a）　　　　　　　　　　　　（b）

（c）　　　　　　　　　　　　（d）

图 1.4 – 10　三棱锥三视图的作图步骤

（a）第 2 步；（b）第 3 步；（c）第 4 步；（d）第 5 步

3. 曲面立体的投影

1）圆柱体的投影（图 1.4 – 11）

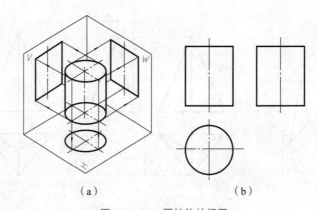

（a）　　　　　　　　　　（b）

图 1.4 – 11　圆柱体的视图

（a）圆柱体的投影；（b）圆柱体的三视图

圆柱体三视图的作图步骤（图 1.4 – 12）如下：

第 1 步，布置图面，画中心线和轴线。

第 2 步，画圆柱体的特征视图，即投影为圆的投影。

第 3 步，按照投影关系画出圆柱其余投影。

第 4 步，检查并描深图线，标注尺寸，完成作图。

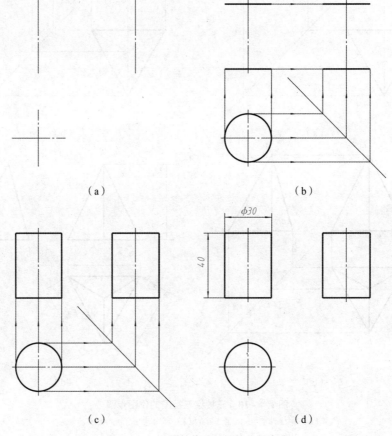

（a）　　　　　　　　　　（b）

（c）　　　　　　　　　　（d）

图 1.4 – 12　圆柱体三视图的作图步骤

（a）第 1 步；（b）第 2 步；（c）第 3 步；（d）第 4 步

注意：在正面投影上不画出最前和最后两条素线的投影，在侧面投影上不画出最左和最右两条素线的投影。它们的位置分别与圆柱体的正面投影、侧面投影的轴线重合。

2）圆锥体的投影（图1.4-13）

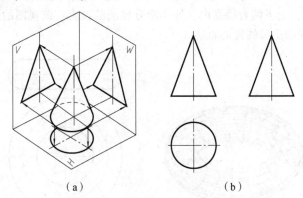

（a）　　　　　　　　　（b）

图1.4-13　圆锥体的视图

（a）圆锥体的投影；（b）圆锥体的三视图

圆锥体三视图的作图步骤（图1.4-14）如下：

第1步，布置图面，画中心线和轴线。

第2步，画出圆锥体的特征视图，即底圆的圆投影（俯视图）。

第3步，按照投影关系画出轮廓位置的素线的投影。

第4步，检查并描深图线，标注尺寸，完成作图。

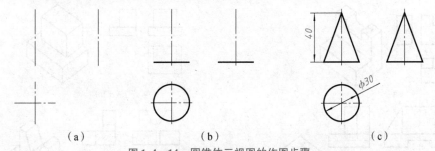

（a）　　　　　　　（b）　　　　　　　（c）

图1.4-14　圆锥体三视图的作图步骤

（a）第1步；（b）第2步；（c）第4步

3）圆球的投影

如图1.4-15所示，圆球在三个投影面上的投影都是圆，因此通常只画一个视图，并用符号"$S\phi$"表示圆球直径。

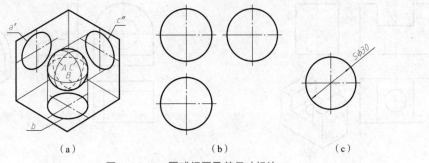

（a）　　　　　　　（b）　　　　　　　（c）

图1.4-15　圆球视图及其尺寸标注

（a）圆球的投影；（b）圆球的三视图；（c）圆球三视图的简单表示

4）圆环的投影

圆环面是由一个完整的圆绕轴线回转一周而形成的，轴线与圆母线在同一平面内，但不与圆母线相交。如图 1.4 - 16 所示，主视图的左右圆分别是最左、最右素线圆投影（粗半圆为外环面，虚半圆为内环面），上下两直线是内、外环面分界圆的投影；俯视图的最大圆是外环面，最小圆是内环面，点划线圆是母线圆心轨迹。

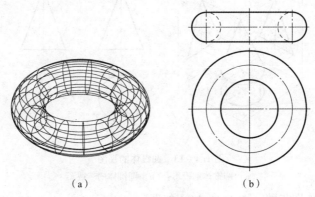

（a）   （b）

图 1.4 - 16　圆环的视图

（a）圆环的投影；（b）圆环的两视图

4. 简单三视图的图物对照

图 1.4 - 17 所示为一些简单三视图的图物对照。

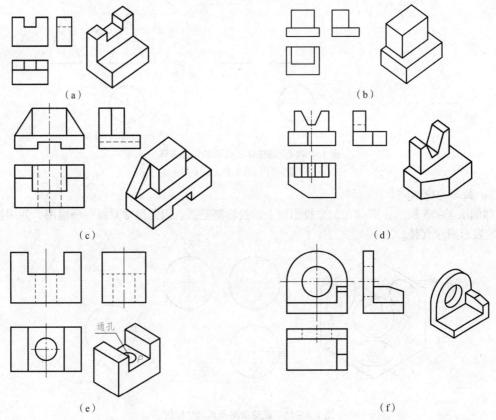

图 1.4 - 17　一些简单三视图的图物对照

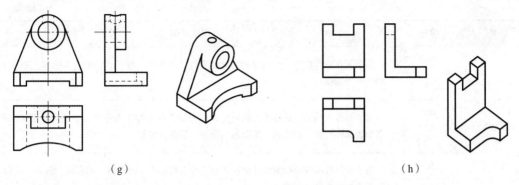

（g）　　　　　　　　　　　　　　　　　　（h）

图1.4-17　一些简单三视图的图物对照（续）

5. 零件材料的填写

通常在标题栏中的相应栏目填写材料牌号。常用碳素结构钢牌号和用途见表1.4-1，常用优质碳素结构钢牌号和用途见表1.4-2。

表1.4-1　常用碳素结构钢牌号和用途

牌号	质量等级	主要用途
Q195	—	用于制作铁丝、钉子、铆钉、垫块、钢管、屋面板及轻负荷的冲压件
Q215	A	
	B	
Q235	A	应用最广泛。用于制作薄钢板、中板、钢筋、各种型材、一般工程构件、受力不大的零件，如小轴、拉杆、螺栓、连杆
	B	
	C	
	D	
Q255	A	可用于制作承受中等负荷的普通零件，如链轮、拉杆、心轴、键、齿轮、传动轴等
	B	
Q275	—	

表1.4-2　常用优质碳素结构钢牌号和用途

分类	牌号	用途举例
冷冲压钢	08F	用于制作强度要求不高，而经受大变形的冲压件、焊接件，如外壳、盖、罩、固定挡板
	08	用于制作受力不大的焊接件、冲压件、锻件和心部强度要求不高的渗碳件，如角片、支臂、垫圈、锁片、销钉、小轴。退火可作电磁铁
	10	
渗碳钢	15	用于制作低负荷、简单的渗碳、碳氮共渗零件，如小轴、小模数齿轮、仿形样板、套筒、摩擦片，受力不大要求韧性好的零件，如螺栓
	20	

分类	牌号	用途举例
调质钢	30	用于制作截面较小、受力较大的机械零件，如螺钉、丝杆、转轴、齿轮等。30钢可用于制作焊接件
	35	
	40	用于制作负荷大、截面小的调质件和应力较小的大型正火零件，以及对心部要求不高的表面淬火件，如曲轴、传动轴、连杆、链轮、齿轮
	45	
	50	用于制作较高强度和耐磨性或动载荷及冲击载荷不大的零件，如齿轮、链条、轧辊、机床主轴、曲轴、弹簧
	55	
弹簧钢	65	用于制作淬火、中温回火状态，用于制作要求较高度弹簧或耐磨性的零件，如气门弹簧、弹簧垫圈、钢丝绳
	65Mn	
	70	用于制作截面不大、承受载荷太大的各种弹性零件和耐磨零件，如各种板簧、螺旋弹簧、轧辊、凸轮、钢轨

6. 尺寸公差的标注

尺寸公差详见任务4.2的理论指导。

 学习过程

学习阶段一 认识三视图的形成及画法

1. 分析图1.4-18，认识三视图的形成。

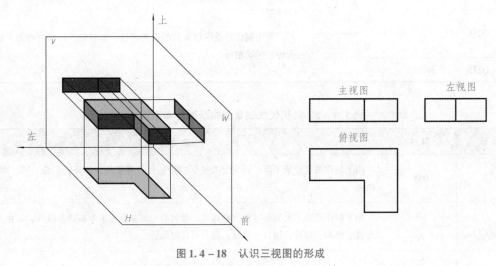

图1.4-18 认识三视图的形成

（1）由_____向_____投射所得的视图，称为_____。
（2）由_____向_____投射所得的视图，称为_____。
（3）由_____向_____投射所得的视图，称为_____。

2. 分析图 1.4 – 19，认识三视图的配置。

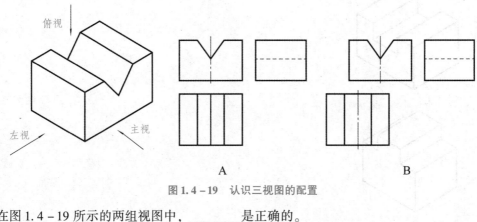

图 1.4 – 19　认识三视图的配置

在图 1.4 – 19 所示的两组视图中，_____是正确的。

3. 认识三视图的投影规律。

三视图的投影规律：_____；

主、俯视图_____；主、左视图_____；俯、左视图_____。

学习阶段二　绘制简单平面立体的三视图

1. 根据下方的立体图画三视图，并标注尺寸，尺寸在立体图中量取。

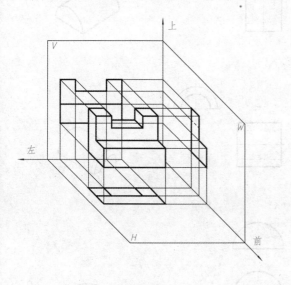

🎒小贴士

　　标注尺寸时，要认真细致。尺寸要完整、清晰、正确，不能漏标或矛盾标注。尺寸数字不能被任何线条穿过，以免造成尺寸误读，导致加工产生废品，造成制造成本提高，使经济蒙受损失。

2. 根据下方的立体图画三视图，并标注尺寸，尺寸在立体图中量取。

（1）

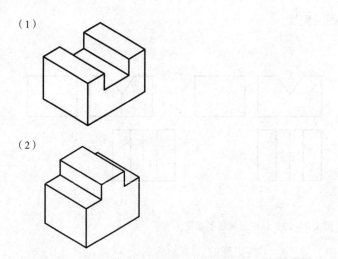

（2）

学习阶段三　根据立体图，补画曲面立体视图

根据下方的立体图，补画曲面立体视图。

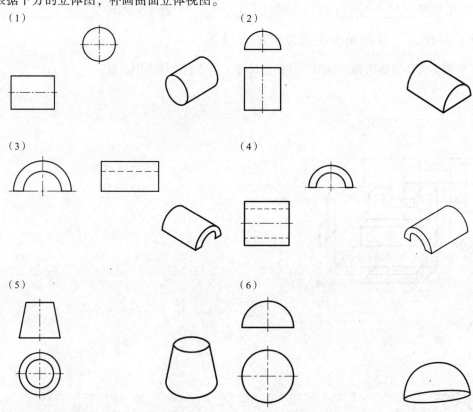

（1）

（2）

（3）

（4）

（5）

（6）

学习阶段四　认识尺寸标注的原则、尺寸公差及表面粗糙度

1. 尺寸标注的原则：＿＿＿＿＿＿、＿＿＿＿＿＿、＿＿＿＿＿＿＿。既要标注定形尺寸，也要标注＿＿＿＿＿＿＿＿＿。既不能缺漏尺寸，也不能重复标注。

2. 识读以下视图，写出基本体的名称，并在图上标出长、宽、高。

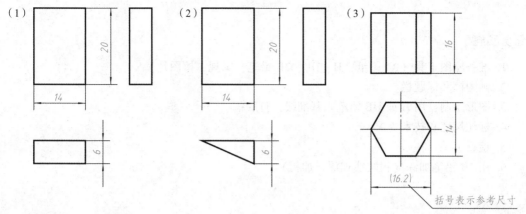

3. 识读下图，并填空。

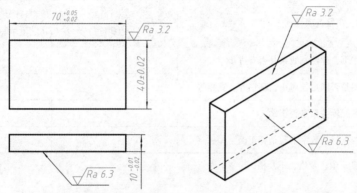

（1）尺寸 40±0.02 表示长方块高度的公称尺寸是_____，上极限尺寸是_____，下极限尺寸是_____。如果加工后测得的实际尺寸是 40.03 mm，则该零件是否为合格产品？_____。

（2）尺寸 $70^{+0.05}_{+0.02}$ 表示的长方块长度公称尺寸是_____，上极限尺寸是_____，下极限尺寸是_____。如果加工后测得的实际尺寸为 70 mm，则该零件是否为合格产品？_____。

（3）Ra 3.2 表示加工方块时，其顶面表面粗糙度不能大于_____μm。表面粗糙度数值越大，则表面越粗糙。

学习阶段五　能力提升

根据下面的立柱立体图，选用合适的图幅绘制立柱的视图，并标注尺寸及技术要求。

技术要求：φ21 圆柱面的上极限尺寸为 φ21.01，下极限尺寸为 φ20.98；六棱柱高度为 11±0.1；顶面的表面粗糙度为 Ra 1.6，其余表面的表面粗糙度为 Ra 12.5，均用去除材料的加工方法获得；材料为 Q235。

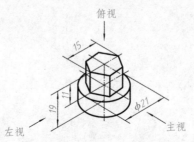

1. 准备绘图工具（A4 图纸，H、HB、2B 铅笔，圆规，擦图片）。
2. 画图框和标题栏。
3. 图形绘制，用 H 或 HB 铅笔画基准线，打底稿。
4. 标注尺寸和技术要求。
5. 检查。
6. 用 2B 铅笔加深（粗实线加深、加粗）。

检查评估

检查项目	结果评估（学生填写）	自评分（学生填写）	教师总评
1. 对比前几次工作页，你绘制线条是否有进步			
2. 所画的三个视图是否满足长对正、高平齐、宽相等			
3. 所画的三个视图配置关系是否正确			
4. 标注的尺寸是否完整，数字书写是否正确			

注：评分分为优、良、中、及格、不及格。

小结及反思

请用简练的语言总结自己通过对本任务的学习，学到了哪些关键知识点。

任务1.5 使用AutoCAD绘制吊钩

姓名：_____ 班级：_____ 学号：_____

任务说明

直线、圆弧连接图形是平面图中的常见图形。结合前面所学的绘制直线知识，使用圆、圆弧命令来绘制圆弧类图形，并使用复制、移动、缩放、打断、倒圆角、倒斜角等命令编辑圆弧类图形。绘制如图1.5-1所示的吊钩平面图并标注尺寸。

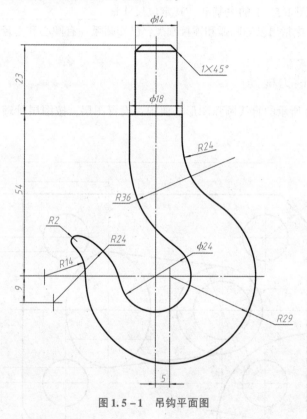

图1.5-1 吊钩平面图

任务提交：提交 AutoCAD 吊钩图形文件。

完成时间：_____。

学习要点

知识点：圆和圆弧的绘制，直线绘制，对象捕捉，正交模式，基本编辑命令，图形窗口的缩放、平移等。画平面图的方法和步骤。

技能点：绘制圆弧连接平面图形。

素养点：培养善于发现问题的能力，并提升解决问题的能力。

学习阶段一　绘制吊钩平面图

将图 1.5 – 1 所示的吊钩平面图按 1∶1 绘制，图框幅面为 A4，按图层进行管理，并标注尺寸，与图 1.5 – 1 保存在同一文件。

（1）写出画图的步骤。

（2）用引线指出图 1.5 – 1 的主基准，其定位尺寸是 ＿＿＿＿＿＿＿＿＿＿＿。

（3）在图 1.5 – 1 中指出已知圆弧和连接圆弧，已知圆弧（有圆心和直径、半径）是 ＿＿＿＿＿，连接圆弧是 ＿＿＿＿＿＿＿＿＿＿＿＿＿＿＿。

学习阶段二　能力提升

1. 绘制图 1.5 – 2 所示的直线圆弧图形。要求：设置图层，按图层管理，标注尺寸以检查绘图结果，并回答问题。

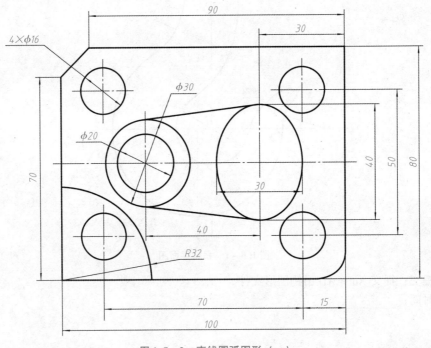

图 1.5 – 2　直线圆弧图形（一）

（1）写出画图步骤。

（2）用引线指出图 1.5 – 2 的主基准。

（3）图 1.5 – 2 的定形尺寸有_____，定位尺寸有_____。

（4）画 φ16 的四个圆，从一个圆得到四个圆可以使用_____命令。

（5）键入倒角命令后，如何更改倒角大小?_____。

（6）键入倒圆角命令后，如何更改圆角大小?_____。

2. 绘制图 1.5 – 3 所示的一般直线圆弧图形，按图层管理，并标注尺寸。

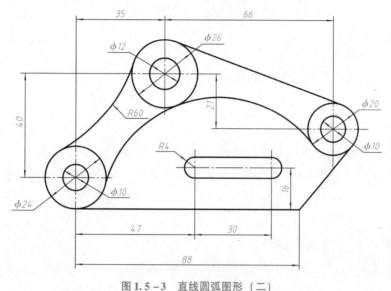

图 1.5 – 3　直线圆弧图形（二）

任务实施

用 A4 图幅，绘制图 1.5 – 1 所示的吊钩图形。

小贴士

　　画平面图形前，要认真观察图形，分析形状和尺寸，分析哪些线条是已知的、哪些线条是未知的，确保所画的每根线条的位置和尺寸都有依据。对于未知的线条，要通过其与其他线条的几何关系来进行确定。

检查评估

检查项目	结果评估 （学生填写）	自评分 （学生填写）	教师总评
1. 圆弧与圆弧连接是否相切			
2. 圆弧与直线连接是否相切			
3. 是否正确标注尺寸			
4. 线型、线宽表达是否正确，点划线长度是否合适			

注：评分分为优、良、中、及格、不及格。

小结及反思

1. 记录在平面图形绘制中遇到的问题，以及解决这些问题的方法。

2. 在图形绘制过程中，你用到了哪些快捷命令？

项目2 三视图的绘制

项目导读：在实际应用中，机器中的零件往往不是基本几何体，而是由基本几何体经过切割或叠加而成。基本体经过切割或叠加后，表面将产生截交线或相贯线，掌握基本体表面交线的画法，是后续学习组合体绘图的基础。由两个或两个以上的基本几何体组合而成的组合体，构成了因作用不同而有各种各样结构形状的零件。因此，学好组合体三视图的画法、尺寸标注和读图方法，可提高空间想象能力和分析、解决物图转换问题的综合能力，为后续章节学习机件的表达方法、绘制零件图和装配图打好坚实的基础。

本项目的主要学习目标为掌握截交线和相贯线的画法；能采用形体分析法绘制、识读组合体的三视图及标注尺寸，能绘制组合体的轴测图和使用 AutoCAD 绘制组合体的三视图等。

任务2.1　绘制与识读切割体的三视图

姓名：_____　班级：_____　学号：_____

任务描述

用 A4 图纸绘制图 2.1 – 1 所示的 V 形切割体三视图，标注尺寸及技术要求。

技术要求：V 形槽两侧面的表面粗糙度为 Ra 1.6，其余表面粗糙度为 Ra 12.5；梯形板厚度 5 的下极限偏差为 +0.01，上极限偏差为 +0.02；材料为 45；其他技术要求见图 2.1 – 1。

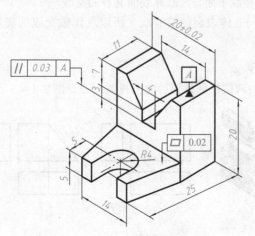

图 2.1 – 1　V 形切割体

任务提交：提交一张 A4 图纸、工作页。

完成时间：_____。

知识点：形体分析法，切割类组合体的三视图，尺寸公差，表面粗糙度，几何公差。

技能点：能采用形体分析法绘制切割体的三视图；能标注尺寸公差和表面粗糙度；能识别几何公差。

素养点：培养严谨、细致的工作作风。

理论指导

1. 截交线的形成

基本体被平面截断时，该平面称为截平面，基本体被截平面所截后的立体称为截断体。此截平面与基本体表面所产生的交线（即截断面的轮廓线）称为截交线，如图 2.1-2 所示。

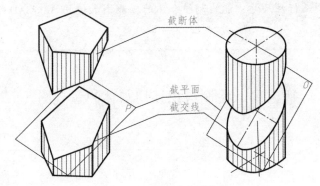

图 2.1-2　截断体与截交线

2. 截交线的性质

（1）封闭性：截交线是封闭的平面图形。

（2）共有性：截交线是截平面与截断体表面共有的交线。

因为截交线是截平面与立体表面的共有线，所以求作截交线的实质就是求出截平面与立体表面的共有点。

3. 平面立体的截交线

图 2.1-3（a）所示的四棱柱被截切后的三视图画法见图 2.1-3（b）~（d）。

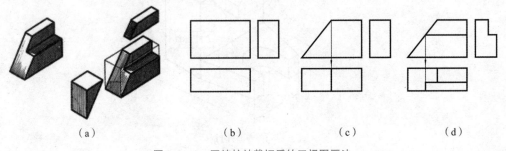

| （a） | （b） | （c） | （d） |

图 2.1-3　四棱柱被截切后的三视图画法

4. 曲面立体的截交线

平面截切圆柱时，因截平面与圆柱轴线的位置不同，其截交线将有三种形状，见表 2.1 - 1。

表 2.1 - 1　截平面与圆柱轴线的相对位置不同时所得的三种截交线

截平面的位置	与轴线平行	与轴线垂直	与轴线倾斜
轴测图			
投影图			
截交线的形状	两平行直线	圆	椭圆

当圆柱的截交线为矩形和圆时，其投影可以利用平面投影的积聚性求得，作图十分简便。常见圆柱体被截切后的三视图及立体图如图 2.1 - 4 所示。

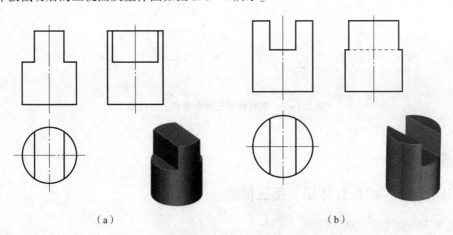

（a）　　　　　　　　　　　　　　　（b）

图 2.1 - 4　常见圆柱体被截切后的三视图及立体图

由图 2.1 - 5（a）可以看出截平面与圆柱轴线倾斜，可知截交线为一椭圆，该椭圆的正面投影积聚为与 X 轴倾斜的斜线，水平投影积聚为圆，所以仅需求出其侧面投影。

作图方法与步骤如下：

第 1 步，作截交线上特殊位置点的投影，即侧面投影上的最高点、最低点和最前点、最后点，也就是椭圆长轴、短轴上的四个端点的投影。其正面投影为 1′、2′、3′、(4′)，水平投影为 1、2、3、4，根据投影对应关系求得其侧面投影为 1″、2″、3″、4″，如图 2.1–5（b）所示。

第 2 步，作截交线上一般位置点的投影。过圆周取对称点 5、6、7、8，按投影对应关系求出正面投影和侧面投影，如图 2.1–5（c）所示。一般根据作图需要来确定位置点的数目。

第 3 步，连线。用曲线板依次光滑地连接各点，即得所求截交线的投影。擦去多余的图线，完成截断体的投影，如图 2.1–5（d）所示。

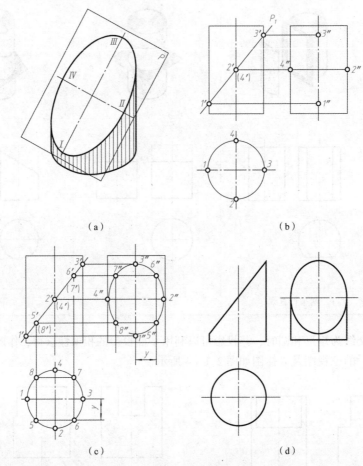

（a）　　　　　　　　　　　　（b）

（c）　　　　　　　　　　　　（d）

图 2.1–5　圆柱体被正垂面截切的三视图

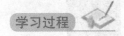
学习过程

学习阶段一　根据立体图，画三视图

根据下方的立体图，画三视图。

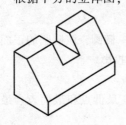

学习阶段二　根据立体图或者已知的两视图，补画第三视图

根据下方的立体图或者已知的两视图，补画第三视图。

（1）

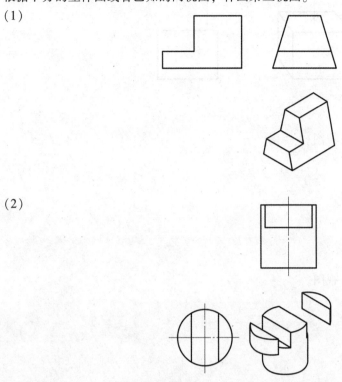

（2）

学习阶段三　补画视图中的缺线和漏线

根据下方的视图，补画缺线和漏线。

（1）　　　　　　　　　　　（2）　　　　　　　　　　　（3）

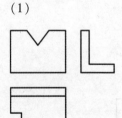 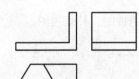 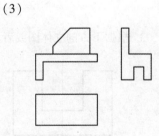

学习阶段四　认识几何公差的标注

1. 下图中公差框格的含义：_____

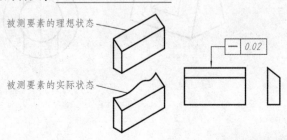

被测要素的理想状态

被测要素的实际状态

0.02

2. 下图中公差框格的含义：＿＿＿＿＿＿＿＿＿＿＿＿

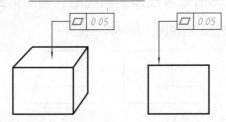

学习阶段五　能力提升

1. 根据下方的立体图，画三视图。

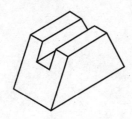

2. 根据下方的轴测图，画三视图。

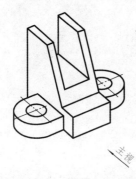

3. 根据下方的立体图或者已知的两视图，补画视图。

（1）　　　　　　　　　　　　　　　（2）

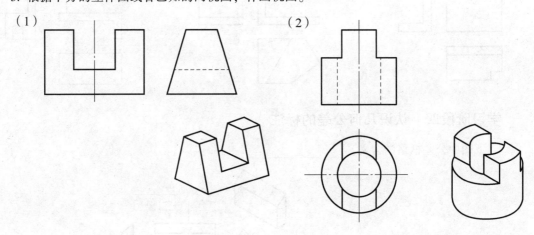

4. 认识几何公差的标注。

（1）下图中公差框格的含义：_____

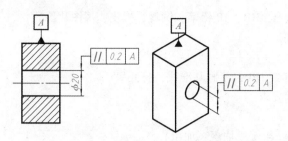

（2）下图中公差框格的含义：_____

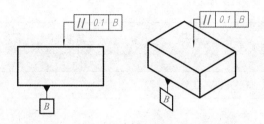

5. 根据下方的轴测图画三视图，并标注尺寸和技术要求。除图上标识外，其余表面粗糙度为 Ra 12.5，孔的下偏差为 +0.01，上偏差为 +0.02；宽度尺寸 30 的上下偏差为 ±0.02。

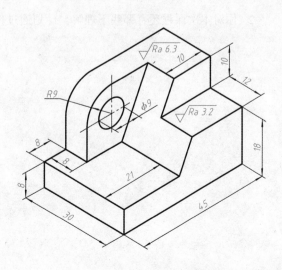

1. 准备绘图工具（H、HB、2B 铅笔，圆规，橡皮，擦图片等）。
2. 确定比例和图幅。
3. 画图框和标题栏。
4. 视图绘制，用 H 或 HB 铅笔画基准线，打底稿。
5. 标注尺寸和技术要求。
6. 检查。
7. 用 2B 铅笔加深（粗实线加深，加粗）。

检查评估

检查项目	结果评估 （学生填写）	自评分 （学生填写）	教师总评
1. 三个视图是否满足长对正、高平齐、宽相等			
2. 线条是否规范			
3. 是否用形体分析的方法画图			
4. 是否已理解技术要求中的信息			

注：评分分为优、良、中、及格、不及格。

 小结及反思

1. 你在绘图的过程中，是否应用到三视图的投影关系？

2. 你对本次课程还有哪些不理解，计划通过什么方式解决？

姓名：_____ 班级：_____ 学号：_____

任务描述

选择合适的图纸幅面绘制图 2.2 - 1 所示轴套的三视图，标注尺寸和技术要求。

技术要求：φ28 内孔表面粗糙度为 Ra 3.2，其余表面粗糙度为 Ra 12.5，φ45 外圆柱面的圆柱度公差为 0.2，φ15 内圆柱面的圆度公差为 0.1，材料为 HT150。

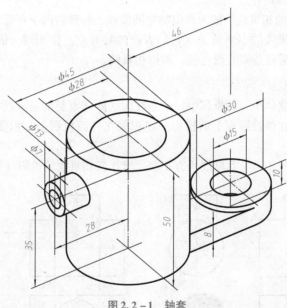

图 2.2 - 1 轴套

任务提交：提交一张 A4 图纸、工作页。

完成时间：_____。

学习要点

知识点：相贯体，几何公差（圆度、圆柱度）。

技能点：能绘制相贯线；能标注几何公差（圆度、圆柱度）。

素养点：培养细致观察、严谨求实的工作作风。

理论指导

1. 相贯线的形成

很多机器零件是由两个或两个以上的基本体相交而成的，在它们表面相交处会产生交线，如图 2.2 - 2 所示，两个立体表面相交时形成的交线称为相贯线。

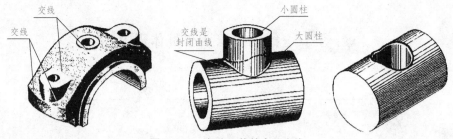

图 2.2－2　相交立体的表面交线

2. 相贯线的性质

（1）相贯线是两个曲面立体表面的共有线，也是两个曲面立体表面的分界线。相贯线上的点是两个曲面立体表面的共有点。

（2）两个曲面立体的相贯线一般为封闭的空间曲线，特殊情况下可能是平面曲线或直线。

求两个曲面立体相贯线的实质就是求它们表面的共有点。作图时，依次求出特殊点和一般点，判别其可见性，然后将各点光滑连接，即得相贯线。

3. 相贯线的画法

在两个相交的曲面立体中，如果其中一个是柱面立体（常见的是圆柱面），且其轴线垂直于某投影面，那么相贯线在该投影面上的投影一定积聚在柱面投影上，相贯线的其余投影可用表面取点法求出。

已知相交两圆柱直径不等，且轴线垂直正交，求作其相贯线的投影（图 2.2－3（a））。

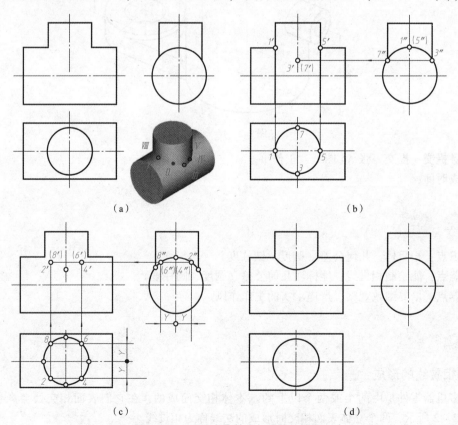

（a）　　　　　　　　　　　　　　（b）

（c）　　　　　　　　　　　　　　（d）

图 2.2－3　利用积聚性求相贯线的投影

作图过程如下：

第1步，作特殊点。由已知相贯线的水平投影和侧面投影可直接确定相贯线上的特殊点，最高点 I 、V 也分别是最左点、最右点；最低点 III 、VII 也分别是最前点、最后点。根据投影关系可求出正面投影 1′、3′、5′、(7′)，如图2.2-3 (b) 所示。

第2步，作一般点。在相贯线的已知的水平投影上，直接取四个一般点2、4、6、8，利用投影关系可确定它们的侧面投影 2″、(4″)、(6″)、8″，再求出正面投影 2′、4′、(6′)、(8′)，如图2.2-3 (c) 所示。。

第3步，判断可见性。光滑连接各点，相贯线前半部与后半部重合，用粗实线依次光滑连接 1′、2′、3′、4′、5′各点，即得所求，如图2.2-3 (d) 所示。

小贴士

　　绘制相贯线，对空间概念的要求较高，有一定难度。我们要克服畏难情绪，在分析、绘制过程中，对实物进行仔细观察，通过不断的感性积累促进理解和掌握，培养严以律己、知难而进的意志和毅力，以及对技术精益求精的良好职业品质。

4. 相贯线的近似画法

相贯线的作图步骤较多，如果对相贯线的准确性无特殊要求，则当两圆柱垂直正交且直径有相差时，可采用圆弧代替相贯线的近似画法。如图2.2-4 所示，垂直正交两圆柱的相贯线可用大圆柱的 D/2 为半径作圆弧来代替。

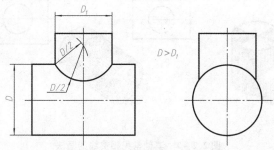

图2.2-4　相贯线的近似画法

5. 相贯线的特殊情况

（1）若两个曲面立体同轴，则相贯线为垂直于轴线的平面圆，如图2.2-5 所示。

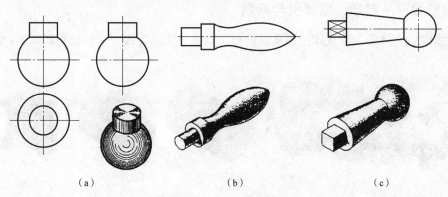

（a）　　　　　　　　（b）　　　　　　　　（c）

图2.2-5　曲面立体同轴相交

（2）若两个圆柱的直径相等，轴线垂直相交，则相贯线为平面曲线椭圆，如图2.2 - 6所示。

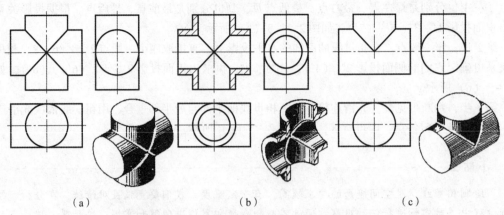

图2.2 - 6　两个圆柱直径相等、轴线垂直相交

（3）其他常见相贯线的画法如图2.2 - 7所示。

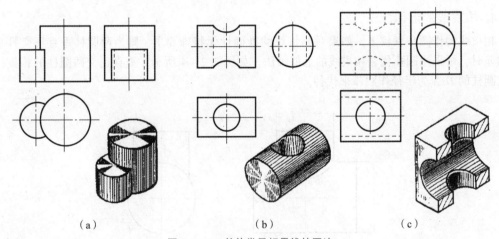

图2.2 - 7　其他常见相贯线的画法

学习过程

学习阶段一　自学，完成引导问题

1. 两相交的立体称为相贯体，相贯线是相交立体表面的交线。请标记出图2.2 - 8中的相贯线。

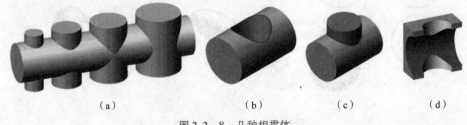

图2.2 - 8　几种相贯体

2. 识读下方的两组图，用红色标记指出相贯线在三个视图以及立体图中的对应位置。

（1）

（2）

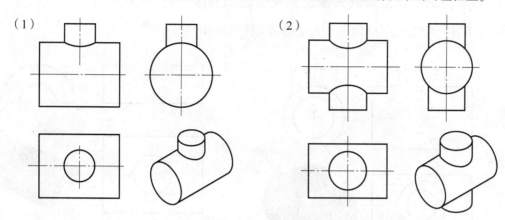

3. 识读下方的3组图，观察不同直径圆柱相贯，口述相贯线的形状特点。

（1）两圆柱直径不相等　　　（2）两圆柱直径相等　　　（3）两圆柱直径不相等

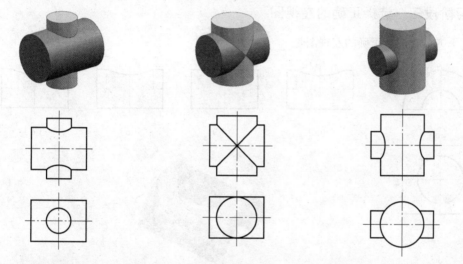

4. 识读下方的4组图，观察圆锥与圆球、圆柱相交的几种形式。

（1）　　（2）　　（3）　　（4）

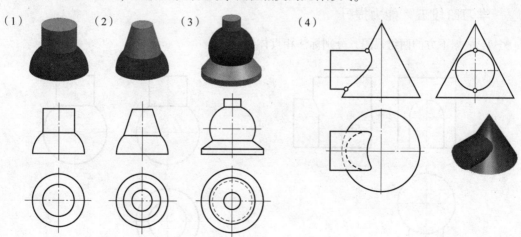

学习阶段二　用近似画法画出主视图的相贯线

根据下方的两组图，分别用近似画法画出主视图的相贯线。

（1）
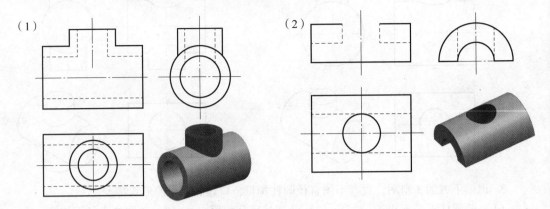

（2）

学习阶段三　选择正确的左视图

识读下方的视图，正确的左视图是＿＿＿＿＿＿。

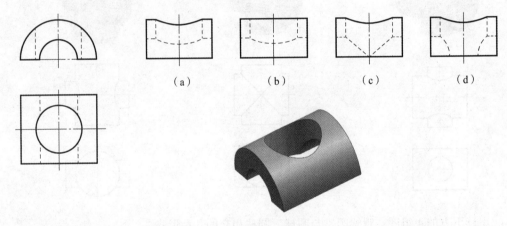

（a）　　　　　　（b）　　　　　　（c）　　　　　　（d）

学习阶段五　能力提升

1. 根据下方的两组视图，分别标注相贯体的尺寸。

（1）　　　　　　　　　　　　　　（2）

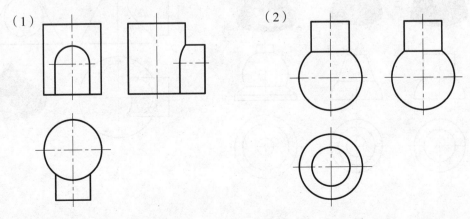

2. 绘制下方轴测图的三视图，并标注尺寸和技术要求。技术要求：φ18 内孔表面粗糙度 *Ra* 3.2，φ18 内孔的圆柱度公差值为 0.05 mm、圆度公差值为 0.03 mm，材料为 HT150。

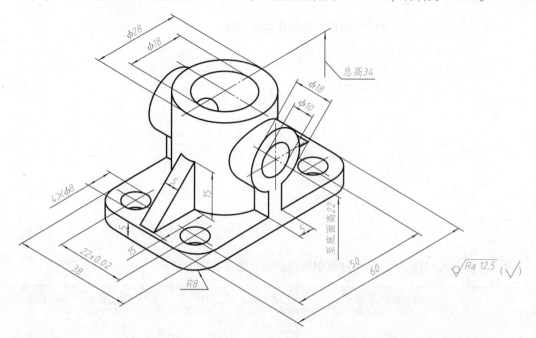

 任务实施

1. 准备绘图工具（H、HB、2B 铅笔，圆规，橡皮，擦图片等）。
2. 确定比例和图幅。
3. 画图框和标题栏。
4. 视图绘制，用 H 或 HB 铅笔画基准线，打底稿。
5. 标注尺寸和技术要求。
6. 检查、描深（按照要求画粗实线、细点划线、细实线和细虚线），完成全图。

 检查评估

检查项目	结果评估 （学生填写）	自评分 （学生填写）	教师总评
1. 三个视图是否满足长对正、高平齐、宽相等			
2. 线条是否规范			
3. 是否掌握了圆柱体相贯的近似画法			
4. 标注的尺寸是否正确，且完整、清晰			
5. 技术要求填写是否规范			

注：评分分为优、良、中、及格、不及格。

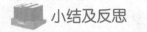 小结及反思

1. 简述两圆柱垂直正交时，相贯线的简化画法步骤。

2. 记录在绘制这张零件图的过程中所遇到的问题及解决方法。

存在的问题	是否解决	解决方法

姓名：_____ 班级：_____ 学号：_____

任务描述

根据图 2.3 – 1 所示的半圆筒板轴测图，选择合适的图纸幅面和比例绘制零件图。

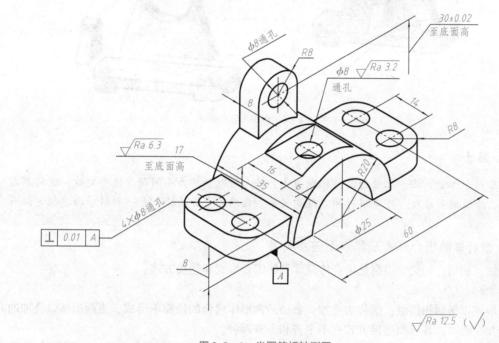

图 2.3 – 1　半圆筒板轴测图

任务提交：提交一张 A3 图纸、工作页。

完成时间：_____。

学习要点

知识点：形体分析法，组合体的三视图，几何公差（垂直度）。

技能点：能采用形体分析法绘制组合体的三视图；能识别和标注几何公差（垂直度）。

素养点：养成遵守国家标准、严谨细致的工作作风。

理论指导

1. 形体分析法

由两个（或两个以上）基本体组合而成的形体称为组合体。组合体的组合方式有叠加型、切割型和综合型。

假想把组合体分解成若干个组成部分，分析各组成部分的结构形状、相对位置、组合形式以及其表面连接方式。这种把复杂形体分解成若干个简单形体的分析方法称为形体分析法。图 2.3 - 2 所示的轴承座的组合形式为综合型，用形体分析法可知，轴承座由底板、支承板、肋板和圆筒组成。

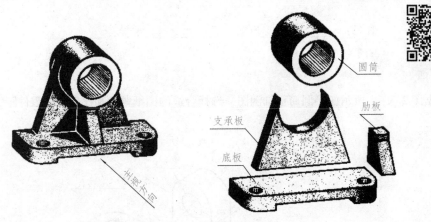

图 2.3 - 2　轴承座立体图

小贴士

　　应用形体分析法，化繁为简、化难为易，将大问题分解为小问题后逐个突破，优化解题思路，降低问题难度，可节省时间、提高效率，让思维更加快捷，是一种科学的思想方法。

2. 组合体的组合形式及其表面连接关系

叠加、相切、相交、切割是组合体最常见的组合形式和连接方式。

1) 叠加

两形体以平面相接触，就称为叠加。叠加是两形体组合的最简单形式，当两形体以叠加的方式组合在一起时，其表面连接方式有不平齐和平齐两种。

若两基本体表面不平齐，则结合处应画出分界线；若两基本体表面平齐，则结合处不画分界线。

如图 2.3 - 3 所示，组合体的上、下表面不平齐，因此在主视图上应画分界线。如图 2.3 - 4 所示，组合体的上、下两表面平齐，因此在主视图上不应画出分界线。

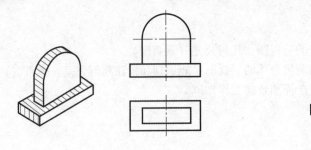

图 2.3 - 3　表面不平齐画法

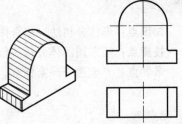

图 2.3 - 4　表面平齐画法

2) 相切

若两形体表面连接处相切，则在视图中相切处不画切线，如图 2.3 - 5 所示。

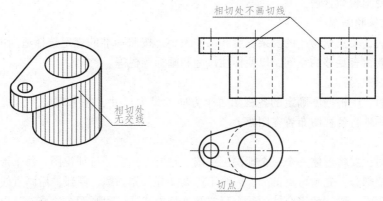

图 2.3 - 5 表面相切的画法

3）相交

若两形体在表面连接处相交，则在相交处产生的交线，画图时要画出交线，如图 2.3 - 6 所示。

4）切割

如图 2.3 - 7 所示的视孔盖，该形体由基本体通过切割形成。

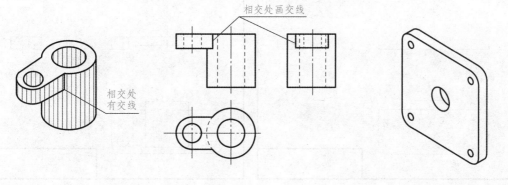

图 2.3 - 6　表面相交的画法　　　　　　　　　　图 2.3 - 7　视孔盖

3. 组合体三视图的画法

1）形体分析

画图前，应对组合体进行形体分析，分析该组合体由哪些基本体组成，了解它们之间的相对位置、组合形式以及表面间的连接关系及其分界线的特点。

图 2.3 - 2 所示的轴承座由底板、圆筒、支承板、肋板四部分组成。支承板和肋板堆积在底板之上。支承板的左右两侧与水平圆筒的外表面相切，肋板两侧面与水平圆筒的外表面相交。通过对轴承座进行这样的分析，弄清它的形体特征，对画图有很大帮助。

2）选择主视图

在画组合体的三视图时，将组合体摆正放平，一般选择反映组合体各组成部分结构形状和相对位置较明显的方向作为主视图的投射方向，并使形体上的主要面与投影面平行，还要考虑其他视图的表达要清晰。

对图 2.3 - 8 所示的轴承座比较各投影方向，按图示所选择

图 2.3 - 8　轴承座的主视图方向

的方向投影主视图较为合理。

3）确定比例和图幅

确定视图后，要根据物体的复杂程度和尺寸大小，按照标准的规定选择适当的比例与图幅。所选择的图幅要留有足够的空间，以便标注尺寸和画标题栏等。

4）布置视图位置

布置视图时，应根据已确定的各视图每个方向的最大尺寸，并考虑尺寸标注和标题栏等所需的空间，匀称地将各视图布置在图幅上。

5）画图

绘制底稿时，要将形体一个一个地画三视图，且要先画它的特征视图。每个形体要先画主要部分，后画次要部分；先画可见部分，后画不可见部分；先画圆、圆弧，后画直线。

检查及描深时，要注意组合体的组合形式和连接方式，一边画图一边修改，以提高画图的速度，避免漏线或多线。

轴承座三视图的画图过程如图2.3-9所示。

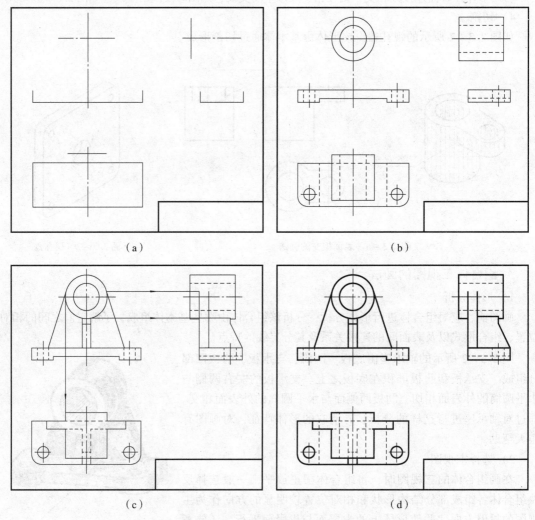

（a）　　　　　　　　　　　　　　（b）

（c）　　　　　　　　　　　　　　（d）

图2.3-9　轴承座三视图的画图过程

（a）布置视图，画主要基准线；（b）画底板和圆筒；

（c）画支承板和肋板；（d）检查、描深，完成全图

绘图时应注意以下几点：

（1）为保证三视图之间相互对正，提高画图速度，并减少差错，应尽可能将同一形体的三面投影联系起来作图，并依次完成各组成部分的三面投影。不要孤立地先完成一个视图，再画另一个视图。

（2）先画主要形体，后画次要形体；先画各形体的主要部分，后画次要部分；先画可见部分，后画不可见部分。

（3）应考虑到组合体是各部分组合起来的一个整体，作图时要正确处理各形体之间的表面连接关系。

 小贴士

将组合体正确摆放，选择合适的投影方向，根据图幅大小做好视图的布局。

4. 组合体的尺寸标注

1）尺寸基准

在标注尺寸前，应确定尺寸基准。所谓尺寸基准，就是标注尺寸的起点。由于组合体都有长、宽、高三个方向的尺寸，因此在每个方向都至少有一个尺寸基准。

选择组合体的尺寸基准，必须要体现组合体的结构特点，并在标注尺寸后使其度量方便。因此，组合体上能作为尺寸基准的几何要素有中心对称面、底平面、重要的大端面以及回转体的轴线。

2）尺寸种类

（1）定形尺寸：用以确定组合体各组成部分形状大小的尺寸称为定形尺寸。

（2）定位尺寸：用以确定组合体各组成部分之间的相对位置的尺寸称为定位尺寸。

（3）总体尺寸：用以确定组合体外形的总长、总宽、总高的尺寸称为总体尺寸。

3）组合体尺寸标注的基本要求

（1）正确：尺寸标注包括尺寸数字的书写，以及尺寸线、尺寸界线、箭头的画法，应满足国家标准的规定，保证尺寸标注正确。

（2）完整：所标注的尺寸应能完全确定物体的形状大小及相对位置，且不允许有遗漏和重复，按形体分析法标注尺寸，可以达到完整的要求。

（3）清晰：应保证所注尺寸布置整齐、清晰醒目，从而便于看图。

4）标注尺寸的步骤

下面以图 2.3－10 所示的座体为例，说明标注尺寸的步骤：

第 1 步，形体分析。通过对座体的形体分析，将其分解为底板、立板、三角板，如图 2.3－10（a）所示。

第 2 步，选择尺寸基准，如图 2.3－10（b）所示。

第 3 步，按形体分析法标注每个组成部分的定形尺寸。将图 2.3－10（a）中各部分的定形尺寸标注在图 2.3－10（c）中。

第 4 步，由尺寸基准出发，标注各组成部分之间相对位置的尺寸，如图 2.3－10（c）中的尺寸 26、40、23、14。

第 5 步，标注总体尺寸。该座体的总长度尺寸（即底板的长度尺寸）为 54，总宽度尺寸（即底板的宽度尺寸）为 30，总高度尺寸为 38。

第 6 步，依次检查三类尺寸，保证正确、完整、清晰。注意尺寸间的协调。

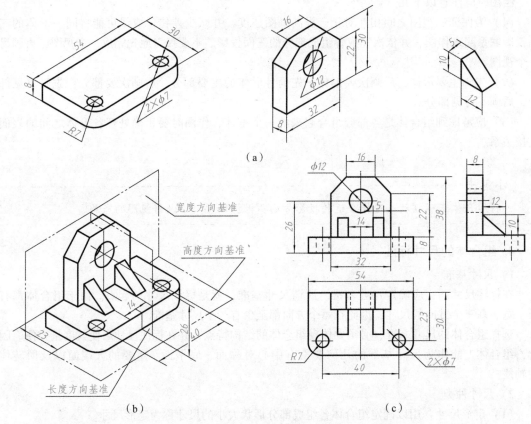

图 2.3 – 10 座体的尺寸标注步骤

5）标注尺寸时的注意事项

（1）尺寸应尽量标注在视图外，与两视图有关的尺寸最好标注在两视图之间。

（2）定形、定位尺寸要尽量集中标注，并应集中标注在反映形状特征和位置特征明显的视图上。

（3）直径尺寸应尽量标注在非圆的视图上，圆弧半径的尺寸要标注在有圆弧投影的视图上，且尽量不在细虚线上标注尺寸，如图 2.3 – 11 所示。

（4）尺寸线与尺寸界线尽量不要相交。为避免相交，在标注相互平行的尺寸时，应按大尺寸在外、小尺寸在内的方式排列。

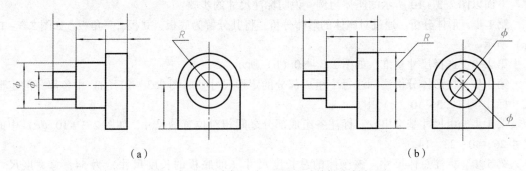

图 2.3 – 11 直径尺寸、圆弧尺寸的标注方法
（a）正确；（b）错误

6）常见结构的尺寸注法

表2.3-1列出了组合体上一些常见结构的尺寸注法。

表2.3-1　组合体常见结构的尺寸注法

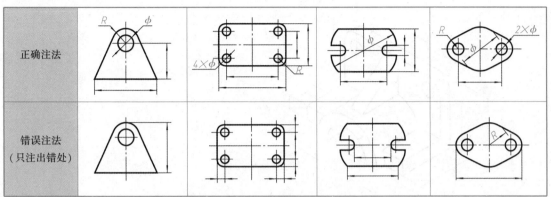

正确注法				
错误注法 （只注出错处）				

小贴士

尺寸是图样中指令性最强的部分。在标注尺寸时，应符合国家标准的规定、保证标注正确，且不允许有遗漏和重复，在反复检查中达到完整的要求，还要注意整齐清晰、培养美学意识。

学习过程

学习阶段一　认识组合体常见的组合形式和连接方式（相接、相切、相交）

组合体常见的组合形式和连接方式（相接、相切、相交）如图2.3-12所示。

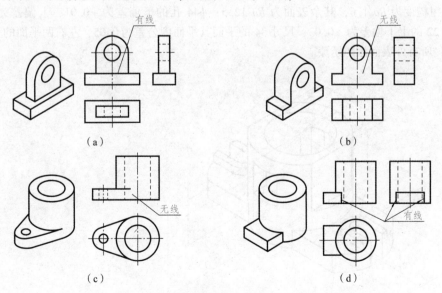

图2.3-12　组合体常见的组合形式和连接方式（相接、相切、相交）

学习阶段二 能力提升

1. 根据下方的轴测图，用形体分析法画三视图，并标注尺寸。

（1）

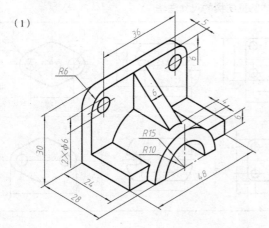

（2）

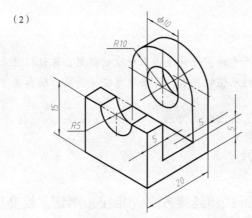

2. 根据下方的轴测图，用形体分析法绘制三视图，并标注尺寸和技术要求。技术要求：$\phi44$ 内孔表面粗糙度为 Ra 1.6，其余表面为 Ra 12.5；$\phi44$ 孔的下偏差为 +0.01，上偏差为 +0.02；宽度尺寸 22 的上下偏差为 ±0.03；尺寸 34 的平面其平面度公差为 0.05，左右两平面的平行度公差为 0.1；所有外表面涂防锈漆。

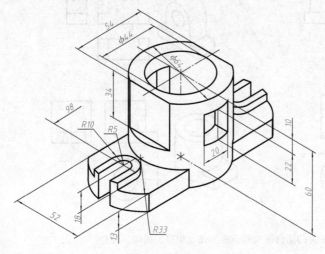

1. 准备绘图工具（H、HB、2B 铅笔，圆规，橡皮，擦图片等）。

2. 形体分析。

3. 选择主视图。

4. 确定比例和图幅。

5. 画图框和标题栏。

6. 视图绘制。用 H 或 HB 铅笔先画基准线，布置视图位置。绘制底稿时，要注意将形体一个一个地按投影关系联系起来画三视图，且要先画它的特征视图，不要孤立地先完成一个视图，再画另一个视图。

7. 标注尺寸和技术要求。

8. 检查、描深（按照要求画粗实线、细点划线、细实线和细虚线），完成全图。

检查评估

检查项目	结果评估（学生填写）	自评分（学生填写）	教师总评
1. 三个视图是否满足长对正、高平齐、宽相等			
2. 技术要求的填写是否符合规范			
3. 是否已掌握了圆柱体相贯的近似画法			
4. 标注的尺寸是否正确、完整、清晰			

注：评分分为优、良、中、及格、不及格。

 小结及反思

1. 在绘制组合体三视图过程中，你是将形体一个一个地画三视图，还是先完成一个视图再画另一个视图？为保证视图正确性和提高绘图效率，你认为上述两种绘图方法哪种更好？

2. 记录在绘制这张零件图的过程中所遇到的问题及解决方法。

存在的问题	是否解决	解决方法

任务2.4　使用AutoCAD绘制组合体三视图

姓名：＿＿＿＿＿＿＿　班级：＿＿＿＿＿＿＿　学号：＿＿＿＿＿＿＿

任务说明

　　根据图2.4－1所示的组合体轴测图，使用AutoCAD软件以1∶1的比例画该组合体的三视图，并标注尺寸及表面粗糙度。

　　表面粗糙度要求：a、b、c平面的表面粗糙度Ra值为3.2，孔$\phi10H7$（$^{+0.015}_{0}$）处的表面粗糙度Ra值为1.6，其余表面的Ra值均为6.3。

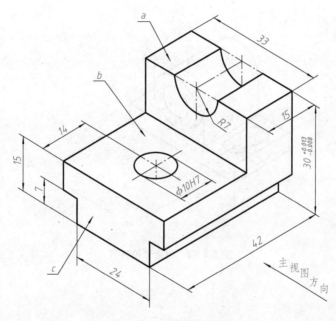

图2.4－1　组合体轴测图

　　任务提交：上传一份AutoCAD图形文件至教师指定的位置，提交检查评估表。
　　完成时间：＿＿＿＿＿＿＿＿。

学习要点

　　知识点：组合体三视图绘制，组合体尺寸标注，表面粗糙度标注；AutoCAD绘图命令，编辑命令，对象捕捉，对象追踪，特性匹配，图形窗口缩放、平移，图层设置操作。
　　技能点：能使用AutoCAD绘制组合体三视图。
　　素养点：养成严谨细致的工作作风和一丝不苟的工作态度。

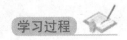

学习阶段一　使用 AutoCAD 绘制图 2.4 – 1 所示的组合体三视图

1. 选择图幅，设置图层。
2. 布置三视图位置并画出图形定位线，依次画出各形体的三视图。
3. 标注尺寸和表面粗糙度。

学习阶段二　使用 AutoCAD 绘制组合体三视图

　　如图 2.4 – 2 所示，以 1∶1 比例使用 AutoCAD 绘制组合体三视图，图幅按标准 A4 图框，并标注尺寸。

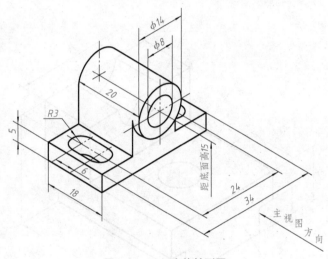

图 2.4 – 2　组合体轴测图

任务实施

　　使用 AutoCAD 绘制图 2.4 – 1 所示组合体的三视图，并提交。

检查评估

检查项目	结果评估 （学生填写）	自评分 （学生填写）	教师总评
1. 图幅及比例是否合理			
2. 各线条的线型、粗细表达是否正确，点划线长度是否合适			
3. 各视图间的投影关系是否正确			
4. 尺寸标注是否正确、完整、清晰			
5. 粗糙度标注是否正确			

注：评分分为优、良、中、及格、不及格。

 小结及反思

1. 在绘图中，你用到了"对象捕捉"命令吗？你认为怎样设置"对象捕捉"模式更合理？

2. 在绘图中，你用到了哪些快捷方式？

3. 记录在绘制三视图的过程中遇到的问题及解决方法。

存在的问题	是否解决	解决方法

任务2.5 识读组合体的视图

姓名：＿＿＿＿＿＿ 班级：＿＿＿＿＿＿ 学号：＿＿＿＿＿＿

任务描述

根据图2.5-1所示的组合体两视图，补画第三视图。

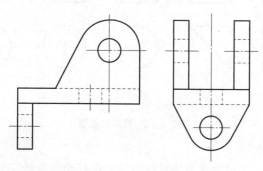

图2.5-1 组合体视图

任务提交： 提交工作页。

完成时间： ＿＿＿＿＿＿＿＿。

学习要点

知识点： 组合体的识读。

技能点： 学会组合体的读图方法；能利用形体分析法和线面分析法读图。

素养点： 养成自主研究学习、勤于实践的习惯。

理论指导

识读组合体视图简称"读图"，是通过阅读组合体视图来想象其空间形状和结构的过程。具体而言，读图过程是通过分析视图之间的投影关系，运用逆向思维并综合分析和判断，将平面图形在脑海里还原组合体立体形状的过程。为了能正确又快速地读懂组合体的视图，必须掌握组合体识读的基本要领和基本方法。

1. 读图的基本要领

1）牢记基本体

识读组合体投影图之前，一定要掌握三面投影规律，熟悉形体的长、宽、高三个方向和上下、左右、前后六个方位在投影图上的对应关系和基本几何体的投影特性。如图2.5-2（a）所示，方框对方框，为长方体；如图2.5-2（b）所示，方框对三角框，为三棱柱；如图2.5-2（c）所示，方框对圆框，为圆柱体；如图2.5-2（d）所示，三角框对圆框，为圆锥体；如图2.5-2（e）所示，圆框对圆框，为圆球体。

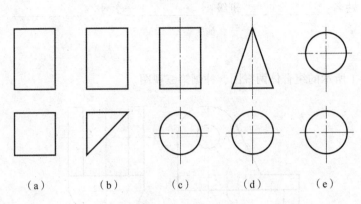

图2.5-2　基本体视图

2）读图必须抓特征

在组合体的三视图中，主视图是最能反映物体的形状和位置特征的视图，但一个视图往往不能完全确定物体的形状和位置，必须按投影对应关系与其他视图配合对照，才能完整地、确切地反映物体的形状结构和位置。图2.5-3所示的五个物体的主视图完全相同，但从俯视图上可以看出这五个物体截然不同，这些俯视图就是表达这些物体形状特征明显的视图。

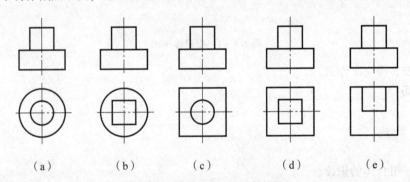

图2.5-3　形状特征明显的视图

如图2.5-4（a）所示的物体，如果只有主、俯视图，就无法辨别其形体各组成部分的相对位置。由于各组成部分的位置无法确定，因此该形体至少有图2.5-4（c）所示的四种可能，而当与左视图配合来看，就很容易想清楚各形体之间的相对位置关系了，此时的左视图就是表达该形体各组成部分之间相对位置特征明显的视图。

3）读图需要对应线框

任何形体的视图都是由若干个封闭线框构成的，因此看图时按照投影的对应关系来理解图形中线框的含义是很有意义的。

（1）一个封闭线框表示物体上的一个表面（平面或曲面，或平面和曲面的组合面）的投影。

（2）两个相邻的封闭线框表示物体不同位置的平面的投影。

（3）大封闭线框内套小封闭线框，表示物体是在大平面上凸起（或凹下）小结构。图2.5-5所示的俯视图中的正方形线框和其内的圆，一个是凸起的，另一个是凹下的。

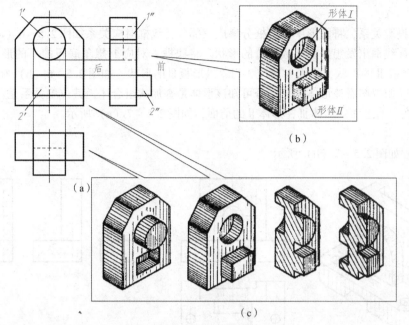

图 2.5 -4　位置特征明显的视图

2. 读图的基本方法

1）形体分析法

形体分析法既是画图、标注尺寸的基本方法，也是读图的基本方法。运用这种方法读图，应按下面几个步骤进行：

第 1 步，对应投影关系，将视图中的线框分解为几部分。

第 2 步，抓住每部分的特征视图，按投影对应关系想象每个组成部分的形状。

第 3 步，由图中的画法进行分析，确定各组成部分的相对位置关系、组合形式及表面的连接方式。

第 4 步，综合想象整体形状。

例 2.5 -1　求作图 2.5 -6（a）所示物体的左视图。

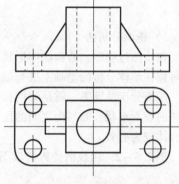

图 2.5 -5　大线框套小线框的含义

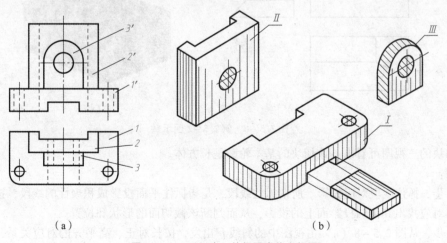

图 2.5 -6　已知主、俯视图求作左视图

分析：

- 对应投影关系，将图形中的线框分解成三部分，线框对应关系如图 2.5 – 6 (a) 所示。
- 从特征线框出发想象各组成部分的形状。将线框 1 对应 1′想象底板的 I 的形状，线框 2′对应 2 想象竖板 II 的形状，线框 3′对应 3 想象拱形板 III 的形状，如图 2.5 – 6 (b) 所示。
- 由主、俯视图看该形体的三部分可知该形体是叠加式组合体，其位置关系是：左右对称；形体 II、III 在 I 的上面；形体 III 在形体 II 的前面，如图 2.5 – 7 (a) 所示。

作图：

作图过程如图 2.5 – 7 (b) 所示。

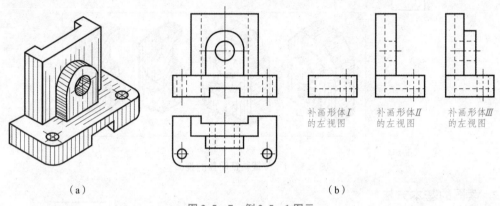

(a)   (b)

图 2.5 – 7　例 2.5 – 1 图示

2）线面分析法

在读图过程中，遇到物体形状不规则，或物体被多个面切割，物体的视图往往难以读懂，此时可以在形体分析的基础上进行线面分析。

线面分析法读图，就是运用投影规律，通过对物体表面的线、面等几何要素进行分析，确定物体的表面形状、面与面之间的位置及表面交线，从而想象出物体的整体形状。此法用于切割类组合体较为有效。

例 2.5 – 2　用线面分析法读图 2.5 – 8 (a) 切块的三视图。

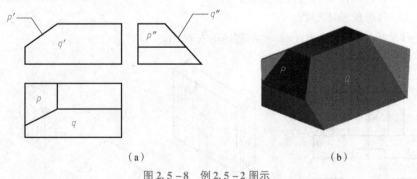

(a)   (b)

图 2.5 – 8　例 2.5 – 2 图示

由切块的三视图可看出，该切块的基本轮廓是长方体。

步骤：

第 1 步，抓住线段对应投影。所谓抓住线段，是指抓住平面投影成积聚性的线段，按投影对应关系，对应找出其他两投影面上的投影，从而判断该截切面的形状和位置。

第 2 步，从图 2.5 – 8 (a) 主视图中的斜线 p′出发，按长对正、高平齐的对应关系，对应出边数相等的两个类似形 p 及 p″，可知 P 面为正垂面（垂直于正面）。

第3步，从图2.5-8（a）左视图中的斜线 q'' 出发，按高平齐、宽相等的对应关系，对应出边数相等的两个类似形 q' 及 q，可知 Q 面为侧垂面（垂直于侧面）。

第4步，综合想象整体。由以上分析，可以对切块各表面的结构形状与空间位置进行组装，综合想象整体形状，如图2.5-8（b）所示。

学习阶段一　根据轴测图找到对应的视图

根据轴测图找到对应的视图，将编号填入括号。

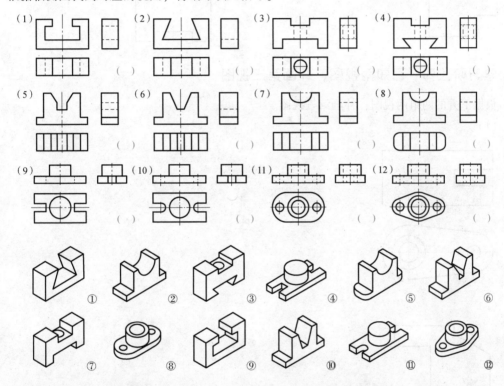

学习阶段二　根据轴测图及已知视图，补画第三视图或所缺的线

根据下方的两组轴测图及已知视图，分别补画第三视图或所缺的线。

（1）　　　　　　　　　　　　　　　　　（2）

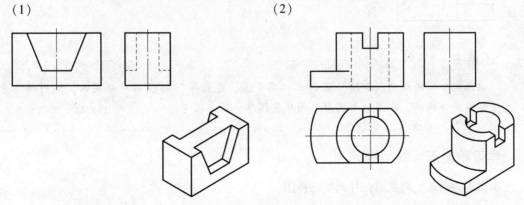

学习阶段三　根据三视图，补画视图中所缺的线

根据下方的两组三视图，补画视图中所缺的线。

（1）

（2）

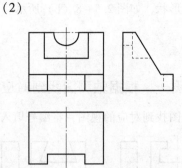

学习阶段四　已知两视图，补画第三视图

根据下方的两组两视图，补画第三视图。

（1）

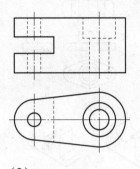

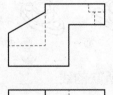

（2）

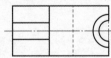

🎒**小贴士**

识读组合体的视图，要按"长对正、高平齐、宽相等"的投影对应关系，运用形体分析法和线面分析法，在图形与实形之间反复揣摩、独立思考。

学习阶段五　能力提升

根据下方的几组两视图，补画第三视图。

(1)

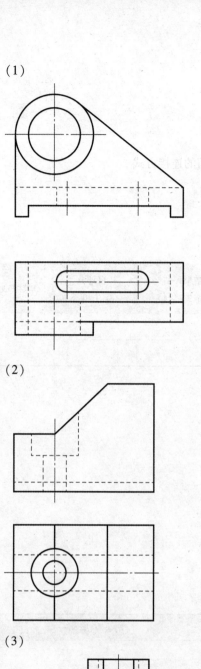

(2)

(3)

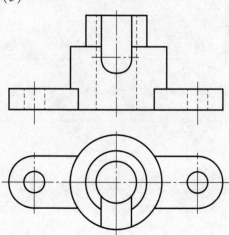

1. 分析视图，将视图中的线框分解为几个部分。
2. 逐个想象每个组成部分的形状。
3. 确定各组成部分的相对位置关系、组合形式及表面的连接方式。
4. 综合想象整体形状。
5. 按投影关系补画所缺视图（要注意图线规范）。

检查评估

检查项目	结果评估 （学生填写）	自评分 （学生填写）	教师总评
1. 三个视图是否满足长对正、高平齐、宽相等			
2. 能否采用形体分析法和线面分析法读图			

注：评分分为优、良、中、及格、不及格。

 小结及反思

1. 简述识读组合体视图的步骤。

2. 记录在识读视图的过程中遇到的问题及解决方法。

存在的问题	是否解决	解决方法

任务2.6 绘制组合体的轴测图

姓名：_____ 班级：_____ 学号：_____

任务描述

根据图2.6-1所示的三视图，正确绘制该形体的正等轴测图。

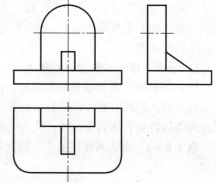

图2.6-1 形体的三视图

任务提交：提交工作页。

完成时间：_____。

学习要点

知识点：轴测图，正等轴测图，斜二轴测图。

技能点：能绘制正等轴测图和斜二轴测图。

素养点：培养空间思维能力和创新素质。

理论指导

多面正投影图能完整、准确地反映物体的形状和大小，且度量性好、作图简单，但其立体感不强，只有具备一定读图能力的人才能看懂。有时工程上还需采用一种立体感较强的图来表达物体，即轴测图。

轴测图可以有很多种，国家标准推荐了两种作图比较简便的轴测图，即正等轴测图（简称"正等测"）和斜二轴测图（简称"斜二测"）。常用轴测图的类型见表2.6-1。

表2.6-1 常用轴测图的类型

轴测图	立方体的图形	轴间角	轴向伸缩系数（简化轴向伸缩系数）
正等轴测图	30° 30°	120° 120° 120° Z X Y	Z 1 1 1 X Y
斜二轴测图	45°	90° 135° 135° Z X Y	Z 1 1 X 0.5 Y

1. 正等轴测图

1）正等轴测图的形成

使描述物体的三直角坐标轴与轴测投影面具有相同的倾角，用正投影法在轴测投影面所得的图形称为正等轴测图。

2）正等轴测图的参数

图2.6-2表示了正等轴测图的轴测轴、轴间角和轴向伸缩系数等参数及画法。从图中可看出，正等轴测图的轴间角均等于120°，轴向伸缩系数 $p = q = r = 0.82$。为作图简便，常把正等轴测图的轴向伸缩系数简化成1，即沿各轴向的所有尺寸都按物体的实际长度画图。

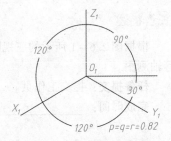

图2.6-2　正等测的轴测轴、轴间角和轴向伸缩系数

3）平面立体正等轴测图的画法

（1）坐标法。坐标法是轴测图常用的基本作图方法，它是根据坐标关系，先画出物体特征表面上各点的轴测投影，然后由各点连接物体特征表面的轮廓线，从而完成正等轴测图的作图。

例2.6-1　由正六棱柱的主、俯视图，应用坐标法画出其正等轴测图的过程，如图2.6-3所示。

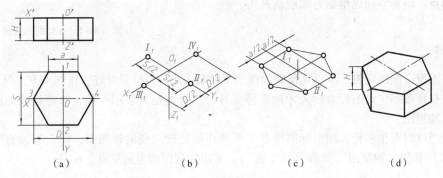

（a）　　　　　　（b）　　　　　　（c）　　　　　　（d）

图2.6-3　六棱柱正等轴测图的画法

（2）方箱切割法。大多数的平面立体可以看作由长方体切割而成，因此可以先画长方体的正等轴测图，然后进行轴测切割，从而完成物体的轴测图，这种画图方法称为方箱切割法。

例2.6-2　由物体的主、俯视图，应用方箱切割法画出其正等轴测图，过程如图2.6-4所示。

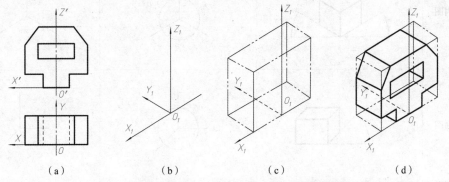

（a）　　　　　　（b）　　　　　　（c）　　　　　　（d）

图2.6-4　方箱切割法求作平面立体的正等轴测图

方箱切割法在基本体轴测图的画图过程中非常实用，它方便、灵活、快速，只要坐标位置选择适当，就可按照比例随意进行切割。

4）曲面立体正等轴测图的画法

（1）圆的正等轴测图的画法。在正等轴测图中，平面圆变为椭圆。在作图时，通常采用"四心法"近似画图。"四心法"画椭圆就是用四段圆弧代替椭圆。图2.6－5所示为平行于 H 面（即 XOY 坐标面）的圆的正等测图的画法。

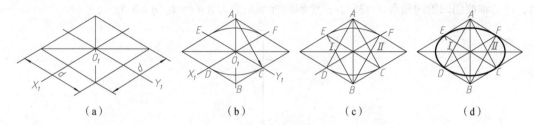

图2.6－5　平面圆的正等轴测图的画图过程

（2）圆柱的正等轴测图。图2.6－6所示为圆柱正等轴测图的画图过程。

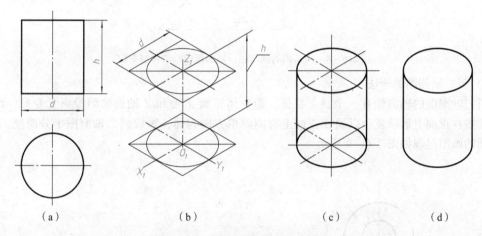

图2.6－6　圆柱正等轴测图的画图过程

（a）圆柱的视图；（b）画轴测轴，定上下底圆中心，画上下底椭圆；
（c）作出两边轮廓线（注意切点）；（d）描深并完成全图

（3）圆角的正等测图。圆角相当于四分之一圆周，因此圆角的正等测图正好近似椭圆的四段圆弧中的一段。作图时，可简化成图2.6－7所示的过程。

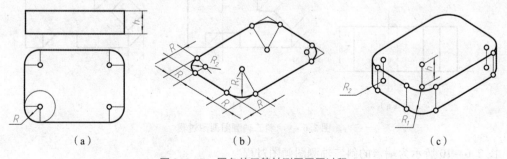

图2.6－7　圆角的正等轴测图画图过程

2. 斜二轴测图

1）斜二轴测图的形成

当物体上的两个坐标轴 OX 和 OZ 与轴测投影面平行，而投射方向与轴测投影面倾斜时，所得的轴测图称为斜二轴测图。

2）斜二等轴测图的参数

图 2.6－8 表示了斜二轴测图的轴测轴、轴间角和轴向伸缩系数等参数及画法。从图中可看出，斜二轴测图的轴间角等于135°，三个轴向伸缩系数为 $p = r = 1$，$q = 0.5$。

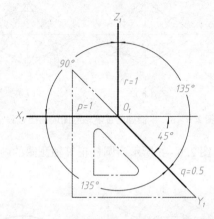

图 2.6－8　斜二测的轴测轴、轴间角和轴向伸缩系数

3）斜二轴测图的画法

斜二轴测图的轴测轴有一个显著特征，即物体正面 X 轴和 Z 轴的轴测投影无变形。因此，对于那些在正面上形状复杂以及在正面上有圆的单方向物体，画成斜二轴测图十分简便。斜二轴测图的画图过程如图 2.6－9 所示。

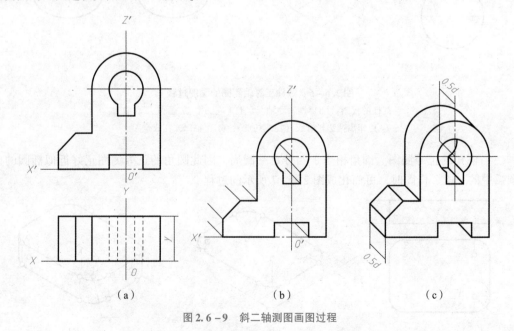

（a）　　　　　　　　（b）　　　　　　　　（c）

图 2.6－9　斜二轴测图画图过程

图 2.6－10 所示为端盖的斜二轴测图画图过程。

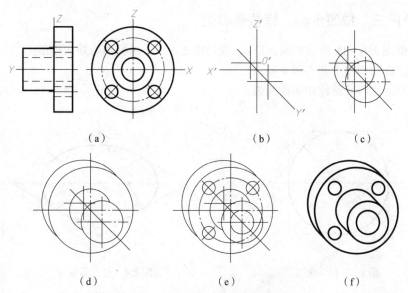

（a）　　　　　　　　　（b）　　　　　　　　　（c）

（d）　　　　　　　　　（e）　　　　　　　　　（f）

图 2.6 – 10　端盖的斜二轴测图画图过程

学习过程

学习阶段一　自学轴测图的画法

写出下方两组视图的名称（三视图、轴测图）。

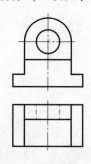 

学习阶段二　根据三视图，画出形体的正等测图

根据下方的三视图，画出形体的正等测图。

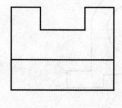

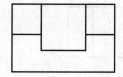 

学习阶段三　按照步骤，模仿画椭圆

（1）根据图 2.6 – 11 所示的圆直径 d，模仿图 2.6 – 12 画椭圆的外切菱形。

（2）确定椭圆的四个圆心和半径。

（3）分别画出四段彼此相切的圆弧。

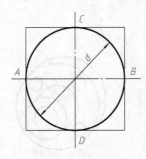

图 2.6 – 11　画圆

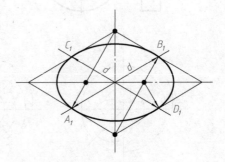

图 2.6 – 12　画椭圆

学习阶段四　能力提升

1. 根据下方的两视图，画圆柱体的正等轴测图。

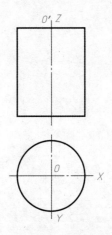

2. 根据下方的两组两视图，手绘斜二轴测图。

（1）

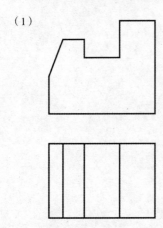

（2）

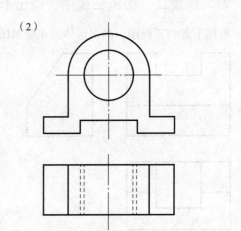

1. 写出绘制轴测图的步骤。

2. 按照步骤画出图 2.6-1 的正等轴测图。

 检查评估

检查项目	结果评估 （学生填写）	自评分 （学生填写）	教师总评
1. 所绘制的轴测图的轴间角是否正确			
2. 是否按照形体分析法画轴测图			

注：评分分为优、良、中、及格、不及格。

 小结及反思

1. 你认为保证所绘制轴测图的正确性的关键点是什么？

2. 记录在绘制轴测图的过程中遇到的问题及解决方法。

存在的问题	是否解决	解决方法

项目3 机件的表达方法

项目导读: 机件的形状和结构多种多样。有些零件外形结构倾斜,与基本投影面不平行,用基本视图表达不能反映实形;有些零件只需要表达局部结构,无需用基本视图表达;有些机件外形简单,但内形结构比较复杂,若用基本视图表达,就会因虚线过多而影响看图;有些机件需要表达截面形状。因此,在学习主视图、俯视图、左视图的基础上,我们还需要学习基本视图(右、后、仰视图)、局部视图、斜视图、剖视图、断面图等表达方法。

本项目的学习目标是培养熟练识读机械图样的能力;培养能根据机件形状结构特点,选择适当的表达方法,制订合理表达方案的能力;培养熟练的 AutoCAD 绘图技能。

任务3.1 绘制机件基本视图和其他视图

姓名:_____ 班级:_____ 学号:_____

任务描述

请同学们根据已知视图,仔细分析形体,了解机件的结构形状。按照机件的结构特点,确定视图表达的重点,选取表达方案。图3.1-1和图3.1-2所示分别为压紧杆零件的主视图和立体图,应该增加什么视图才能将压紧杆表达清楚呢?

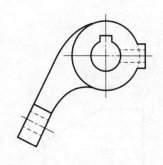

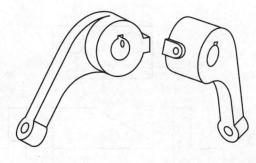

图3.1-1 压紧杆零件的主视图　　　　图3.1-2 压紧杆零件的立体图

任务提交: 提交工作页。

完成时间: _____。

学习要点

知识点: 基本视图、向视图、局部视图、斜视图。

技能点：学会各种视图的画法和标注；根据零件的结构形状，合理选用表达方法。

素养点：遵守国家制图标准，理解熟能生巧的内涵。

1. 基本视图

正六面体的六个面称为基本投影面（图 3.1 - 3），物体向基本投影面投射所得的视图称为基本视图。主视图是由物体的前方投射所得的视图；后视图是由物体的后方投射所得的视图；俯视图是由物体的上方投射所得的视图；仰视图是由物体的下方投射所得的视图；左视图是由物体的左方投射所得的视图；右视图是由物体的右方投射所得的视图；各投影面的展开方法如图 3.1 - 4 所示。

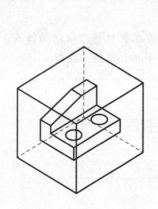

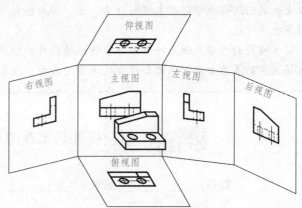

图 3.1 - 3　六个基本投影面　　　　　图 3.1 - 4　六个基本投影面的展开

六个基本视图按图 3.1 - 5 所示的配置关系配置时，可不标注视图名称。六个基本视图之间的关系仍遵循"长对正、高平齐、宽相等"的投影原则。

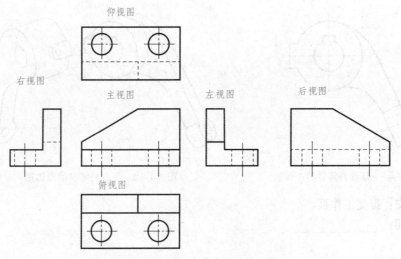

图 3.1 - 5　六个基本视图的位置

2. 向视图

基本视图不能按投影关系配置视图时，可自由配置，称为向视图，如图3.1-6所示。向视图应在视图正上方标注视图名称"×"（如A、B、C等），在相应的视图附近用箭头指明投影方向，并标注同样的字母"×"，字母一律水平书写。

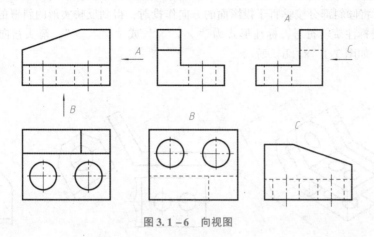

图3.1-6　向视图

3. 局部视图

局部视图是将物体的某一部分向基本投影面投射所得的视图，用于表达机件的局部形状。

如图3.1-7所示，当机件的主要结构已通过主、俯视图表达清楚，仅剩左、右侧凸台的形状需要表达时，就不必画完整的左视图和右视图，而是采用局部视图表达即可。

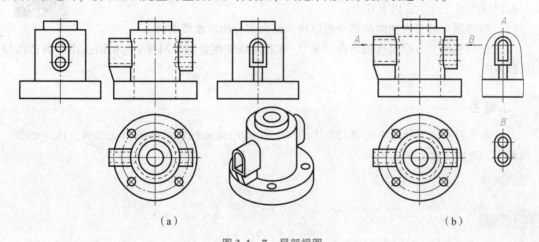

（a）　　　　　　　　　　　　　　　　　　　　　（b）

图3.1-7　局部视图
（a）用基本视图表达；（b）用基本视图和局部视图表达

局部视图的断裂边界用波浪线或双折线表示，当所表示的局部结构的外形轮廓是完整的封闭图形时，断裂边界线可省略不画。波浪线应画在机件的实体部位，既不能超出轮廓线，也不能穿空而过，且波浪线不能与任何线条及其延长线重合。

当局部视图按基本视图的配置形式配置且中间没有其他视图隔开时，可省略标注（如A向局部视图）；如果按向视图的形式配置，则应标注（如B向局部视图），一般在局部视图的上方标注视图的名称"×"，并在相应的视图附近用箭头指明投射方向，标注出相同的大写字母"×"，字母一律水平书写。

4. 斜视图

将机件向不平行于基本投影面的平面投射而得到的视图，称为斜视图。

图 3.1-8（a）所示的机件，倾斜部分不平行于任何基本投影面，在俯视图上不能反映实形，给画图和读图带来困难，也不便标注尺寸。为表达这部分的实形，可以加一个平行于倾斜部分的投影面 P，将倾斜部分按垂直于投影面的方向作投射，得到反映实形的斜置的视图，也可以转正画出，但要标注旋转符号，标注形式为"×⌒"或"⌒×"，箭头指向要与实际图形旋转方向一致，如图 3.1-8（b）所示。

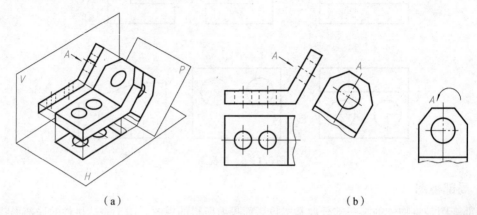

（a）   （b）

图 3.1-8 斜视图

（a）倾斜结构的投影；（b）斜视图

画斜视图时，应注意以下几点：

（1）斜视图一般只表达倾斜部分的形状，其余部分用波浪线断开。

（2）在斜视图上方标出视图名称"×"，在相应视图附近用带同样字母的箭头指明表达部位和投影方向。

 小贴士

　　请同学们熟记各种视图的应用及其画法，认真细致地观察机件的形状结构，选择适当的视图，清晰合理地表达机件。

学习过程

学习阶段一　绘制和识读基本视图

1. 基本视图：物体向＿＿＿＿＿＿＿＿＿＿＿＿＿＿＿＿投射所得的视图。

2. 由＿＿向＿＿投射所得的视图，称为＿＿＿＿＿；

　由＿＿向＿＿投射所得的视图，称为＿＿＿＿＿；

　由＿＿向＿＿投射所得的视图，称为＿＿＿＿＿。

3. 六个基本视图之间的关系仍遵循"＿＿＿＿＿＿＿＿＿＿＿＿＿＿＿＿＿＿＿＿"的投影规律。

学习阶段二　绘制和识读向视图

1. 向视图是一种可不按_____的基本视图。

2. 对下图中不按规定位置配置的右侧两个视图（右视图和仰视图）进行标注。

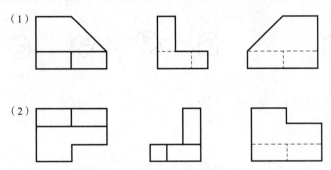

学习阶段三　绘制和识读局部视图

1. 局部视图是将物体的_____向_____投射所得的视图。

2. 已知主、俯视图，画出下图中 A、B 方向的局部视图。

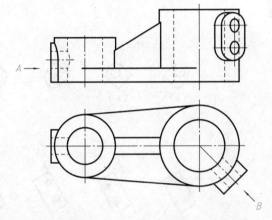

3. 已知立体图和主视图，画出下图中 A、C 方向的局部视图，补全 B 方向的局部视图。

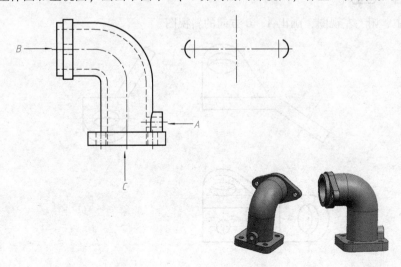

学习阶段四　绘制和识读斜视图

1. 斜视图是将机件向＿＿＿＿＿＿＿＿＿于＿＿＿＿＿＿＿＿＿＿＿＿的投影面投射所得的视图。

2. 根据已知的两面视图，选择正确的斜视图。

(1)

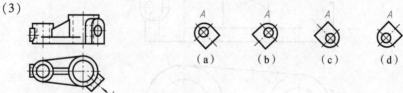

（a）　　　（b）　　　（c）　　　（d）

(2)

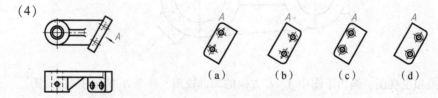

（a）　　　（b）　　　（c）　　　（d）

(3)

（a）　　　（b）　　　（c）　　　（d）

(4)

（a）　　　（b）　　　（c）　　　（d）

3. 已知主、俯、左视图，画出 A、B 方向的斜视图。

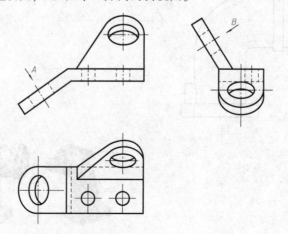

4. 已知主、俯视图，画出下图中 A 方向的斜视图和 B 方向的局部视图。

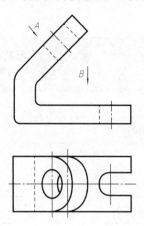

任务实施

分析图 3.1 – 1、图 3.1 – 2 所示的压紧杆零件的主视图和立体图，增加视图将压紧杆表达清楚（尺寸按立体图 1 : 1 量取）。

1. 主视图表达了什么？
2. 还有哪些结构没有表达？应采用什么视图来表达？
3. 如何绘制？

检查评估

检查项目	结果评估 (学生填写)	自评分 (学生填写)	教师总评
1. 各视图的布图是否合理			
2. 局部视图的表达位置和投影方向是否明确			
3. 局部视图的范围是否用细波浪线表示			
4. 斜视图的表达位置和投影方向是否标注			
5. 斜视图上方是否标出名称"×"			
6. 如果斜视图已旋转画正，则检查是否加注了旋转符号			
7. 斜视图的断裂边界处是否用细波浪线表示			

注：评分分为优、良、中、及格、不及格。

小结及反思

总结四种视图的特点，并列出在完成本次任务的过程中遇到的问题，以及解决这些问题的方法。

任务3.2 绘制和识读机件的全剖视图

姓名：_____ 班级：_____ 学号：_____

任务描述

根据轴测图（图3.2－1），选择适当的图幅和绘图比例，画剖视图并标注尺寸。要求图形表达清晰完整，尺寸正确、完整、清晰。

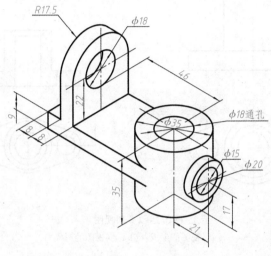

图 3.2－1 轴测图

任务提交：提交一张 A4 图纸、工作页。

完成时间：_____。

学习要点

知识点：剖视图的形成和画法。

技能点：能绘制全剖视图。

素养点：养成遵守国家制图标准、严谨细致的工作作风。

理论指导

1. 剖视图的形成

剖切物体的假想平面或曲面称为剖切面。假想用剖切面剖开机件，将处在观察者和剖切面之间的部分移去，而将其余部分向投影面投射，所得的图形称为剖视图，简称"剖视"，如图 3.2－2 所示。剖视图用于表达机件的内部结构形状。

2. 剖视图的画法

（1）确定剖切平面的位置。一般选择所需表达的内部结构的对称面，并且平行于基本投影面，例如图 3.2－2 中的 *A—A*，使剖切后的结构投影反映被剖切部分的真实形状。

项目 3 机件的表达方法 ■ 101

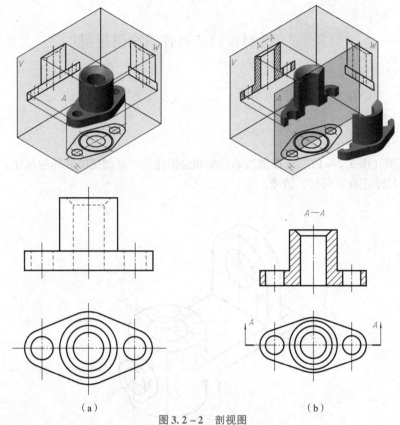

（a）   （b）

图 3.2 - 2　剖视图

（a）视图的形成；（b）剖视图的形成

（2）当机件被剖切后，剖切面后面的可见轮廓线必须全部画出。除了取剖视的视图外，其余视图应按完整机件画出。剖视图的常见错误如图 3.2 - 3 所示。

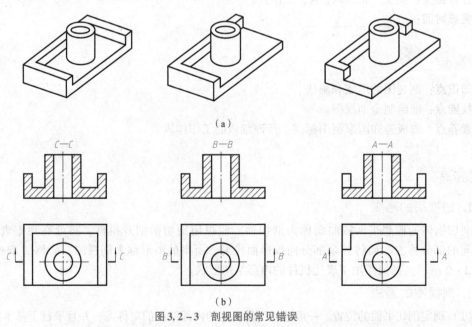

（a）

（b）

图 3.2 - 3　剖视图的常见错误

（a）立体图；（b）错误剖视图

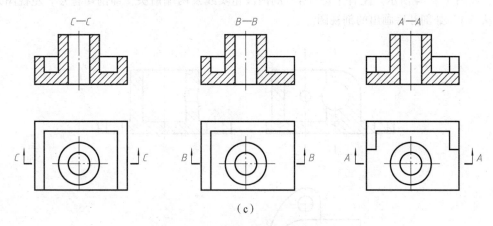

（c）

图 3.2 – 3 剖视图的常见错误（续）

（c）正确剖视图

（3）在绘制剖视图时，通常在机件的剖面区域画出剖面符号，以区别剖面区域与非剖面区域。表 3.2 – 1 所示为常用材料的剖面符号。

表 3.2 – 1 常用材料的剖面符号

材料	符号	材料	符号
金属材料（已有规定剖面符号者除外）		混凝土	
线圈绕组元件		钢筋混凝土	
转子、电枢、变压器和电抗器等的叠钢片		砖	
非金属材料（已有规定剖面符号者除外）		基础周围的泥土	
型砂、填砂、粉末冶金、砂轮、陶瓷刀片、硬质合金刀片等		格网（筛网、过滤网等）	
玻璃及供观察用的其他透明材料		液体	

3. 剖视图的标注

1）剖切符号

剖切符号是指示剖切面起、迄和转折位置（用粗短画表示）及投射方向（用箭头表示）的符号，如图3.2-4所示。注有字母"A"的两段粗实线及两端箭头，即剖切符号。左视图是将物体从"A"处剖开后画出的剖视图。

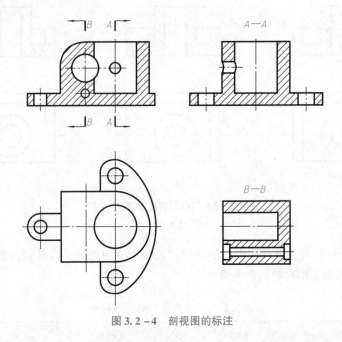

图 3.2-4 剖视图的标注

2）剖视图的名称

在剖切符号起、迄和转折处注上相同的大写字母，然后在相应剖视图上方仍采用相同大写字母，注成"×—×"形式，以表示该视图的名称，例如图3.2-4中的"A—A""B—B"。

以上是剖视图标注的一般原则。当单一剖切平面通过机件的对称平面或基本对称平面，且视图按投影关系配置，中间没有其他图形隔开时，可省略标注，如图3.2-5（a）、（b）所示的主视图。

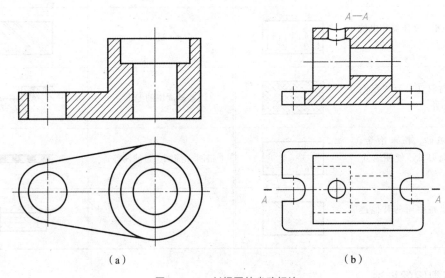

（a）   （b）

图 3.2-5 剖视图的省略标注

（a）完全省略标注；（b）省略箭头

小贴士

请同学们认真理解剖视图的形成，熟练掌握其画法，积极思考，识读机件的结构，正确绘制全剖视图。

学习过程

学习阶段一　学习剖视图的基本知识

1. 下列两组视图中，_____（左、右）图是正确的。

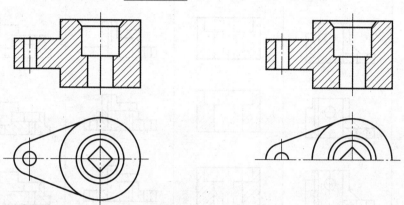

2. 补全下列剖视图缺漏的图线。

（1）　　　　　　　　　（2）　　　　　　　　　（3）

学习阶段二 识读全剖视图

已知形体的俯视图，选择正确的全剖视图。

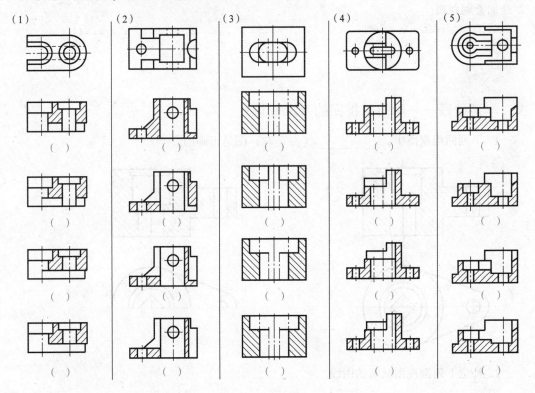

（1） （2） （3） （4） （5）

（ ） （ ） （ ） （ ） （ ）

（ ） （ ） （ ） （ ） （ ）

（ ） （ ） （ ） （ ） （ ）

（ ） （ ） （ ） （ ） （ ）

学习阶段三 绘制全剖视图

将主视图在指定的位置改画成全剖视图。

（1） （2） （3）

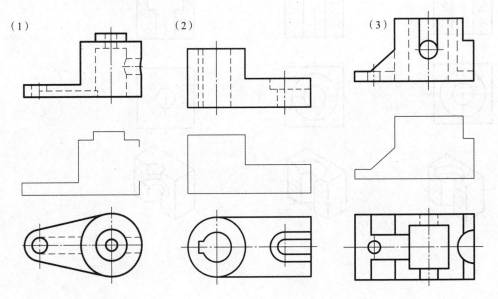

任务实施

1. 进行形体分析，了解机件的结构形状。
2. 按照机件的结构特点，确定表达方案。
3. 根据规定的图幅选定比例，合理布置图面。
4. 轻画底稿。
5. 画出剖面符号。
6. 检查后描深。
7. 标注尺寸，填写标题栏。

注意：
（1）剖面线一般无须画底稿，而在描深时一次画成。
（2）注意区分哪些剖切位置和剖视图名称应标注，哪些不必标注。
（3）标注尺寸仍须应用形体分析法。

检查评估

检查项目	结果评估（学生填写）	自评分（学生填写）	教师总评
1. 表达方案是否正确			
2. 各视图的布图是否合理			
3. 全剖视图的剖切位置和投影方向是否正确			
4. 剖视图的标注是否正确			
5. 剖视图的画法是否正确			
6. 剖面线是否为间隔均匀的细实线			
7. 尺寸标注是否正确、完整、清晰			

注：评分分为优、良、中、及格、不及格。

 小结及反思

1. 比较基本视图和剖视图两者的异同点。

2. 在绘制立体的三视图时，该如何选择表达方法？

任务3.3　绘制和识读机件的半剖视图和局部剖视图

姓名：＿＿＿＿＿＿　班级：＿＿＿＿＿＿　学号：＿＿＿＿＿＿

任务描述

根据图 3.3 – 1 所示的轴测图，选择适当的图幅和绘图比例，画半剖视图，并标注尺寸。要求图形表达清晰完整，尺寸正确、完整、清晰。

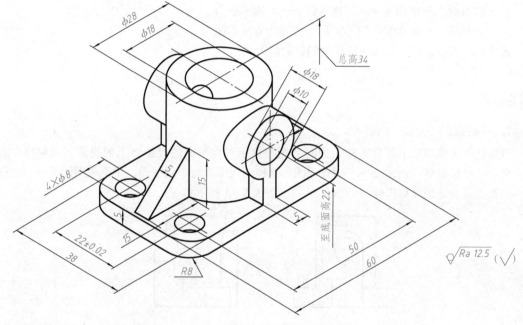

图 3.3 – 1　轴测图

除轴测图上的技术要求外，还需在图样上标注以下技术要求。

（1）表面粗糙度要求，见表 3.3 – 1。

表 3.3 – 1　表面粗糙度要求

表面	φ18 内孔	2 个 φ10 内孔	4 个 φ8 内孔	底面	其余
表面粗糙度 $Ra/\mu m$	1.6	1.6	6.3	3.2	毛坯面

（2）尺寸公差要求：

① 2 个 φ10 内孔，上偏差是 + 0.036，下偏差是 0；

② φ18 内孔，上偏差是 + 0.043，下偏差是 0。

（3）几何公差要求：

① φ18 内孔轴线要求垂直于底面，垂直度公差为 φ0.015；

② 2 个 φ10 内孔的轴线，要求同轴，其同轴度公差为 φ0.02。

任务提交：提交一张 A4 图纸、工作页（可根据情况选做，通过课堂提问或网上测试完成均可），提交检查评估表。

完成时间：_____。

**学习要点**

知识点：

（1）半剖视图、局部剖视。

（2）尺寸公差的标注、几何公差的标注、表面粗糙度的标注。

技能点：

（1）训练内、外形均复杂的对称机件表达方法的能力。

（2）训练内、外形均复杂的不对称机件表达方法的能力。

素养点：养成认真分析问题和解决问题的能力。

理论指导

1. 半剖视图

当零件在主体结构上具有对称平面时，在垂直于对称平面的投影面上的投影，以对称中心线为界，一半画成剖视图，另一半画成视图，这种剖视图称为半剖视图。半剖视图用于内、外结构形状都需要表达的对称机件，如图 3.3 – 2、图 3.3 – 3 所示。

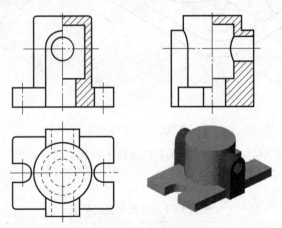

图 3.3 – 2 半剖视图

画半剖视图时，应注意以下几点：

（1）半个视图和半个剖视图之间以点划线为分界线。

（2）机件的内部结构已经在半个剖视图中表达清楚，所以在另外半个视图中应省略虚线。

（3）内轮廓线与中心线重合，不宜作半剖视图，如图 3.3 – 4 所示。

（4）半剖视图的标注，仍符合剖视图的标注规则，如图 3.3 – 5 所示。

2. 局部剖视图

用剖切面局部地剖开机件，所得的剖视图称为局部剖视图，如图 3.3 – 6 所示。

1）局部剖视图的一般适用情况

（1）同时需要表达不对称机件的内外形状和结构，如图 3.3 – 7 所示。

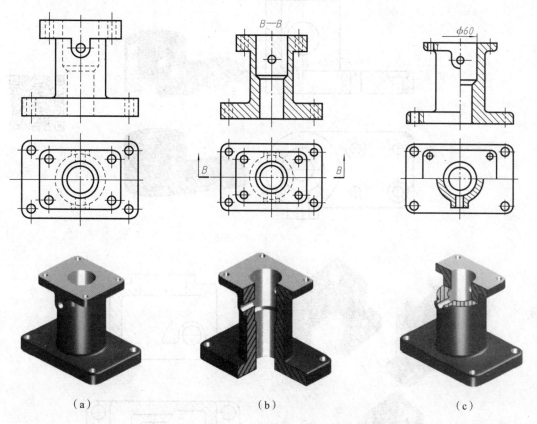

图 3.3 - 3　基本视图、全剖视图和半剖视图的对比

（a）不剖；（b）全剖视；（c）主视图和俯视图都用半剖

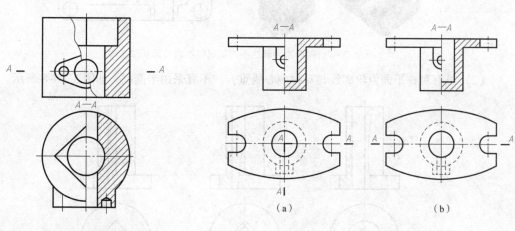

图 3.3 - 4　内轮廓线与中心线重合，
不宜作半剖视

图 3.3 - 5　半剖视图标注正误对比

（a）错误；（b）正确

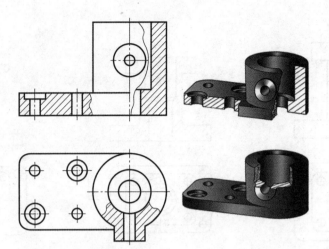

图 3.3 – 6　局部剖视图

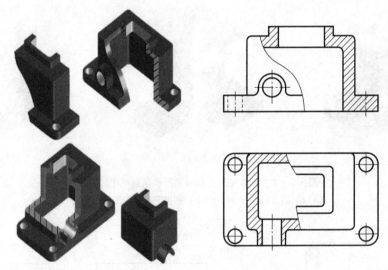

图 3.3 – 7　同时需要表达不对称机件的内外形状和结构

（2）虽有对称平面但轮廓线与对称中心线重合，不宜采用半剖视，如图 3.3 – 8 所示。

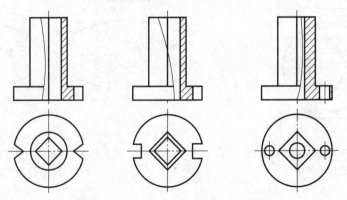

图 3.3 – 8　不宜采用半剖视的局部剖图

（3）机件既需要表达局部内形结构，又要保留部分外形结构而不宜采用全剖视图，如图 3.3 – 9 所示。

2）局部剖视图的标注

当单一剖切平面位置明显时，可省略标注。在剖视图中可以作局部剖，局部剖标注如图3.3 – 10 所示。

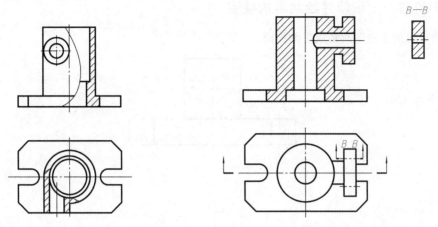

图 3.3 – 9　不宜采用全剖视的局部剖视图　　　图 3.3 – 10　局部剖视图的标注

3）注意的问题

（1）机件局部剖切后，不剖部分与剖切部分的分界线用波浪线表示。波浪线只应画在实体断裂部分，而不应把通孔和空槽处连起来，也不应超出视图的轮廓（因为通孔和空槽处不存在断裂），如图 3.3 – 11（a）所示。

（2）波浪线不应与视图上的其他图线重合，或画在它们的延长线上（或用轮廓线代替），如图 3.3 – 11（b）所示。

（3）当被剖结构为回转体时，允许将结构的对称中心线作为局部剖视与视图的分界线，如图 3.3 – 11（c）所示。

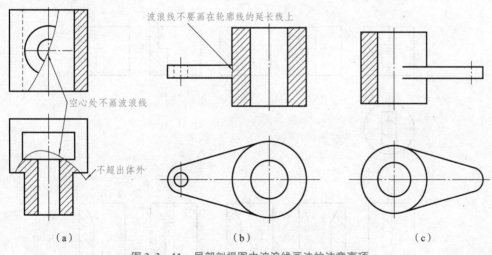

（a）　　　　　　　　　　（b）　　　　　　　　　　（c）

图 3.3 – 11　局部剖视图中波浪线画法的注意事项

小贴士

请同学们注意对比半剖视图和局部剖视图的应用及其画法，多练习，以达到正确绘制半剖视图和局部剖视图的目标。

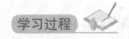

学习阶段一　识读并绘制半剖视图

1. 将下方的主视图改画成半剖视图。

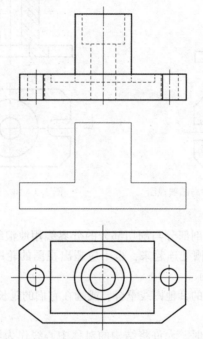

2. 已知主、俯视图，选择正确的作剖视的左视图。

(1)

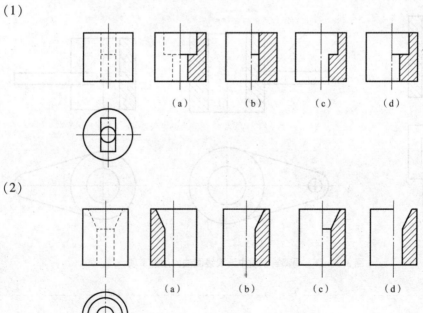

（a）　　　　（b）　　　　（c）　　　　（d）

(2)

（a）　　　　（b）　　　　（c）　　　　（d）

3. 判断下列视图的正误。

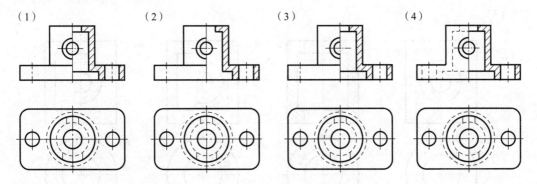

（1） （2） （3） （4）

学习阶段二　标注半剖视图的尺寸

在下方的半剖视图上标注尺寸，尺寸数字从图中量取。请说明为什么有些尺寸只画一个箭头。

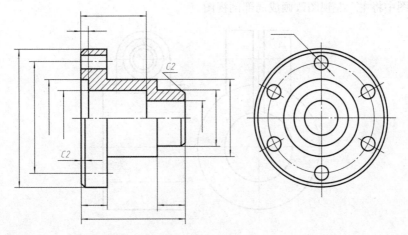

学习阶段三　识读和绘制局部剖视图

1. 局部剖视图断裂部分用_____线条表示。波浪线既不能穿空而过，也不能超出视图的轮廓线。

2. 判断下列视图中细波浪线画法的正误。

（1）　　　　　　　　　　　　　　（2）

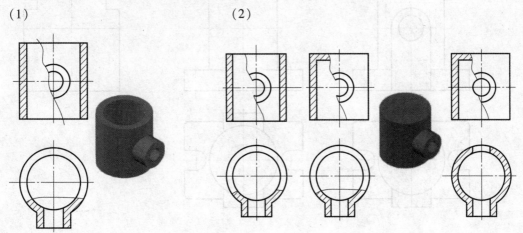

（3）

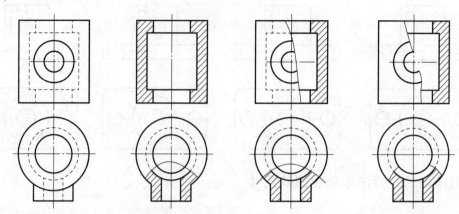

3. 在下图中将主、左视图改画成局部剖视图。

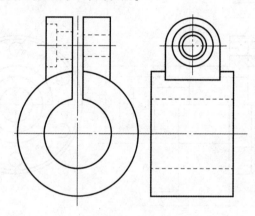

学习阶段四　能力提升

在下方，（1）为已知的主、俯视图，在（2）中的主视图作半剖视图，并补画半剖的左视图。

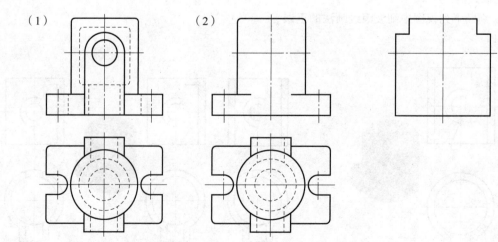

任务实施

1. 进行形体分析，了解机件的结构形状。
2. 按照机件的结构特点，确定表达方案。
3. 根据规定的图幅选定比例，合理布置图面。
4. 轻画底稿。
5. 画出剖面符号。
6. 检查后描深。
7. 标注尺寸，填写标题栏。

注意：

（1）剖面线一般不画底稿，而是在描深时一次画成。

（2）注意区分哪些剖切位置和剖视图名称应标注，哪些不必标注。

（3）标注尺寸仍须应用形体分析法。

检查评估

检查项目	结果评估 （学生填写）	自评分 （学生填写）	教师总评
1. 半剖视图是否以细点划线为界			
2. 半剖视图的剖切位置和投影方向是否正确			
3. 半剖视图的标注是否正确			
4. 半剖视图的画法是否正确			
5. 剖面线是否为间隔均匀的细实线			
6. 尺寸标注是否正确、完整、清晰			
7. 表面粗糙度是否标注正确			
8. 尺寸公差是否标注正确			
9. 几何公差是否标注正确			

注：评分分为优、良、中、及格、不及格。

 小结及反思

总结全剖视图、半剖视图、局部剖视图的特点和应用。

任务3.4 使用AutoCAD绘制剖视图

姓名：_____ 班级：_____ 学号：_____

根据图 3.4－1 所示的箱体视图，使用 AutoCAD 绘制剖视图，以重新表达机件结构，选择 A3 图幅、1：1 的比例。

要求：布图匀称，图形正确，线型符合国家标准，并标注尺寸。

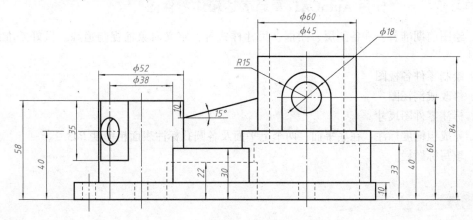

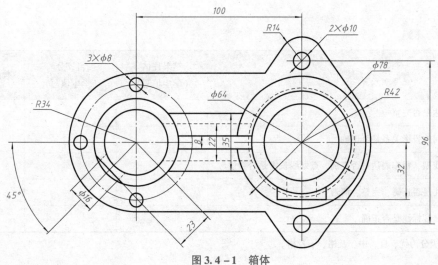

图 3.4－1 箱体

任务提交：上传一份 AutoCAD 箱体图形文件。

完成时间：_____。

 学习要点

知识点：图层管理、绘图、文字、编辑图形；正交、对角捕捉、追踪捕捉、块、插入块、分

解、剖面线；尺寸样式及标注；粗糙度标注。

　　技能点：绘制箱体剖视图及标注尺寸。

　　素养点：培养信息素养，会应用现代工具。

小贴士

　　AutoCAD 绘图速度与识图能力和 AutoCAD 绘图技能相关，熟能生巧，请多练习。

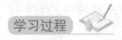**学习过程**

　　学习阶段一　使用 AutoCAD 重新表达箱体零件图

　　1. 绘图前期准备：准备图层、图框、尺寸样式等，定义对象捕捉与追踪。做好基准线，布局视图。

　　2. 绘制零件各视图。

　　3. 修改成剖视图。

　　4. 标注零件图尺寸。

　　5. 完成粗糙度标注：在底平面、两个上平面及各圆孔标注表面粗糙度 $Ra3.2$。

　　6. 填写标题栏。

任务实施

　　使用 AutoCAD 绘制图 3.4 – 1 所示的箱体，提交文件。

检查评估

检查项目	结果评估 （学生填写）	自评分 （学生填写）	教师总评
1. 视图表达是否完整			
2. 视图之间的投影关系是否正确			
3. 各线条线型、粗细表达是否正确，点划线长度是否合适			
4. 尺寸标注是否正确、完整、清晰			
5. 表面粗糙度标注是否正确			

　　注：评分等级分为优、良、中、及格、不及格。

小结及反思

　　1. 本次课有什么收获？你最需要提高的知识点是什么？

　　2. 对本次课的教学有何意见和改进建议？

姓名：_____ 班级：_____ 学号：_____

任务说明

任务 3.5 – 1：用几个平行平面剖切的方法将下列主视图改为合适的剖视图。

（1）

（2）

（3）

（4）

任务 3.5 - 2：用几个相交平面剖切的方法将下列主视图改为合适的剖视图。

（1）

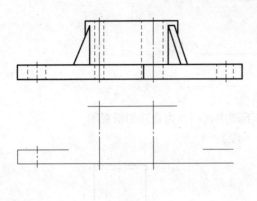

（2）

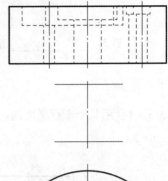

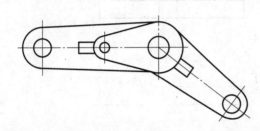

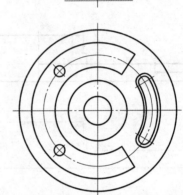

任务提交：提交学生工作页（可根据情况选做，部分内容通过课堂提问或网上测试完成）、提交检查评估表。

完成时间：_____。

  学习要点

知识点：用单一斜剖切平面、几个平行的剖切平面、几个相交的剖切面剖切视图的画法。

技能点：

（1）能识读和绘制斜剖画法、标注及应用。

（2）能识读和绘制几个平行的剖切平面画法、标注及应用。

（3）能识读和绘制几个相交的剖切平面画法、标注及应用。

素养点：从不同的角度认识和理解同一对象。

理论指导

1. 单一斜剖切平面

单一斜剖切平面是指不平行于任何基本投影面的平面（斜剖切面），用来表达机件上倾斜部分的内部结构形状，其配置和标注方法通常如图 3.5 - 1 所示。

2. 用几个平行的剖切平面剖开机件

如图 3.5 - 2（a）所示，用几个平行的剖切平面剖开机件。各剖切平面的转折处必须为直

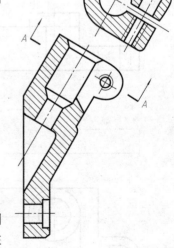

图 3.5 - 1　单一斜剖切平面

角，并且所要表达的内容不相互遮挡，在图形内不应出现不完整的要素，相同的结构只剖一次。仅当两个要素在图形上具有公共的对称中心线或轴线时，可以各画一半，此时应以对称中心线或轴线为界，如图 3.5 – 2（b）所示。

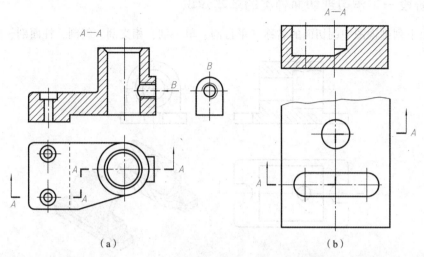

（a） （b）

图 3.5 – 2　用几个平行的剖切平面剖开机件

3. 用几个相交的剖切平面剖开机件

用几个相交的剖切面剖开机件是指先假想按剖切位置剖开机件，将不平行基本投影面的结构旋转到与选定的投影面平行后再投射，以反映被剖切部分结构的真实形状，如图 3.5 – 3 所示。

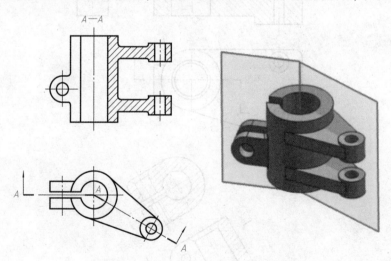

图 3.5 – 3　用几个相交的剖切平面剖开机件

> **小贴士**
>
> 剖视图种类的命名源于剖切范围和剖切方法。从剖切范围，可分为全剖、半剖、局部剖；从剖切方法，可分为单一剖、平行剖、相交剖。

学习阶段一 学习剖切面种类的基本知识

1. 写出下列剖视图中剖切面的名称（平行剖、单一剖、相交剖、斜剖、柱面剖、复合剖）。

（1）

（2）

（3）

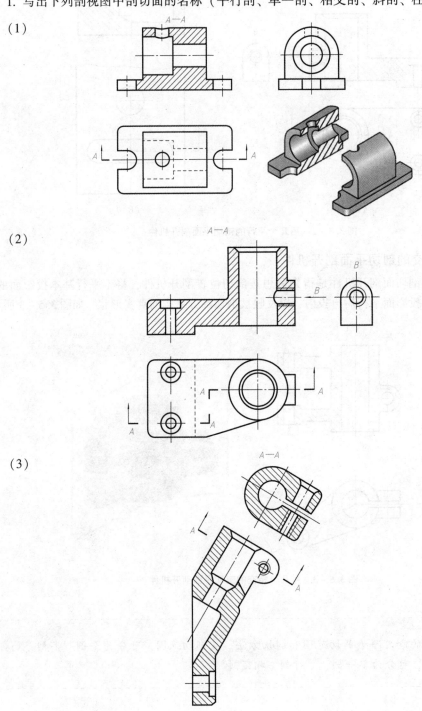

(4)

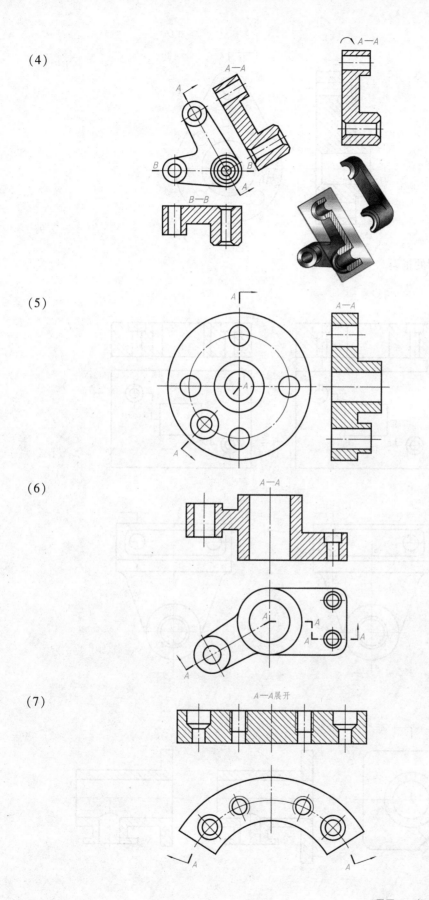

(5)

(6)

(7)

（8）

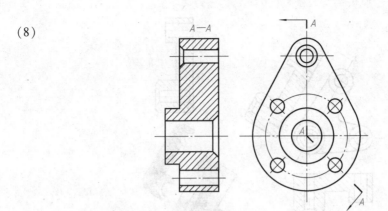

2. 判断下列视图的正误。

（1）

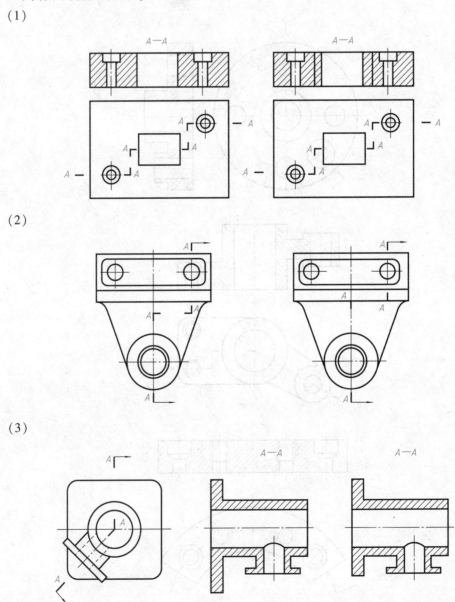

（2）

（3）

1. 任务 3.5－1：用几个平行平面剖切的方法将主视图改为合适的剖视图。

（1）分析已知的主、俯视图，想象机件的结构形状。

（2）确定需表达的结构、剖切的位置和投射方向，绘制几个平行的剖切平面的剖视图（先画整体、再画局部）。

（3）检查无误后，加深、加粗轮廓线，并画剖面线。

2. 任务 3.5－2：用几个相交平面剖切的方法将主视图改为合适的剖视图。

（1）分析已知的主、俯视图，想象机件的结构形状。

（2）确定需表达的结构、剖切的位置和投射方向，绘制几个相交的剖切面的剖视图（先画整体、再画局部）。

（3）检查无误后，加深、加粗轮廓线，并画剖面线。

检查评估

检查项目	结果评估（学生填写）	自评分（学生填写）	教师总评
1. 用几个平行平面剖切的剖视图的剖切位置和投影方向是否正确			
2. 用几个平行平面剖切的剖视图的标注是否正确			
3. 用几个平行平面剖切的剖视图的画法是否正确			
4. 用几个相交平面剖切的剖视图的剖切位置和投影方向是否正确			
5. 用几个相交平面剖切的剖视图的标注是否正确			
6. 用几个相交平面剖切的剖视图的画法是否正确			
7. 轮廓线是否已加深			
8. 剖面线是否为间隔均匀的细实线			

注：评分分为优、良、中、及格、不及格。

小结及反思

能否按时完成本次任务？分析未能按时完成的原因。

任务3.6　绘制与识读断面图

姓名：_____　班级：_____　学号：_____

任务描述

　　根据传动轴的轴测图（图3.6－1），选择适当的图幅和绘图比例，绘制零件图。要求图形表达清晰、完整，尺寸正确、完整、清晰。除轴测图上的技术要求外，还需在图样上标注以下技术要求：

　　（1）尺寸公差标注要求：

　　①根据公差代号查表确定，并在零件图上标注相应尺寸的上下偏差。

　　②查表确定键槽宽度、深度的公称尺寸和上下偏差，并标注在零件图上。

　　（2）几何公差要求：

　　①$\phi15h7$ 轴线对 $\phi20js6$ 轴线的同轴度的公差值为 $\phi0.015$。

　　②键槽的中心对称面对 $\phi15h7$ 轴线的对称度的公差值为0.015。

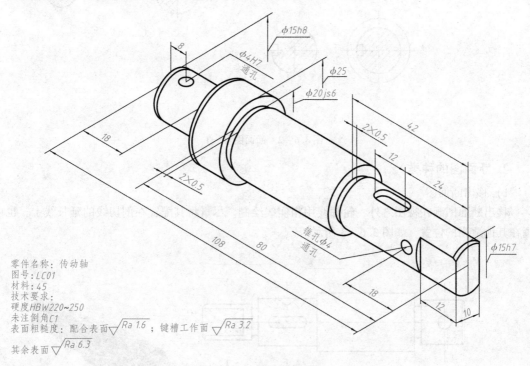

零件名称：传动轴
图号：LC01
材料：45
技术要求：
硬度HBW220~250
未注倒角C1
表面粗糙度：配合表面 √Ra 1.6；键槽工作面 √Ra 3.2
其余表面 √Ra 6.3

图3.6－1　传动轴的轴测图

　　任务提交：提交一张 A4 图纸、工作页。

　　完成时间：_____。

 **学习要点**

　　知识点：断面图。

技能点：训练轴类零件的视图表达方法。

素养点：用对比的方法认识对象。

理论指导

1. 断面图的概念

假想用剖切面将机件的某处切断，仅画出该剖切面与物体接触部分的图形，将该图形称为断面图，简称"断面"，如图3.6-2所示。

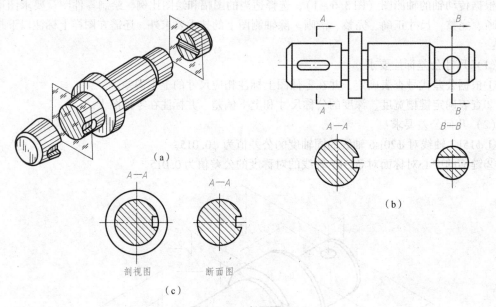

（a）

（b）

（c）

图3.6-2 断面图（一）

2. 断面图的种类

1）移出断面图

移出断面图画在视图之外，轮廓线用粗实线绘制。尽量将其配置在剖切线的延长线上，也可画在其他适当的位置，如图3.6-3所示。

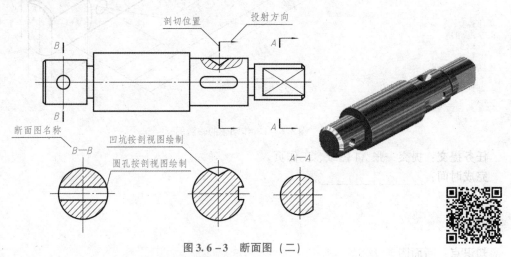

图3.6-3 断面图（二）

标注要求：

（1）对称断面（或投影关系配置的断面）可省略箭头。

（2）配置在剖切符号延长线上的断面可省略名称字母。

（3）其余情况必须全部标注。

注意：

（1）若剖切平面通过孔或凹坑的轴线，则该处按剖视画，如图3.6－4所示。

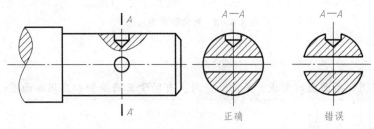

图3.6－4　断面图（三）

（2）若有两个（或多个）相交的剖切平面剖切机件所得的移出断面图，则在绘制时，图形的中间应断开，如图3.6－5所示。

（3）若移出断面图的图形对称，则可配置在视图的中断处，如图3.6－6所示。

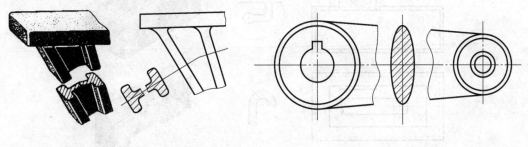

图3.6－5　断面图（四）　　　　图3.6－6　断面图（五）

2）重合断面图

重合断面图的图形应画在视图之内，断面图的轮廓线用细实线绘制，如图3.6－7所示。

图3.6－7　重合断面图（一）

若视图中的轮廓线与重合断面图的图线重叠，则视图中的轮廓线应连续画出，不可间断，如图3.6－8所示。

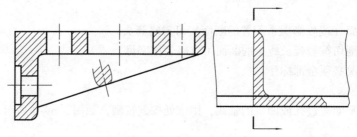

图 3.6 – 8　重合断面图（二）

　　对比剖视图和断面图的形成、画法和应用，有助于正确绘制和应用断面图。

3. 局部放大图

　　若物体上某些较小的结构在视图上表达不清，则可用局部放大图表示，如图 3.6 – 9 所示。

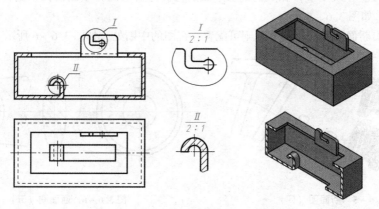

图 3.6 – 9　局部放大图（一）

　　局部放大图可以画成视图、剖视图、断面图等，与被表达部位的表达方法无关。画图时，一般用细实线圆在视图上标明被放大的部位，用罗马数字注明放大部位的放大图名称，如图 3.6 – 10 所示。局部放大图应当尽量布置在被放大部位的附近。在放大图的上方（或下方）标注放大图的名称，并标注放大采用的比例，比例与放大图的名称中间用一条细实线隔开。

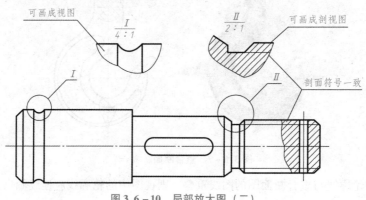

图 3.6 – 10　局部放大图（二）

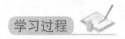

学习阶段一　学习断面图的基本知识

1. 断面图：假想用剖切平面将机件的某处切断，仅画出＿＿＿＿＿＿＿＿的图形。断面图分为＿＿＿＿＿＿＿＿＿＿和＿＿＿＿＿＿＿＿＿＿＿＿＿＿。

2. 选出主视图下方正确的断面图。

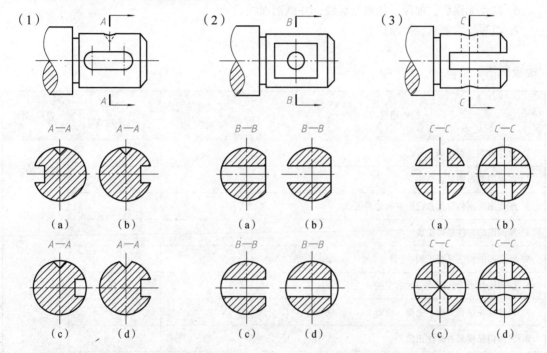

3. 局部放大图：将机件的部分结构用＿＿＿＿＿＿原图形的比例画出的图形。局部放大图上所标注的比例与原图比例＿＿＿＿＿＿（有关、无关）。

4. 在下图中的指定位置画断面图和局部放大图（主视图的比例为 1∶1）。

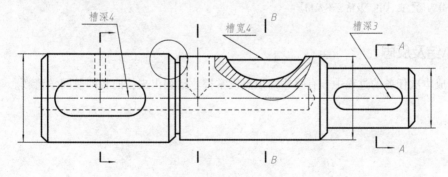

1. 了解减速器输出轴的用途。
2. 分析零件的结构，确定视图的表达方案。按照机件的结构特点，确定表达方案。
3. 确定比例、定图幅，布置视图的位置。
4. 测绘零件，画视图。
5. 标注尺寸。
6. 检查无误后，加深、加粗轮廓线，并画剖面线。
7. 填写技术要求、标题栏。

检查评估

检查项目	结果评估 （学生填写）	自评分 （学生填写）	教师总评
1. 表达方案是否正确			
2. 各视图的布图是否合理			
3. 断面图的剖切位置和投影方向是否正确			
4. 断面图的标注是否正确			
5. 断面图的画法是否正确			
6. 剖面线是否为间隔均匀的细实线			
7. 尺寸标注是否正确、完整、清晰			
8. 表面粗糙度是否标注正确			
9. 尺寸公差是否标注正确			
10. 几何公差是否标注正确			

注：评分分为优、良、中、及格、不及格。

 小结及反思

在完成本次任务的过程中，有哪些知识点没掌握？请列出来，向教师或同学请教。

任务3.7　选用合适的表达方法表达机件，并用AutoCAD绘制

姓名：_____　班级：_____　学号：_____

任务描述

选用合适的图纸幅面，根据实物体模型，选用合适的表达方法表达机件，如图 3.7 – 1 所示。（建议分组，每组选择不同的实物模型，由教师根据学生实际情况选择载体）

（1）用 A3 图纸，比例自定。

（2）根据视图选择合适的表达方法，重新清晰地表达机件的结构。

（3）保证所标尺寸完整、清晰、合理。

（4）视图布置匀称、美观、图面整洁、字体工整、同类图线规格一致。

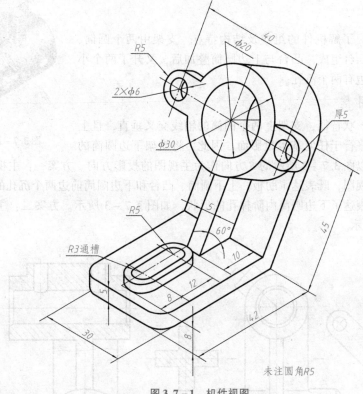

图 3.7 – 1　机件视图

任务提交：提交一张 A4 图纸、一份 CAD 图，提交检查评估表。

完成时间：_____。

知识点： 基本视图、向视图、局部视图、斜视图、剖视图、断面图。

技能点： 综合运用各种表达方法，表达机件的结构。

素养点： 认识图样表达不清晰的危害，树立正确的责任观念。

理论指导

通常，可对一个机件预先制订几种表达方案，通过认真分析、比较后，确定一个最佳方案。确定表达方案的原则是：在正确、完整、清晰地表达机件各部分结构形状的前提下，力求视图数量恰当、绘图简单、看图方便。所选择的每个视图都应有一定的表达重点，且要注意彼此间的联系和分工。现以分析支架（图3.7－2）的两种表达方案为例，作简要叙述。

1. 形体分析

通过形体分析，了解机件的组成及结构特点。支架由两个圆筒、十字肋板、长圆形凸台组成，凸台与上边圆筒叠加后，又开了两个小孔，下边圆筒的前边有两个沉孔。

2. 选择主视图

为反映机件的形状特征，支架上两个圆筒的轴线交叉垂直，且上边圆筒上的凸台不平行于任何基本投影面。因此，将支架下边圆筒的

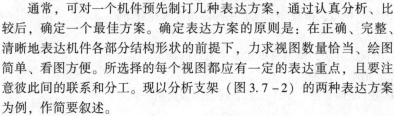

图3.7－2　支架

轴线水平放置，并以图3.7－2所示的S方向作为主视图的投影方向。方案一：主视图是采用单一剖切面的局部剖视图，既表达了肋板、上下圆筒、凸台和下边圆筒前边两个沉孔的外部结构形状和位置关系，又表达了下边圆筒内阶梯孔的形状，如图3.7－3所示。方案二：主视图是外形图，如图3.7－4所示。

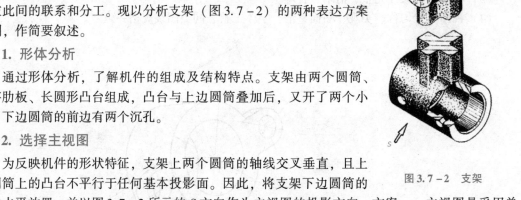

图3.7－3　表达方案分析（方案一）

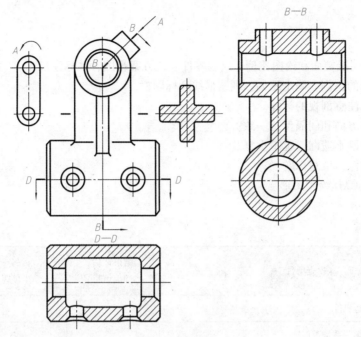

图 3.7 – 4　表达方案分析（方案二）

3. 选择其他视图

由于上边圆筒上的凸台倾斜，因此俯视图和左视图不能反映凸台的实形；而且，内部结构也需要表达。

根据机件的结构特点，方案一左视图上部采用几个相交的剖切面剖切获得的局部剖视图，下边圆筒上的沉孔采用单一剖切面的局部剖。这样既表达了上下两个圆筒与十字肋板的前后关系，又表达了上圆筒上的孔、凸台上的两个小孔和下圆筒前边的两个沉孔的形状。为表达凸台的实形，采用了 A 向斜视图；为表达十字肋板的断面形状，采用了移出断面。

方案二左视图是采用几个相交的剖切面剖切获得的全剖视图。在此视图上，肋板与下圆筒剖开无意义。由于下圆筒上的阶梯孔及圆筒前边的两个沉孔没有表达清楚，因此增加了 D—D 全剖视图。

这两种方案比较而言，方案一更佳。

小贴士

　　熟练掌握机件的常用表达方法，分析机件形状结构的特点，制订几种表达方案后择优采用。

学习过程

　　学习阶段一　根据机件的结构特点，选用适当的表达方法绘制表达方案草图并标注尺寸

　　学习阶段二　将学习阶段一中所绘的草图绘制成 **AutoCAD** 图

选用合适的图纸幅面和绘图比例，绘制零件表达方案视图，并标注尺寸。

1. 选择适当的比例，确定图幅，画图框线和标题栏。
2. 画底稿，注意剖视的标注。
3. 剖面线的方向和间隔保持一致。
4. 标注尺寸既不遗漏，也不重复。
5. 检查、描深，填写标题栏。
6. 使用 AutoCAD 绘制图形。

检查评估

检查项目	结果评估 （学生填写）	自评分 （学生填写）	教师总评
1. 是否已完整表达机件			
2. 视图之间的投影关系是否正确			
3. 各线条的线型、粗细表达是否正确，点划线长度是否合适			
4. 尺寸标注是否正确、完整、清晰			

注：评分等级分为优、良、中、及格、不及格。

 小结及反思

列出在完成本次任务的过程中遇到的困难和问题，以及解决方法。

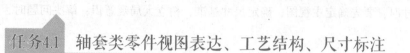

项目4 零件图的识读与绘制

任务4.1 轴套类零件视图表达、工艺结构、尺寸标注

姓名：_____ 班级：_____ 学号：_____

任务描述

识读图4.1－1所示的轴的零件图，回答问题。

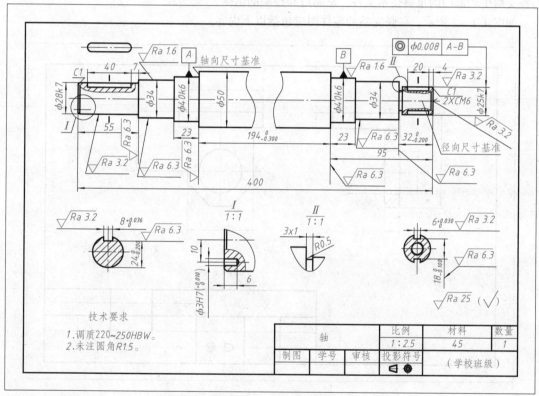

图4.1－1 轴的零件图

（1）零件图是表达_____的图样。

（2）零件图中用了哪些视图表达？

A. 主视图　　B. 俯视图　　C. 断面图　　D. 局部视图　　E. 局部放大图　　F. 局部剖视图

（3）图中 C1 的含义是_____，左侧键槽的定形尺寸是_____，定位尺寸是_____，退刀槽的尺寸是_____。

任务提交：提交工作页。

完成时间：_____。

知识点： 零件图的内容、轴的结构特点及结构工艺性，视图选择、尺寸分析。

技能点： 能正确识读轴的视图，并标注尺寸。

素养点： 传承注重细节、追求完美、一丝不苟、精益求精的工匠精神；在确定视图表达方案、标注尺寸时，要先确定主视图，确定尺寸基准，树立大局观意识；解决问题时，要先抓主要矛盾。

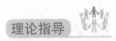

1. 零件图的内容

零件图是表达零件结构形状、尺寸大小及技术要求的图样，也是在制造和检验机器零件时所用的图样。在生产过程中，根据零件图来进行生产准备、加工制造及检验。因此，它是设计部门提交给生产部门的重要技术文件，是制造和检验的依据。

如图 4.1-2 所示，一张完整的零件图应包括以下内容：

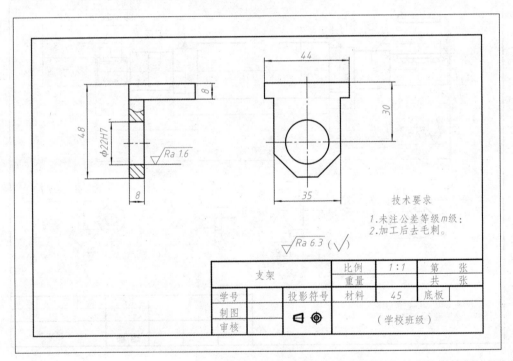

图 4.1-2 零件图示例

1）一组视图

在零件图中，用一组视图来表达零件的形状和结构。根据零件的结构特点选择适当的剖视、断面、局部放大等表达方法，用最简明的方法将零件的形状、结构表达出来。

2）完整的尺寸

零件图上的尺寸不仅要标注得完整、清晰，还要标注合理，能够满足设计意图，便于制造生产和检验。

3）技术要求

技术要求是指用符号或文字说明零件制造时应达到的质量要求，零件制造后要满足这些要求才能算是合格产品。零件图上的技术要求包括尺寸公差、表面粗糙度、形状和位置公差、热处理和表面处理。这些要求不能制订得太高，否则会增加制造成本；但也不能制订得太低，以至于影响产品的使用性能和寿命。要在满足产品对零件性能要求的前提下，既经济又合理。

4）标题栏

零件图标题栏的内容一般包括零件名称、材料、数量、比例、图样的编号以及设计、描图、绘图、审核人员的签名等。

2. 零件图的尺寸标注

尺寸是零件加工和检验的依据。尺寸标注应保证达到设计要求、便于加工和测量。零件图尺寸标注的基本要求是正确、完整、清晰、合理。

1）正确选择尺寸基准

零件在设计、制造和检验时，计量尺寸的起点为尺寸基准。根据基准的不同作用，分为设计基准、工艺基准。工艺基准可分为工序基准、定位基准、测量基准和装配基准。

设计基准——在设计图样上采用的基准。

工艺基准——在加工制造时采用的基准。

工序基准——在工序图上用来确定本工序被加工表面加工后的尺寸、形状、位置的基准。

定位基准——在加工时，为了保证工件相对于机床和刀具之间的正确位置（即将工件定位）所使用的基准。

测量基准——测量某些尺寸时，确定零件在量具中的位置所依据的点、线、面。

装配基准——确定零件或部件在产品中的相对位置所采用的基准。

齿轮轴在箱体中的安装情况如图 4.1 - 3 所示。确定轴向位置所依据的是端面 A，确定径向位置所依据的是轴线 B，所以设计基准是端面 A 和轴线 B。在加工齿轮轴时，大部分工序采用中心孔定位。中心孔所体现的直线与机床主轴的回转轴线重合，也是圆柱面的轴线，因此轴线 B 又为工艺基准。

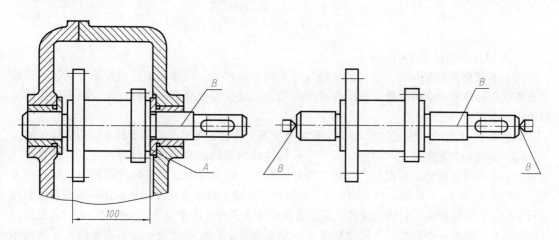

图 4.1 - 3　设计基准与工艺基准

每个零件都有长、宽、高三个方向的尺寸，每个方向至少有一个尺寸基准。同一方向上可以有多个尺寸基准，但其中必定有一个是主要的，这称为主要基准，其余的称为辅助基准。辅助基准与主要基准之间应有尺寸相关联。

可作为设计基准或工艺基准的点、线、面主要有对称平面、主要加工面、安装底面、端面、孔轴的轴线等。这些平面、轴线常常是标注尺寸的基准，如图4.1-4所示。

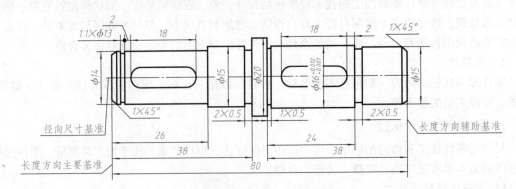

图4.1-4　标注尺寸的基准

2）尺寸标注的形式

（1）链式。链式标注如图4.1-5（a）所示，每一环的误差累积在总长上。

（2）坐标式。坐标式标注如图4.1-5（b）所示，这种方式难保证每一环的尺寸精度要求。

（3）综合式。综合式标注如图4.1-5（c）所示，这种方式最能适应零件的设计要求和加工要求。

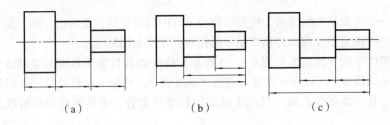

图4.1-5　尺寸标注的形式

（a）链式；（b）坐标式；（c）综合式

3）尺寸标注的注意事项

（1）直接标注功能尺寸。零件的功能尺寸又称主要尺寸，是指影响机器规格性能、工作精度和零件在部件中的准确位置及有配合要求的尺寸，这些尺寸应该直接标注出，而不应由计算得出，如图4.1-6所示。

如图4.1-7所示，槽宽尺寸40直接影响上下两个零件的配合，属重要尺寸，应直接标注。

（2）避免标注成封闭的尺寸链。尺寸不应标注成封闭的回路形式，这是因为，零件在加工过程中，不可避免地会出现误差，若标注成封闭形式，则很难保证每一尺寸都同时达到精度要求。如图4.1-8（a）所示，对于轴长度方向的尺寸，除了标注总长度以外，还对轴的各段长度进行了标注，即标注成了封闭尺寸链。采用这种标注方式时，四个尺寸 A、B、C、L 中若能保证其中三个尺寸精度，则另外一个尺寸精度不一定能保证。一般有意留一段不重要的尺寸空出不注，如图4.1-8（b）所示。

（3）标注尺寸要尽量适应加工方法及加工过程。同一零件的加工方法及加工过程可以不同，所以适应于它们的尺寸注法也应不同。图4.1-9所示为一些常见图例。

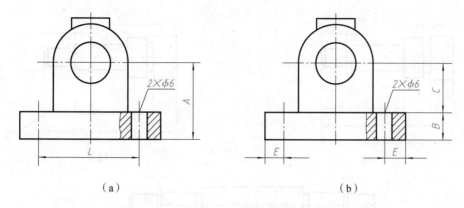

图 4.1-6　重要尺寸应从设计基准直接注出

(a) 合理；(b) 不合理

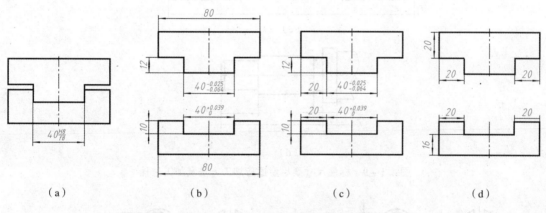

图 4.1-7　凹、凸配合零件尺寸标注

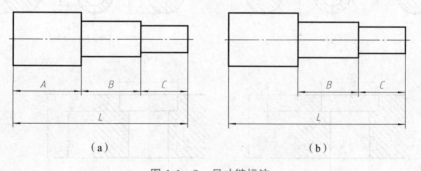

图 4.1-8　尺寸链标注

(a) 封闭尺寸链；(b) 有开口的尺寸注法

　　图 4.1-9 (a)(b) 所示为在车床上一次装卡加工阶梯轴时，长度尺寸的两种注法，尺寸 A 将主要尺寸基准与工艺上的支承基准联系起来。图 4.1-9 (c) 所示为在车床上两次装卡加工时，轴的长度尺寸的注法。图 4.1-9 (d) 所示为用圆钢棒料车制轴时的尺寸注法。

　　4) 尽可能不标注不便于测量的尺寸

　　如图 4.1-10 所示，所注尺寸要便于测量。对于图 4.1-10 (a) 中标注的尺寸，在实际测量时，几何中心是无法测量的。对于图 4.1-10 (d) 中标注的尺寸，当台阶孔中小孔的直径较小时，这样标注将不利于孔深的测量，所以是错误的标注。

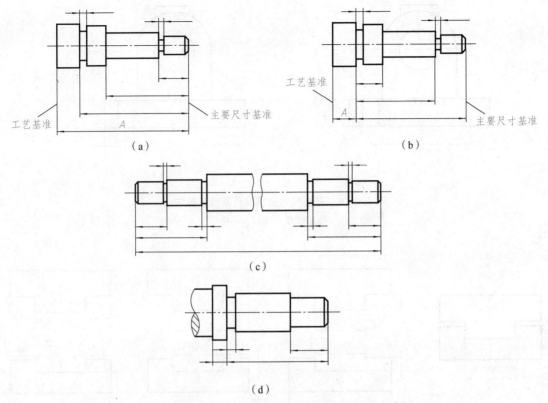

图 4.1 - 9 标注尺寸要尽量适应加工方法及加工过程

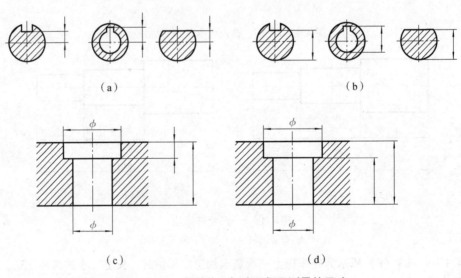

图 4.1 - 10 尽可能不标注不便于测量的尺寸

（a）错误；（b）正确；（c）正确；（d）错误

5）同一个工序的尺寸应集中标注

如图 4.1 - 11（a）所示，沉孔的尺寸集中标注，便于加工时看图；如图 4.1 - 11（b）所示，沉孔的尺寸分散在不同视图，不方便看图加工。

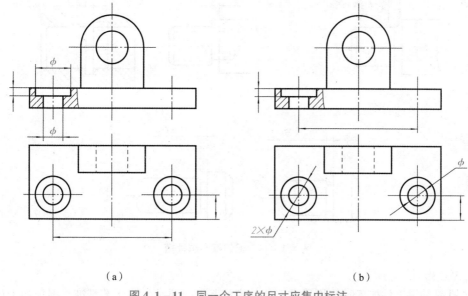

（a）   （b）

图 4.1 – 11　同一个工序的尺寸应集中标注

（a）合理；（b）不合理

3. 机械加工工艺结构

1）圆角和倒角

为了避免轴肩、孔肩处应力集中，阶梯的轴和孔常以圆角过渡。轴和孔的端面上加工成倒角，其目的是便于安装和安全操作。轴、孔的倒角和圆角的尺寸可通过查国家标准获取。倒角和圆角的尺寸标注方法如图 4.1 – 12 所示。若零件上倒角尺寸全部相同，则可在图样右上角注明"全部倒角 C ×"（× 为倒角的轴向尺寸）；若零件倒角尺寸无一定要求，则可在技术要求中注明"锐边倒钝"。图中的 C2 也可注成 2 × 45°。

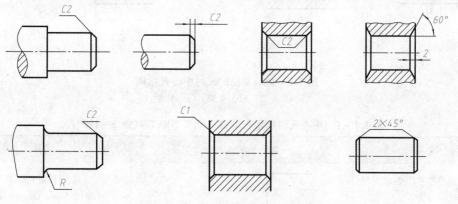

图 4.1 – 12　圆角和倒角的标注示例

2）退刀槽和越程槽

在切削加工中，为了使刀具易于退出，并在装配时容易与有关零件靠紧，常在加工表面的台肩处先加工出退刀槽或越程槽，如图 4.1 – 13（a）所示。常见的有螺纹退刀槽、砂轮越程槽、刨削越程槽等，其尺寸可从相关标准中查取。一般可按"槽宽 × 直径"或"槽宽 × 槽深"的形式标注退刀槽的尺寸，如图 4.1 – 13（b）（c）所示。越程槽一般采用局部放大图画出。

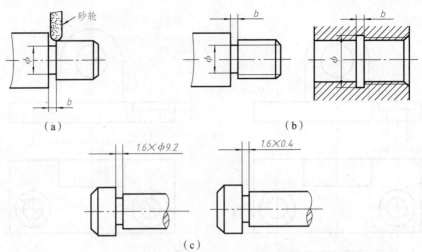

图 4.1 –13　退刀槽和越程槽

3）中心孔

中心孔是轴类工件加工时使用顶尖安装的定位基面，通常作为工艺基准。零件加工过程中的相关工序全部用中心孔定位安装，以达到基准统一，保证各个加工面之间的位置精度（例如，同轴度）。图 4.1 –14 所示是常见的三种中心孔结构，中心孔的规定表示法见表 4.1 –1。

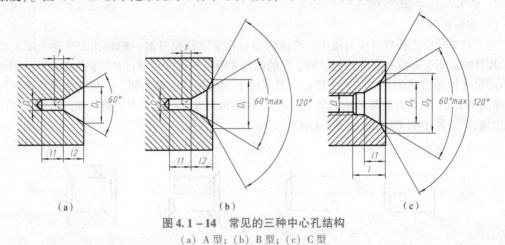

图 4.1 –14　常见的三种中心孔结构
(a) A 型；(b) B 型；(c) C 型

表 4.1 –1　中心孔的规定表示法（摘自 GB/T 4459.5—1999）

要求	表示法示例	说明
在完工的零件上要求保留中心孔	GB/T 4459.5–B2.5/8	采用 B 型中心孔 $D = 2.5$ mm，$D_1 = 8$ mm
在完工的零件上可以保留中心孔	GB/T 4459.5–A4/8.5	采用 A 型中心孔 $D = 4$ mm，$D_1 = 8.5$ mm
在完工的零件上不允许保留中心孔	GB/T 4459.5–A1.6/3.35	采用 A 型中心孔 $D = 1.6$ mm，$D_1 = 3.35$ mm

4. 读轴套类零件图

1）结构分析

轴套类零件一般起到支承轴承、齿轮等传动零件的作用，因此常带有键槽、轴肩、螺纹及退刀槽、中心孔等结构。轴套类零件由同轴线的不同直径的回转体（圆柱或圆锥）组成，而且轴向尺寸相对较大，径向尺寸相对较小。

2）主视图的选择

轴套类零件常在车床、磨床上加工成形，因此在选择主视图时，多按加工位置将轴线水平放置，以垂直轴线的方向作为主视图的投影方向，如图4.1 – 15所示，通过一个主视图并结合尺寸标注（直径）就能清楚地反映阶梯轴的各段形状、相对位置及轴上各局部结构的轴向位置。

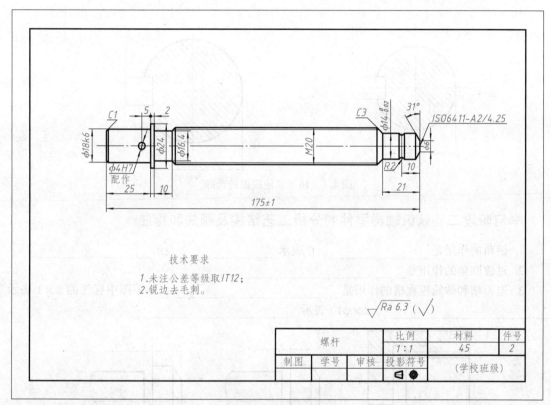

图4.1 – 15　螺杆零件图

3）其他视图的选择

通常采用断面图、局部剖视图、局部放大图等表达方法表示键槽、退刀槽、中心孔等结构，如图4.1 – 16所示。

学习阶段一　认识零件图的作用和内容

1. 零件图是表达_____的图样，也是_____的图样。

2. 一张完整的零件图包含_____。

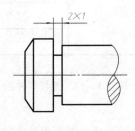

图 4.1－16　其他视图的选择

学习阶段二　认识轴类零件的分析工艺结构及画法和标注

1. 倒角的作用是＿＿＿＿＿＿＿＿＿。C 表示＿＿＿＿＿＿，2 表示＿＿＿＿＿＿＿＿＿。

2. 过渡圆角的作用是＿＿＿＿＿＿＿＿＿＿＿＿＿＿＿＿＿。

3. 退刀槽和砂轮越程槽的作用是＿＿＿＿＿＿＿＿＿＿＿＿＿＿。下图中标注的 2×1 表示
＿＿＿＿＿＿，$2 \times \phi 10$ 表示＿＿＿＿＿＿＿＿＿＿。

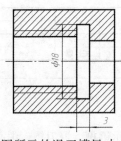
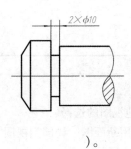

4. 在下图所示的退刀槽尺寸中，标注正确的图有（　　　　　　　　）。

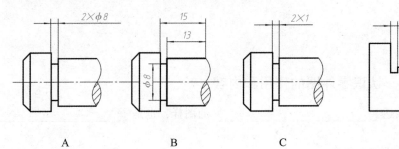

5. 中心孔的作用是＿＿＿＿＿＿＿＿，中心孔类型有＿＿＿＿＿、＿＿＿＿＿、＿＿＿＿＿三种。

6. 下图中的标注表示中心孔的类型是＿＿＿＿＿＿＿＿＿＿；加工完后，能否留有中心孔？＿＿＿＿（能、不能）。

GB/T 4459.5－A1.6/3.35

7. 判断下图所示的结构和尺寸标注是否合理。

（　　　　　）　　　　　　　　（　　　　　）

学习阶段三　认识零件图的尺寸标注

1. 任何零件都有＿＿＿＿＿＿、＿＿＿＿＿＿、＿＿＿＿＿＿三个方向的尺寸，每个方向只能选择＿＿＿＿＿＿个设计基准。

在下图中，图 A 在水平方向的设计基准是＿＿＿＿＿＿，在竖直方向的设计基准是＿＿＿＿＿＿；图 B 在水平方向的设计基准是＿＿＿＿＿＿，在半径方向的设计基准是＿＿＿＿＿＿。

A　　　　　　　　　　　　　　　　B

2. 判断下图中的尺寸标注方式哪个是正确的。正确的画 √，错误的画 ×。

（　　　　　）　　　　　　　　　（　　　　　）

3. 判断下图中的尺寸标注方式哪个是正确的。正确的画√，错误的画×。

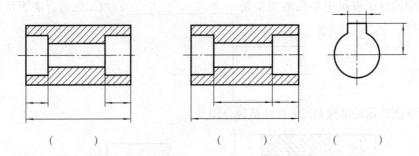

（　　　） 　　　（　　　） 　　（　　　）

4. 判断下图中的尺寸标注方式是否合理，说明理由。

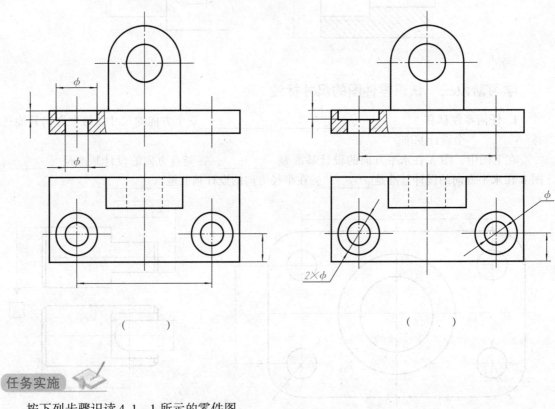

（　　　） 　　　（　　　）

按下列步骤识读 4.1-1 所示的零件图：

第 1 步，看标题栏。了解零件的名称、材料、数量、绘图比例等。

第 2 步，分析图形。先看主视图，再联系其他视图，分析图中采用了哪些表达方法。

第 3 步，分析投影。想象零件的结构形状。

第 4 步，分析尺寸和技术要求。

温馨提示：

尺寸公差及表面粗糙度含义参见任务 4.2 理论指导部分。

几何公差含义参见任务 4.3 理论指导部分。

检查项目	结果评估 （学生填写）	自评分 （学生填写）	教师总评
1. 能看懂图上每个数字和文字的含义			
2. 对图中的每个结构都能找到其定形尺寸和定位尺寸			
3. 能想象出该零件图的立体结构			

注：评分分为优、良、中、及格、不及格。

小结及反思

用简练的语言总结在本任务学习过程中用到的主要知识点。

姓名：_____ 班级：_____ 学号：_____

任务描述

识读图4.2-1所示的轴的零件图，完成填空题。

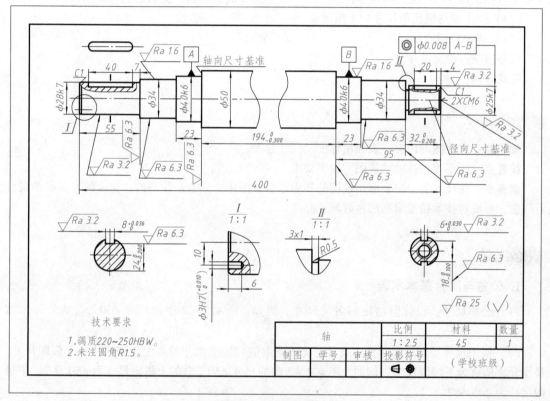

图4.2-1　轴的零件图

（1）零件图中：加工精度最高的表面粗糙度数值是_____；φ28k7 的极限偏差是_____；C1 的含义是_____；左侧键槽的定形尺寸是_____，定位尺寸是_____；退刀槽的尺寸是_____。

（2）查表确定 φ40k6 的极限偏差_____，其加工精度等级为_____，其尺寸公差是_____。

（3）轴端孔 φ3H7，其加工精度是_____级，尺寸公差是_____。如果加工后测量得孔的直径为 φ2.99，那么零件是否合格？_____

（4）轴端倒角是多少？_____。

（5）该轴主要采用什么加工设备制造？_____（A. 车床、B. 铣床）

（6）2×CM6 表示_____结构。加工时，要根据标记选择刀具，请解释标记的含义：_____。

（7）铣床上用键槽铣刀加工图中左侧的键槽，则选用的键槽铣刀半径是_____，槽的宽度是_____，深度是_____。

(8) 轴主视图采用_____画法。

(9) 该轴上哪些位置有配合要求？_____、_____、`_____。

(10) 能否找出该零件图上表面粗糙度标注不合理之处？在图上圈出来，并说明理由。

_____。

(11) 分析图中最右下角的移出断面图，其中只画了四分之三圈的细实线圆的直径是_____。

(12) 图中有很多尺寸没有标注尺寸公差，如 $\phi50$，加工时一般按照_____级精度确定。若加工后测量得 50.9 mm，则该零件_____（能、不能）交付给客户使用。

(13) 图中左端键槽的尺寸加工精度是_____级。

(14) 该轴采用的材料是_____，要求硬度是_____。

任务提交： 提交工作页。

完成时间： _____。

知识点： 零件图的内容、表面粗糙度、尺寸公差。

技能点： 能正确识读轴的视图和技术要求。

素养点： 在尺寸公差与表面粗糙度的知识综合应用中，学会从联系的、全面的、发展的观点看问题，养成对技术精益求精的良好职业品质。

理论指导

1. 公差与配合基本术语

(1) 公称尺寸：设计时给定的名义尺寸。例如，图 4.2 - 2 中的尺寸 $\phi50^{+0.007}_{-0.018}$ 的公称尺寸为 $\phi50$。

(2) 极限尺寸：允许实际加工尺寸变化的极限值。加工尺寸的最大允许值称为上极限尺寸，最小允许值称为下极限尺寸。例如：图 4.2 - 2 中的尺寸 $\phi50^{+0.007}_{-0.018}$ 的上极限尺寸为 $\phi50.007$，下极限尺寸为 $\phi49.982$。

(3) 尺寸偏差：尺寸偏差有上偏差和下偏差之分，上极限尺寸与公称尺寸的代数差称为上偏差，下极限尺寸与公称尺寸的代数差称为下偏差。孔的上偏差用 ES 表示，下偏差用 EI 表示；轴的上偏差用 es 表示，下偏差用 ei 表示。尺寸偏差可为正、负或零值。

(4) 尺寸公差（简称"公差"）：允许尺寸变动的范围。尺寸公差等于上极限尺寸减去下极限尺寸，或上偏差减去下偏差。公差总是大于零的正数。例如，图 4.2 - 2 中尺寸 $\phi50^{+0.007}_{-0.018}$ 的公差为 0.025。

(5) 公差带图：用零线表示公称尺寸，上方为正、下方为负。公差带由代表上、下偏差的矩形区域构成。矩形的上边代表上偏差、下边代表下偏差，矩形的长度无实际意义，高度代表公差，如图 4.2 - 3 所示。

(6) 标准公差与基本偏差。公差带是由标准公差和基本偏差组成的。标准公差决定公差带的高度，基本偏差确定公差带相对零线的位置。

标准公差是由国家标准规定的公差值。其大小由两个因素决定，一个是公差等级，另一个是公称尺寸。国家标准将公差划分为 20 个等级，分别为 IT01，IT0，IT1，IT2，…，IT18。其中，IT01 精

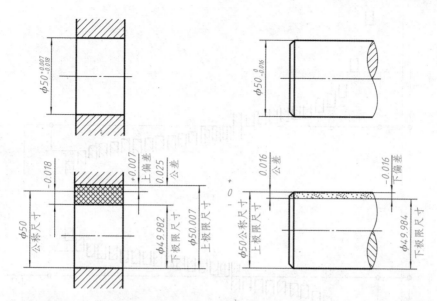

图 4.2-2　公差与配合的基本概念

度最高，IT18 精度最低。公称尺寸相同时，公差等级越高（数值越小），则标准公差越小；公差等级相同时，公称尺寸越大，则标准公差越大，参见附表 G-1。

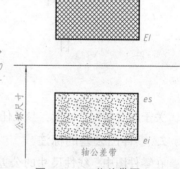

图 4.2-3　公差带图

　　基本偏差是用于确定公差带相对于零线位置的极限偏差，其位置一般靠近零线，如图 4.2-4 所示。当公差带在零线上方时，基本偏差为下偏差；当公差带在零线下方时，基本偏差为上偏差。当零线穿过公差带时，离零线近的偏差为基本偏差。当公差带关于零线对称时，基本偏差为上偏差或下偏差，如 JS(js)。基本偏差有正号或负号。

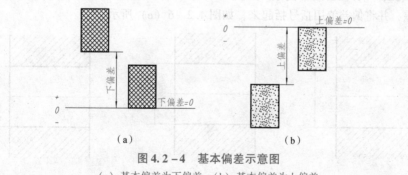

（a）　　　　　　　　　　　（b）

图 4.2-4　基本偏差示意图

（a）基本偏差为下偏差；（b）基本偏差为上偏差

　　孔和轴的基本偏差代号各有 28 种，用字母或字母组合表示。孔的基本偏差代号用大写字母表示，轴的基本偏差代号用小写字母表示，如图 4.2-5 所示。需要注意的是，公称尺寸相同的轴和孔若基本偏差代号相同，则基本偏差值在一般情况下互为相反数。此外，在图 4.2-5 中，公差带不封口，这是因为基本偏差只决定公差带的位置。一个公差带的代号由表示公差带位置的基本偏差代号和表示公差带大小的公差等级和公称尺寸组成。以代号"$\phi 50H8$"为例，其公称尺寸是 $\phi 50$，基本偏差代号是 H（大写表示孔），公差等级为 IT8。

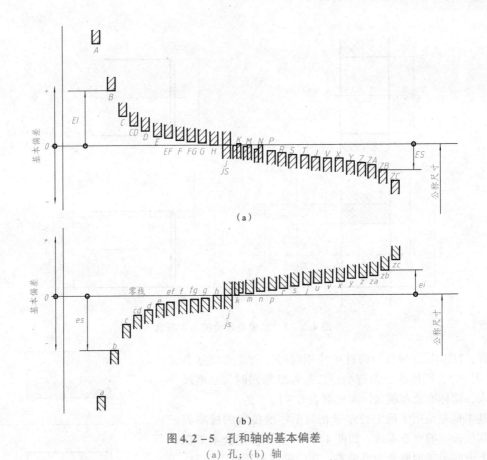

(a)

(b)

图 4.2 - 5 孔和轴的基本偏差

(a) 孔；(b) 轴

关于配合和配合制度，参见任务 5.6。

2. 零件图公差的标注

在零件图中，线性尺寸的公差有三种标注形式：其一，只标注上、下偏差，如图 4.2 - 6 (a) 所示；其二，只标注公差带代号，如图 4.2 - 6 (b) 所示；其三，既标注公差带代号，又标注上、下偏差，并将偏差值用括号括起来，如图 4.2 - 6 (c) 所示。

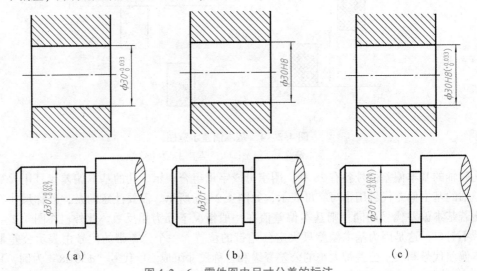

(a)　　　　　(b)　　　　　(c)

图 4.2 - 6 零件图中尺寸公差的标注

标注公差时，应注意以下几点：

（1）上、下偏差的字高比尺寸数字小一号（即尺寸数字高度的2/3），且下偏差与尺寸数字在同一水平线上。

（2）当公差带相对于公称尺寸对称时，即上、下偏差互为相反数时，可采用"±"组合偏差的绝对值的注法，如 $\phi 30 \pm 0.016$（此时偏差和尺寸数字的字高相同）。

（3）上、下偏差的小数点位必须相同、对齐，当上偏差（或下偏差）为零时，用数字"0"标出，如 $\phi 30^{+0.033}_{0}$。

3. 表面粗糙度

1）表面粗糙度的概念

零件加工表面总有几何形状误差，它可分为三种误差，即表面粗糙度、表面波纹度和表面宏观几何形状误差。通常按波距 λ 来划分：波距 λ 大于10的属于表面宏观几何形状误差；波距 λ 介于1~10之间的属于表面波纹度；波距 λ 小于1的属于表面粗糙度。加工后零件表面的微小峰谷高低程度和间距状况所组成的微观几何形状特性称为表面粗糙度，如图4.2-7所示。

2）表面粗糙度的产生原因

在零件加工过程中，刀具（或砂轮）切削后遗留的痕迹、刀具和零件表面的摩擦、切屑分离时的塑性变形以及工艺系统中的高频振动等原因均会使被加工零件的表面产生微小的峰谷，如图4.2-8所示。

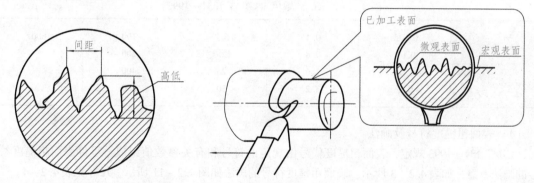

图4.2-7　表面粗糙度的概念　　　　　图4.2-8　表面粗糙度产生的原因

3）表面粗糙度的评定参数

（1）轮廓算术平均偏差（Ra）。轮廓算术平均偏差（图4.2-9）是指在一个取样长度内，轮廓偏距 $z(x)$ 绝对值的算术平均值，用公式表示为

$$Ra = \frac{1}{l}\int_0^l |z(x)| \mathrm{d}x = \frac{1}{n}\sum_{i=1}^n z_i$$

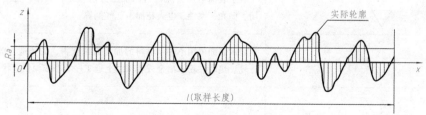

图4.2-9　轮廓算术平均偏差

（2）轮廓最大高度（Rz）。轮廓最大高度是指在一个取样长度内，最大轮廓峰高（R_p）与最大轮廓谷深（R_v）之和的高度，用公式表示为 $Rz = R_p + R_v$，如图4.2-10所示，图中的 Z_p 和 Z_v

分别为峰高、谷深。

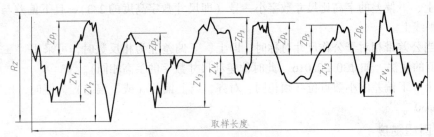

图 4.2 – 10　轮廓最大高度

（3）标准 Ra 和 Rz 值。如表 4.2 – 1、表 4.2 – 2 所示。

表 4.2 – 1　Ra 的数值（GB/T 1031—1995）　　　　　　　　　　　　μm

Ra	0.012	0.2	3.2	50
	0.025	0.4	6.3	100
	0.05	0.8	12.5	
	0.1	1.6	25	

表 4.2 – 2　Rz 的数值（GB/T 1031—1995）　　　　　　　　　　　μm

Rz	0.025	0.4	6.3	100	1600
	0.05	0.8	12.5	200	
	0.1	1.6	25	400	
	0.2	3.2	50	800	

4）表面粗糙度符号及画法

GB/T 131—1993 规定，表面粗糙度代号由规定的符号和有关参数值组成，零件表面粗糙度符号的画法及意义如表 4.2 – 3 所示。表面粗糙度符号的画法如图 4.2 – 11 所示，尺寸见表 4.2 – 4。

表 4.2 – 3　表面粗糙度的符号及画法

符号	意义
√	此为基本符号，表示可用任何方法获得。当不加注粗糙度参数值或有关说明时，仅适用于简化代号标注
√	表示表面可用去除材料的加工方法获得，如车、铣、钻、磨、剪切、抛光、腐蚀、电火花加工、气割等
√	表示表面可用不去除材料的加工方法获得，如铸造、锻造、冲压、冷轧、热轧、粉末冶金或者保留上道工序状态或原供应状态
允许任何工艺　去除材料　不去除材料	在基本符号的长边上加以横线，用于标注有关参数和说明

符号	意义
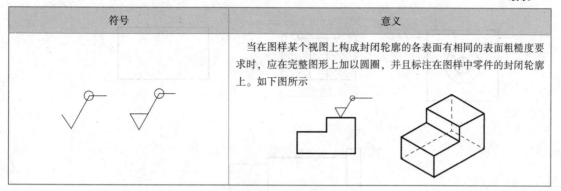	当在图样某个视图上构成封闭轮廓的各表面有相同的表面粗糙度要求时，应在完整图形上加以圆圈，并且标注在图样中零件的封闭轮廓上。如下图所示

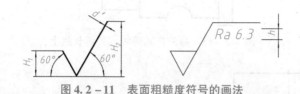

图 4.2 – 11　表面粗糙度符号的画法

表 4.2 – 4　表面粗糙度符号的尺寸　　　　　　　　　　　mm

数字和字母高度 h	2.5	3.5	5	7	10	14	20
符号线宽 d'	0.25	0.3	0.5	0.7	1	1.4	2
字母线宽 d	0.25	0.3	0.5	0.7	1	1.4	2
高度 H_1	3.5	5	7	10	14	20	28
高度 H_2（最小值）	7.5	10.5	15	21	30	42	60

5）表面粗糙度代号在图样上的标注方法

（1）表面粗糙度代号的标注方向，如图 4.2 – 12 所示。

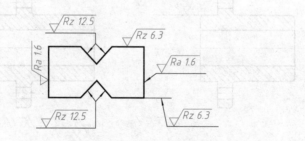

图 4.2 – 12　表面粗糙度代号的标注方向

（2）表面粗糙度代号在图样上的标注示例。

①标注在轮廓线或其延长线上。其符号应从材料外面指向材料里面并接触表面，或在其延长线上或用箭头指向表面，必要时可用黑点或箭头引出标注。一个表面只标注一次，如图 4.2 – 13 所示。

②标注在特征尺寸的尺寸线上。不至于引起误解时，标注在特征尺寸的尺寸线上，如图 4.2 – 14 所示。

③标注在形位公差框格的上方，如图 4.2 – 15 所示。

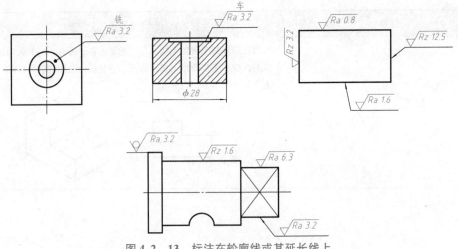

图 4.2 - 13　标注在轮廓线或其延长线上

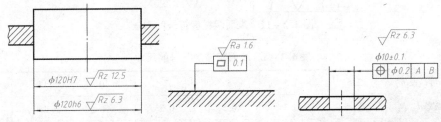

图 4.2 - 14　标注在特征尺寸的尺寸线上　　　图 4.2 - 15　标注形位公差框格的上方

④相同表面结构要求的简化标注。如果在工件的多数（包括全部）表面有相同的表面结构要求，则其表面结构要求可统一标注在图样的标题栏附近。此时，表面结构要求的符号后面应有：在圆括号内给出无任何其他标注的基本符号，如图 4.2 - 16（a）所示；在圆括号内给出不同的表面结构要求，如图 4.2 - 16（b）所示。不同的表面结构要求应直接标注在图形中。

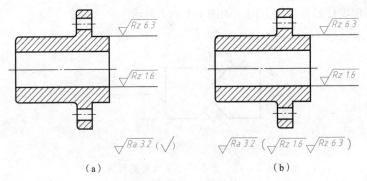

图 4.2 - 16　简化标注

（a）在圆括号内给出无任何其他标注的基本符号；（b）在圆括号内给出不同的表面结构要求

6）表面粗糙度的选择

（1）表面粗糙度评定参数的选择。若无特殊要求，一般仅选用幅度参数。

①若 Ra 在 0.025 ~ 6.3 μm 范围内，则优先选用 Ra，因为在该范围内用轮廓仪能很方便地测出 Ra 的实际值。在 $Ra > 6.3$ μm 和 $Ra < 0.025$ μm 范围内，即表面过于粗糙或过于光滑时，用光切显微镜和干涉显微镜测量很方便，因此多采用 Rz。

②在表面不允许出现较深加工痕迹的情况下，为防止应力过于集中，若要求保证零件的抗疲劳强度和密封性，则应选 Rz。

（2）表面粗糙度评定参数值的选择。

选用原则：在满足零件表面功能的前提下，评定参数的允许值尽可能大，以降低加工难度，减少生产成本。

选择方法有三种：其一，计算法，根据零件的功能要求，计算所评定参数的要求值，然后按标准规定选择适当的理论值；其二，试验法，根据零件的功能要求及工作环境条件，选用某些表面粗糙度参数的允许值进行试验，根据试验结果得到合理的表面粗糙度参数值；其三，类比法，选择一些经过实验证明的表面粗糙度合理的数值进行分析，确定所设计零件表面粗糙度有关参数的允许值。然而，用计算法精确计算零件表面的参数值较困难，用试验法来确定表面粗糙度参数值成本昂贵，因此多采用类比法确定零件表面的评定参数值。

选择类比法的一般原则：

①同一零件上工作表面比非工作表面的粗糙度值小。

②摩擦表面比非摩擦表面、滚动摩擦表面比滑动摩擦表面的表面粗糙度值小。

③运动速度高、单位面积压力大、受交变载荷的零件表面，以及最易产生应力集中的部位（如沟槽、圆角、台肩等），表面粗糙度值均应较小。

④配合要求高的表面，表面粗糙度值应较小。

⑤对防腐性能、密封性能要求高的表面，表面粗糙度值应较小。

⑥配合零件表面的粗糙度与尺寸公差、形位公差应协调。一般应符合：尺寸公差 > 形位公差 > 表面粗糙度。一般情况下，尺寸公差值越小，则表面粗糙度值应越小；在同一公差等级，小尺寸比大尺寸、轴比孔的表面粗糙度值应小些。

学习过程

学习阶段一　识读零件图的表面粗糙度

1. 零件表面结构是指_____与_____、_____以及_____等因素有密切的关系。

2. 表面结构常用的评定参数是_____和_____。

3. 根据表 4.2 – 6 所给定的表面粗糙度 Ra 值，用代号标注在下方的图形上。

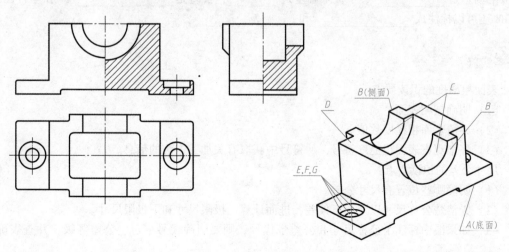

表 4.2 - 6　表面粗糙度

表面	A、B	C	D	E、F、G	其余
Ra/μm	12.5	3.2	6.3	25	毛坯面

轮廓算术平均偏差 Ra 值
与加工方法的关系

表面粗糙度与配合间隙
或过盈的关系

表面粗糙度的表面特征、经济
加工方法及应用举例

学习阶段二　识读图样的极限与配合

1. 互换性是指 _____。

2. 尺寸公差是指 _____。

3. 理解尺寸公差的名词。以尺寸 $\phi40^{-0.025}_{-0.050}$ 为例，其公称尺寸是 _____，上极限偏差是
_____，下极限偏差是 _____，上极限尺寸是 _____ 下极限尺寸是
_____，公差是 _____。

4. 画出 $\phi40^{-0.025}_{-0.050}$、$\phi40^{+0.025}_{0}$ 公差带图，并比较两个公差带图的大小和位置。

5. 国家标准规定，公差带图的大小由 _____ 决定，公差带图的位置由 _____ 决定。

6. 标准公差分为 _____ 级，为 IT01, IT0, …, _____。其中 _____ 精度最高，
_____ 精度最低。

7. 查标准公差表，公称尺寸 40, IT7 的标准公差值为 _____。

8. 基本偏差是指 _____。

9. 公差带代号由 _____ 和 _____ 组成。$\phi30H8$ 是（A. 孔　B. 轴）的公差带，其中
"8" 是 _____、"H" 是 _____，其上极限偏差是 _____、下极限偏差是 _____，公
差值是 _____。在零件图中，$\phi30H8$ 还可标注成 _____ 和 _____。

10. $\phi30f8$ 是（A. 孔　B. 轴）的公差带，其中 "8" 是 _____、"f" 是 _____，其
上极限偏差是 _____、下极限偏差是 _____，公差是 _____。在零件图中，
$\phi30f8$ 还可以标注成 _____ 和 _____。

任务实施

表面粗糙度的识读要点：

（1）明确被测表面。

（2）弄清表面粗糙度数值。

（3）仔细观察表面粗糙度符号，从符号中获取有关加工方法的信息。

尺寸公差的识读要点：

（1）明确哪些位置有尺寸公差。

（2）弄清楚公称尺寸以及上下偏差，进而计算上极限尺寸和下极限尺寸。

（3）如果图中标注了公称尺寸和公差带代号，则要明确代号字母、公差等级，并查表确定

其上下偏差。

检查评估

检查项目	结果评估 （学生填写）	自评分 （学生填写）	教师总评
1. 不同位置表面的粗糙度符号的标注方向，是否与规定要求一致			
2. 表面粗糙度符号中各线条的长度是否按规定绘制			
3. 表面粗糙度符号中各线条的线型是否按照规定绘制			
4. 表面粗糙度符号（三角尖点）是否从材料外面指向材料里面			
5. 已知公差带代号，你能否熟练查表确定其上下偏差			
6. 已知公称尺寸和公差等级，你能否熟练查表确定其尺寸公差			

注：评分分为优、良、中、及格、不及格。

小结及反思

1. 通过本任务的学习，你学到了哪些知识和技能？还有什么困惑？

2. 如果时间充裕，你会在哪些方面做得更好？

姓名：_____ 班级：_____ 学号：_____

任务描述

识读图 4.3 - 1 所示的减速器输出轴，说明图中所示各项几何公差和公差原则标注的含义，并填写表 4.3 - 1 和表 4.3 - 2。

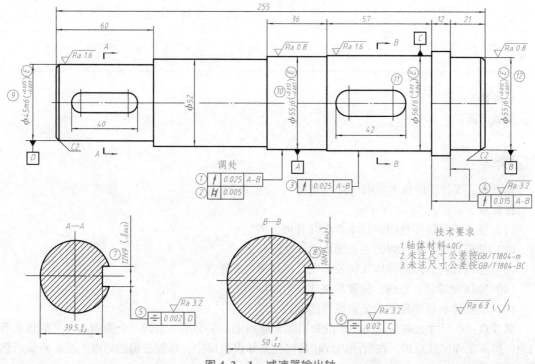

图 4.3 - 1 减速器输出轴

表 4.3 - 1 几何公差的识读（一）

序号	公差项目名称	公差类型	画出公差带形状	公差带大小	解释（被测要素、基准要素及要求）
①	圆跳动	跳动公差		0.025	
②					
③					
④					
⑤					
⑥					

表 4.3 - 2 公差原则的识读（二）

序号	采用公差原则	理想状态名称/尺寸/mm	孔或轴为最大实体尺寸时允许几何误差值/mm	孔或轴为最小实体尺寸时允许几何误差值/mm	给定的几何公差/mm	可能允许的最大几何误差值/mm
⑦						
⑧						
⑨						
⑩						
⑪						
⑫						

任务提交：提交工作页。

完成时间： _____。

学习要点

知识点：零件图的技术要求（几何公差）、公差原则。

技能点：

（1）能正确识读零件图的技术要求（几何公差）。

（2）能根据要求将几何公差正确地标注在图样上。

（3）会查资料，理解具体几何公差项目的几何公差带含义。

（4）能区分形状、方向、位置和跳动公差的异同点。

（5）能正确解释零件图中公差原则的标注。

素养点：在尺寸公差与几何公差的知识综合应用中，学会用联系的、全面的、发展的观点看问题，提高工程实践意识。在看图训练和几何公差知识应用中，掌握正确的思维方法，养成科学的思维习惯。

理论指导

零件加工时，不仅会产生尺寸的误差，还会产生几何形状和相对位置的误差，形状与位置误差过大同样会影响零件的工作性能。因此，对于精度要求高的零件，除了应保证尺寸精度外，还应控制其形状与位置误差。

轴类零件在加工时可能出现轴线不直，导致其截面可能不圆、端面不平等，这属于形状方面的误差，如图 4.3 - 2（a）所示。阶梯轴在加工时，可能会出现各轴段的轴线不重合，这种误差属于位置误差，如图 4.3 - 2（b）所示。

用于控制形状误差和位置误差的允许变动量称为几何公差。几何公差的术语、定义、代号及其标注详见相关标准，本书仅做简要介绍。

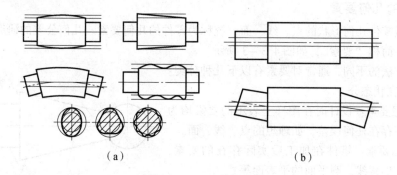

（a）　　　　　　　　　　　　　　　　（b）

图 4.3 – 2　几何误差

（a）形状误差；（b）位置误差

1. 几何公差项目

几何公差类型、几何特征和符号见表4.3 – 3。

表 4.3 – 3　几何特征符号

公差类型	几何特征	符号	有无基准
形状公差	直线度	—	无
	平面度	▱	无
	圆度	○	无
	圆柱度	⌭	无
	线轮廓度	⌒	无
	面轮廓度	⌓	无
方向公差	平行度	//	有
	垂直度	⊥	有
	倾斜度	∠	有
	线轮廓度	⌒	有
	面轮廓度	⌓	有
位置公差	位置度	⊕	有或无
	同心度（用于中心点）	◎	有
	同轴度（用于轴线）	◎	有
	对称度	=	有
	线轮廓度	⌒	有
	面轮廓度	⌓	有
跳动公差	圆跳动	↗	有
	全跳动	↗↗	有

2. 零件的几何要素

构成机械零件几何形状的点、线、面，统称为零件的几何要素。几何公差的研究对象就是这些几何要素，简称"要素"，如图4.3-3所示。

按使用方法的不同，通常对要素有以下几种分类：

1）按存在状态分

（1）理想要素：设计时在图样上表示的要素均为理想要素，不存在任何误差，如理想的点、线、面。

（2）实际要素：零件在加工后实际存在的要素，如车外圆的外形素线、磨平面的平表面等。

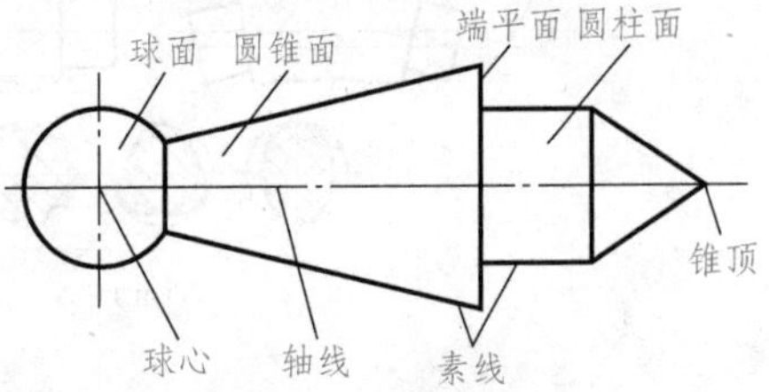

2）按几何特征分

（1）轮廓要素：构成零件轮廓的可直接触及的要素，如图4.3-3中的锥顶、素线、圆柱面、圆锥面、端平面、球面等。

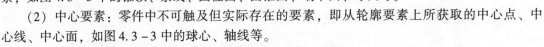

图4.3-3 几何要素

（2）中心要素：零件中不可触及但实际存在的要素，即从轮廓要素上所获取的中心点、中心线、中心面，如图4.3-3中的球心、轴线等。

3）按在几何公差中所处的地位分

（1）被测要素：零件图中给出的几何公差要求，即需要检测的要素。

（2）基准要素：用以确定被测要素的方向或（和）位置的要素，简称"基准"。

3. 几何公差的代号及标注

1）几何公差框格

在技术图样中，几何公差采用代号标注，当无法采用代号时，允许在技术要求中用文字说明。

几何公差的代号由几何公差项目的符号、框格、指引线、公差数值、基准符号以及其他有关符号构成。几何公差代号采用框格表示，并用带箭头的指引线指向被测要素，如图4.3-4（a）所示。用基准符号指向基准要素，如图4.3-4（b）所示。其中，h为字体高度。框格中的字符高度与尺寸数字的高度相同，基准中的字母永远水平书写。

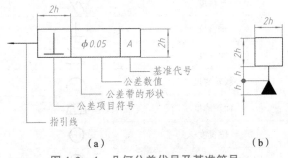

（a）   （b）

图4.3-4 几何公差代号及基准符号

（a）几何公差代号；（b）基准符号

2）基准符号及标注

对有方向、位置、跳动公差要求的零件，在图样上必须标明基准。基准用一个大写字母表示，字母标注在基准方格中，与一个涂黑（或空白）的三角形相连以表示基准。无论基准符号在图样上的方向如何，方格内的字母都要水平书写，如图4.3-5所示。

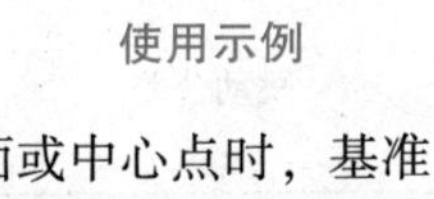

图4.3-5 基准符号使用示例

当基准要素为轮廓要素时，基准三角形应放置在轮廓线或其延长线上，并与尺寸线明显错开；当基准要素是由尺寸要素确定的轴线、中心平面或中心点时，基准三角形应放置在该要素的尺寸线的延长线上，其指引线应与该要素的相应尺寸线对齐，如图4.3-6所示。

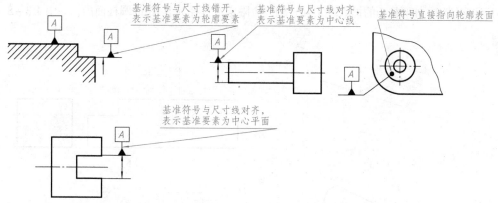

图4.3-6　基准的标注方法

3）被测要素的标注

用带箭头的指引线将框格与被测要素相连，按以下方式标注：

（1）当被测要素为轮廓线或表面时，将箭头置于被测要素的轮廓或其延长线上，但必须与尺寸线明显错开，如图4.3-7（a）（b）所示。

（2）被测要素为轴线（中心线）、对称面（中心面）时，则带箭头的指引线应与尺寸线对齐，如图4.3-7（c）~（e）所示。

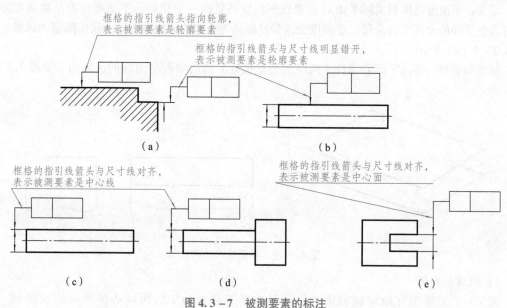

图4.3-7　被测要素的标注

4. 几何公差带的含义

1）直线度公差带

（1）定义1：公差带为在给定平面内和给定方向上，间距等于公差值 t 的两平行直线所限定的区域，如图4.3-8（a）所示。

标注和解释：在任一平行于图示投影面的平面内，上平面的提取（实际）线应限定在间距等于0.1的两平行直线之间，如图4.3-8（b）所示。

（2）定义2：公差带前加注了符号，公差带为直径等于公差值 t 的圆柱面所限定的区域，如图 4.3 – 8（c）所示。

标注和解释：外圆柱面的提取（实际）轴线应限定在直径为 0.08 的圆柱面内，如图 4.3 – 8（d）所示。

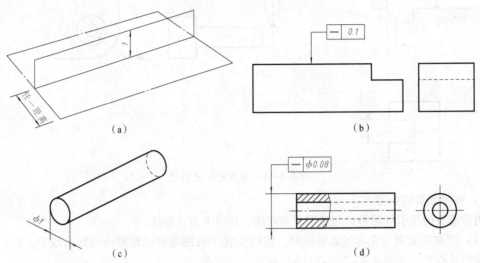

图 4.3 – 8　直线度公差带

2）平面度公差带

定义：平面度是限制实际平面对其理想平面变动量的一项指标。平面度公差是被测实际要素对理想平面的允许变动全量。平面度公差带是距离为公差值 t 的两平行平面所限定的区域，如图 4.3 – 9（a）所示。

标注和解释：实际平面必须位于间距为公差值 0.1 的两平行平面间的区域内，如图 4.3 – 9（b）所示。

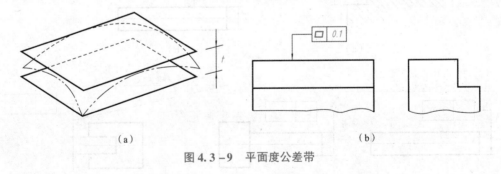

图 4.3 – 9　平面度公差带

3）圆度公差带

定义：公差带为在给定横截面内，半径差等于公差值 t 的两同心圆所限定的区域，如图 4.3 – 10（a）所示。

标注和解释：在圆柱面和圆锥面的任意截面内，提取（实际）圆周应限定在半径差等于 0.03 的两共面同心圆之间，如图 4.3 – 10（b）所示。

4）圆柱度公差带

定义：公差带为半径差等于公差值 t 的两同轴圆柱面所限定的区域，如图 4.3 – 11（a）所示。

标注和解释：提取（实际）圆柱面应限定在半径差等于 0.1 的两同轴圆柱面之间，如图 4.3 – 11（b）所示。

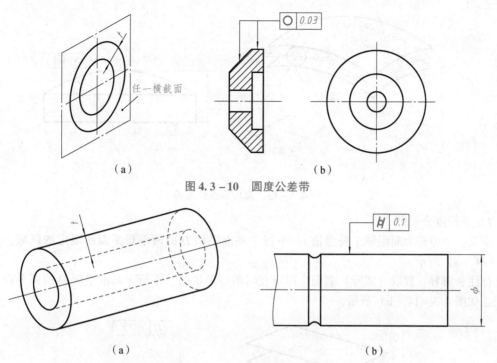

（a）　　　　　　　　　　　　　　（b）

图 4.3 – 10　圆度公差带

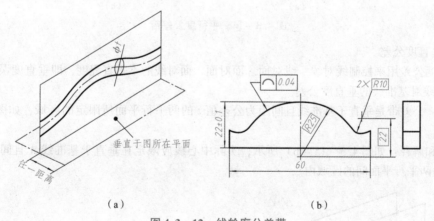

（a）　　　　　　　　　　　　　　（b）

图 4.3 – 11　圆柱度公差带

5）线轮廓度（无基准）公差带

定义：公差带为直径等于公差值 t、圆心位于具有理论正确几何形状上的一系列圆的两包络线所限定的区域，如图 4.3 – 12（a）所示。

（此处含图 4.3 – 12 的 (a) 和 (b)）

（a）　　　　　　　　　　　　　　（b）

图 4.3 – 12　线轮廓公差带

标注和解释：在任一平行于图示投影面的截面内，提取（实际）轮廓线应限定在直径等于 0.04、圆心位于被测要素理论正确几何形状上的一系列圆的两等距包络线之间（$R25$ 称为理论正确尺寸，即 TED），如图 4.3 – 12（b）所示。

6）面轮廓度（有基准）公差带

定义：公差带为直径等于公差值 t、球心位于由基准平面 A 确定的被测要素理论正确几何形状上的一系列圆球的两包络面所限定的区域，如图 4.3 – 13（a）所示。

标注和解释：提取（实际）轮廓面应限定在直径等于 0.1、球心位于由基准平面 A 确定的被测要素理论正确几何形状上的一系列圆球的两等距包络面之间，如图 4.3 – 13（b）所示。

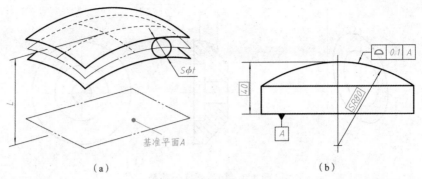

（a）   （b）

图 4.3 – 13　面轮廓度公差带

7）平行度公差带

定义：公差带为间距等于公差值 t、平行于基准平面 D 的两平行平面所限定的区域，如图 4.3 – 14（a）所示。

标注和解释：提取（实际）表面应限定在间距等于 0.01、平行于基准平面 D 的两平行平面之间，如图 4.3 – 14（b）所示。

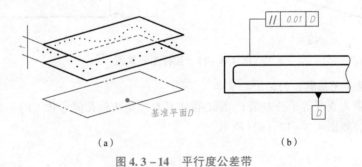

（a）   （b）

图 4.3 – 14　平行度公差带

8）垂直度公差

垂直度公差用来控制线对线、线对面、面对面、面对线的不垂直程度，即垂直度误差。

（1）线对基准线的垂直度公差。

定义：公差带是垂直于基准线且间距为公差值 t 的两平行平面所限定的区域，如图 4.3 – 15（a）所示。

标注和解释：如图 4.3 – 15（b）所示，实际中心线应限定在垂直于基准线 A 且间距为公差值 0.06 的两平行平面间的区域内。

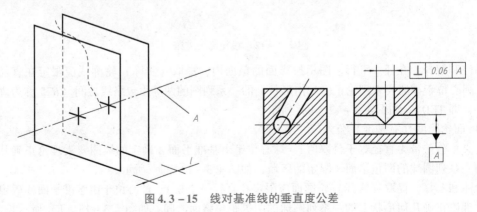

图 4.3 – 15　线对基准线的垂直度公差

（2）线对基准面的垂直度公差。

定义：若在公差值前加注符号"φ"，则表示对任意方向上均有的垂直度要求，如图 4.3 – 16 （a）所示。

标注和解释：实际中心线应限定在垂直于基准面 A 且直径为公差值 φ0.01 的圆柱面的区域内，如图 4.3 – 16（b）所示。

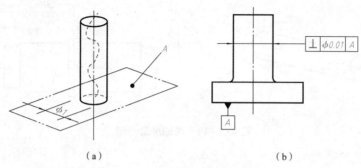

（a）　　　　　　　　　　　　（b）

图 4.3 – 16　线对基准面的垂直度公差

（3）面对基准面的垂直度公差。

定义：公差带是垂直于基准面且间距为公差值 t 的两平行平面所限定的区域，如图 4.3 – 17 （a）所示。

标注和解释：实际表面应限定在平行于基准平面 A 且间距为公差值 0.08 的两平行平面间的区域内，如图 4.3 – 17（b）所示。

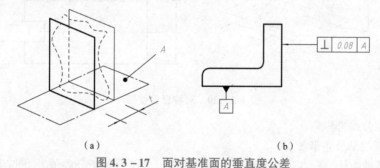

（a）　　　　　　　　　　　　（b）

图 4.3 – 17　面对基准面的垂直度公差

（4）面对基准线的垂直度公差

定义：公差带是垂直于基准线且距离为公差值 t 的两平行平面间的区域，如图 4.3 – 18（a）所示。

标注和解释：实际平面必须位于间距为公差值 0.08 且平行于基准线 A 的两平行平面间的区域内，如图 4.3 – 18（b）所示。

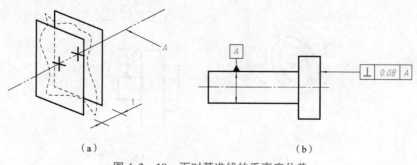

（a）　　　　　　　　　　　　（b）

图 4.3 – 18　面对基准线的垂直度公差

9）同轴度公差带

定义：公差带为直径等于公差值 ϕt 的圆柱面所限定的区域，如图4.3-19（a）所示。

标注和解释：大圆柱面的被测中心线应限定在直径为0.08、以公共基准轴线 A – B 为轴线的圆柱面内，如图4.3-19（b）所示。

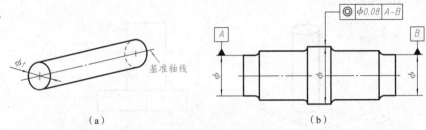

（a）　　　　　　　　　　　　　（b）

图4.3-19　同轴度公差带

10）对称度公差带

定义：公差带为间距等于公差值 t、对称于基准中心平面的两平行平面所限定的区域，如图4.3-20（a）所示。

标注和解释：被测中心线应限定在间距等于0.08、对称于基准中心平面 A 的两平面之间，如图4.3-20（b）所示。

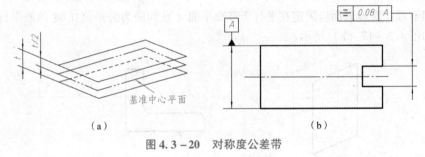

（a）　　　　　　　　　　　　　（b）

图4.3-20　对称度公差带

11）圆跳动公差带

（1）径向圆跳动公差带。

定义：公差带为任一垂直于基准轴线的横截面内，半径差等于公差值 t、圆心在基准轴线上的两同心圆所限定的区域，如图4.3-21（a）所示。

标注和解释：在任一垂直于基准 A 的横截面内，提取（实际）圆应限定在半径差等于0.8、圆心在基准轴线 A 上的两同心圆之间，如图4.3-21（b）所示。

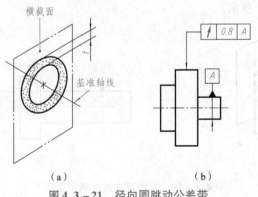

（a）　　　　　（b）

图4.3-21　径向圆跳动公差带

（2）端面圆跳动公差带。

定义：公差带为与基准轴线同轴的任一半径的圆柱截面上，间距等于公差值 t 的两圆所限定的圆柱面区域，如图 4.3－22（a）所示。

标注和解释：在与基准轴线 D 同轴的任一圆形截面上，提取（实际）圆应限定在轴向距离等于 0.1 的两个等圆之间，如图 4.3－22（b）所示。

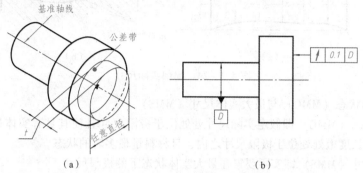

图 4.3－22　端面圆跳动公差带

（3）斜向圆跳动公差带。

定义：公差带为与基准轴线同轴的某一圆锥截面上，间距等于公差值 t 的两圆所限定的圆锥面区域，如图 4.3－23（a）所示。

标注和解释：在与基准轴线 C 同轴的任一圆锥截面上，提取（实际）线应限定在素线方向间距等于 0.1 的两个不等圆之间，如图 4.3－23（b）所示。

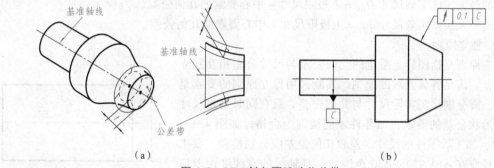

图 4.3－23　斜向圆跳动公差带

5. 公差原则

为了保证其功能和互换性要求，需要同时给定尺寸公差和几何公差。一般情况下，尺寸公差和几何公差彼此独立并分别满足各自的要求，但在一定条件下，它们可以相互转化、相互补偿。

公差原则就是处理尺寸公差与几何公差之间关系的原则。公差原则分为独立原则和相关要求。其中，相关要求分为包容要求、最大实体要求、最小实体要求及可逆要求。《产品几何技术规范（GPS）基础　概念、原则和规则》（GB/T 4249—2018）和《产品几何技术规范（GPS）　几何公差　最大实体要求（MMR）、最小实体要求（LMR）和可逆要求（RPR）》（GB/T 16671—2018）规定了几何公差与尺寸公差之间的关系。

● 局部实际尺寸

局部实际尺寸简称"实际尺寸"，是指在实际要素的任意正截面上，两对应点之间测得的距离。内、外表面的局部实际尺寸代号分别为 D_a、d_a，如图 4.3－24 所示。同一要素测得的局部实际尺寸不一定相同。

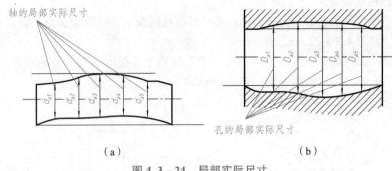

（a）   （b）

图 4.3-24　局部实际尺寸

- 最大实体状态（MMC）与最大实体尺寸（MMS）

最大实体状态（MMC）即假定实际尺寸处处位于极限尺寸且使其具有实体最大的状态，即实际要素在给定长度上处处位于极限尺寸之内，且材料量最多时的状态。

最大实体尺寸（MMS）即实际要素在最大实体状态下的极限尺寸。

孔的最大实体尺寸 D_M = 孔的下极限尺寸 D_{min}。

轴的最大实体尺寸 d_M = 轴的上极限尺寸 d_{max}。

- 最大实体实效状态（MMVC）和最大实体实效尺寸（MMVS）

最大实体实效状态（MMVC）即在给定长度上，实际要素处于最大实体状态，且其中心要素的形状或位置差等于给出公差值时的综合极限状态。

最大实体实效尺寸（MMVS）即在最大实体实效状态下的体外作用尺寸。

孔的最大实体实效尺寸 D_{MV} = 下极限尺寸 – 中心要素的几何公差。

轴的最大实体实效尺寸 d_{MV} = 上极限尺寸 + 中心要素的几何公差。

1）独立原则

独立原则是指图样上给定的几何公差与尺寸公差相互独立无关，分别满足各自要求的原则。判断采用独立原则的要素是否合格，需分别检测实际尺寸与几何误差。只有同时满足尺寸公差和形状公差的要求，该零件才能被判为合格。如图 4.3-25 所示，加工后零件的尺寸误差和几何误差应分别检验，要求实际轴径应在 $\phi19.979 \sim \phi20$ 范围内，且轴线的直线度误差应不大于 0.01。

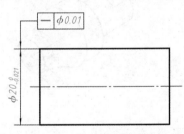

图 4.3-25　独立原则标注示例

（1）独立原则的特点：

①尺寸公差仅控制实际要素的局部实际尺寸。

②几何公差是定值，不随要素的实际尺寸变化而变化。

（2）独立原则的应用：独立原则一般用于对几何要求严格而对尺寸精度要求不高的场合或非配合零件。

图 4.3-26（a）（b）所示的两种零件均对几何精度有较高要求而对尺寸精度要求不高，因此应采用独立原则；图 4.3-26（c）所示的箱体上的通油孔由于不与其他零件配合，因此只需控制孔的尺寸大小，而孔轴线的弯曲并不影响功能要求，故也应采用独立原则。

2）包容原则

包容原则是指被测实际要素处位于具有理想形状的包容面内的一种公差原则。包容原则只适用于单一要素，如圆柱表面或两平行平面。采用包容原则的单一要素应在其尺寸极限偏差或公差带代号之后加注符号。

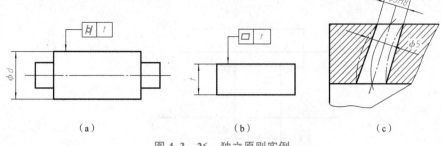

（a）   （b）   （c）

图 4.3-26　独立原则实例

采用包容原则的合格条件：若为作用尺寸，则不得超过最大实体尺寸；若为局部实际尺寸，则不得超过最小实体尺寸。

包容原则：当实际尺寸处处为最大实体尺寸时，其形位公差为零；当实际尺寸偏离最大实体尺寸时，允许的形位误差可以相应增加，增加量为实际尺寸与最大实体尺寸之差（绝对值）。若其最大增加量等于尺寸公差，则此时的实际尺寸应处处为最小实体尺寸。

图 4.3-27 所示，圆柱面必须在最大实体状态内，该轴是一个直径为最大实体尺寸 $d_M = 20$ 的理想圆柱面。局部实际尺寸不得小于最小实体尺寸 19.987，即轴的任一局部实际尺寸在 19.987~20 之间。轴线的直线度误差取决于被测要素的局部实际尺寸对最大实体尺寸的偏离，其最大值等于尺寸公差 0.013。图 4.3-27 中表格给出了在不同实际尺寸下，该轴线直线度允许的形状误差最大值。

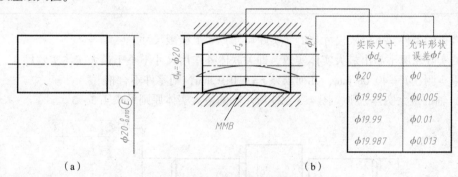

实际尺寸 ϕd_a	允许形状误差 ϕf
$\phi 20$	$\phi 0$
$\phi 19.995$	$\phi 0.005$
$\phi 19.99$	$\phi 0.01$
$\phi 19.987$	$\phi 0.013$

（a）   （b）

图 4.3-27　包容原则示例

包容原则的特点：

①被测要素遵守最大实体状态，即实际要素的作用尺寸不得超出最大实体尺寸。

②实际要素的局部实际尺寸不得超出最小实体尺寸。

③当实际要素的局部实际尺寸为最大实体尺寸时，其形状误差为 0。

④当实际要素的局部实际尺寸偏离最大实体尺寸时，其偏离量可补偿给形状误差。

⑤包容原则不仅限制了要素的实际尺寸，还控制了要素的形状误差。

包容原则的应用：包容原则主要用于机器零件上配合性质要求较严格的配合表面，特别是配合公差较小的精密配合。

3）最大实体原则

最大实体原则是指：被测要素的实际轮廓应该遵守其最大实体实效边界，在最大实体状态下给定几何公差值为 t，当实际尺寸偏离最大实体尺寸时，允许其几何误差超出其最大实体状态下给出的公差值，即允许几何误差增大。最大实体原则一般标注在被测要素的公差框格中的数值后面或者在基准符号后面加符号 Ⓜ。

（1）孔的最大实体原则。图4.3-28所示的孔的最大实体原则见表4.3-4。

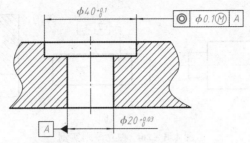

图 4.3-28　孔的最大实体原则

表 4.3-4　孔的最大实体原则

实际尺寸	实际尺寸与最大实体尺寸的差值	允许的几何误差
40.00	0	0.1
40.05	0.05	0.1 + 0.05 = 0.15
40.07	0.07	0.1 + 0.07 = 0.17
40.09	0.09	0.1 + 0.09 = 0.19
40.10	0.10	0.1 + 0.10 = 0.20

孔合格的条件：下极限尺寸 $\leqslant d_a$（实际尺寸）$\leqslant$ 上极限尺寸。

孔的实际轮廓不超出最大实体实效，即关联体外作用尺寸不小于最大实体实效尺寸。

如果实测：$d_a = 40.08$ mm，几何误差 $f = 0.019$ mm，则零件不合格。

（2）轴的最大实体原则。图4.3-29所示轴的最大实体原则见表4.3-5。

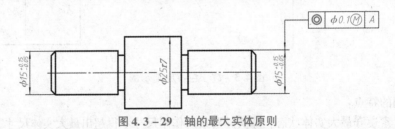

图 4.3-29　轴的最大实体原则

表 4.3-5　轴的最大实体原则

实际尺寸	实际尺寸与最大实体尺寸的差值	允许的最大几何误差
15.15	0	0.1
15.10	0.05	0.1 + 0.05 = 0.15
15.05	0.10	0.1 + 0.10 = 0.20
15.00	0.15	0.1 + 0.15 = 0.25
14.98	0.17	0.1 + 0.17 = 0.27
14.95	0.20	0.1 + 0.20 = 0.30

轴合格的条件：下极限尺寸≤d_a（实际尺寸）≤上极限尺寸。

轴的实际轮廓不超出最大实体实效边界，即体外作用尺寸不大于最大实体实效尺寸。

学习过程

学习阶段一　识读图样的几何公差

1. 理解几何误差概念。

在生产实践中，经过加工的零件，不但会产生尺寸误差，而且会产生形状误差和位置误差。例如，图4.3－30（b）所示为一理想形状的销轴，加工后虽然各处的直径尺寸合乎要求，但实际形状的轴线变弯了，如图4.3－30（c）所示，因而产生了_____误差，实际起作用的尺寸为 $\phi20.023$ mm，当把它与图4.3－30（a）所示的孔配合时，（A. 能够　B. 不能）达到装配要求。

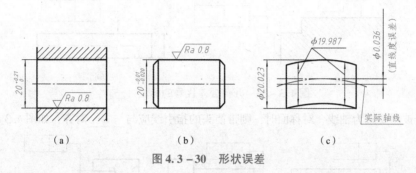

图 4.3 － 30　形状误差

如图4.3－31所示，箱体上有两个安装锥齿轮轴的孔，要求两孔的轴线相互垂直，但加工后，如果两孔的轴线歪斜太大，就势必影响一对锥齿轮的啮合传动。为了保证一对齿轮的啮合传动，必须标注出_____公差。

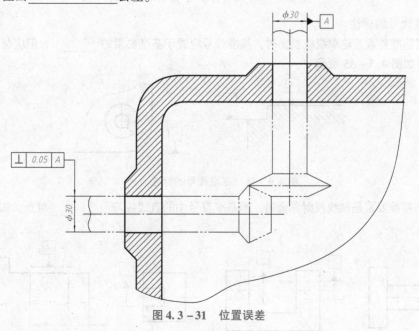

图 4.3 － 31　位置误差

2. 几何公差代号和基准代号。

如图4.3－32所示，在横线旁写出各要素的含义。

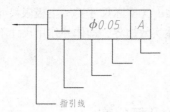

指引线

图 4.3 – 32　几何公差代号和基准代号

3. 几何公差代号标注。

用带箭头的指引线将框格与被测要素相连，按以下方式标注：

（1）当被测要素为轮廓线或表面时，将箭头置于被测要素的＿＿＿＿＿＿＿＿＿＿＿＿，但必须与＿＿＿＿＿＿＿＿＿＿明显地错开，如图4.3 – 33所示。

（a）　　　　　　　　　　　　　　　（b）

图 4.3 – 33　几何公差代号的标注（一）

（2）当被测要素为轴线、对称面时，则带箭头的指引线应与＿＿＿＿对齐，如图4.3 – 34所示。

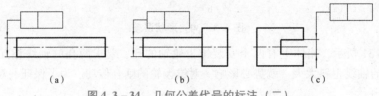

（a）　　　　　　　（b）　　　　　　（c）

图 4.3 – 34　几何公差代号的标注（二）

4. 基准代号的标注

（1）当基准要素是轮廓线或表面时，基准符号应置于基准要素的＿＿＿＿，但应与＿＿＿＿明显地错开，如图4.3 – 35所示。

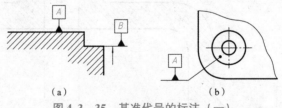

（a）　　　　　　　　　　　　　（b）

图 4.3 – 35　基准代号的标注（一）

（2）当基准要素是轴线或对称面时，则基准符号中的直线应与＿＿＿＿＿对齐，如图4.3 – 36所示。

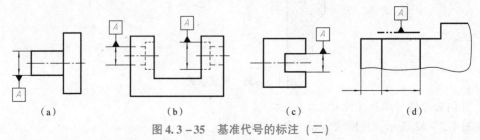

（a）　　　　　　（b）　　　　　　（c）　　　　　　（d）

图 4.3 – 35　基准代号的标注（二）

5. 把用文字说明的几何公差，用代号标注在下方的图上。

（1）轴肩 A 对两条 $\phi15h6$ 公共轴线的轴向圆跳动公差为 0.03 mm；$\phi25r7$ 圆柱对两条 $\phi15h6$ 公共轴线的径向圆跳动公差为 0.03 mm。

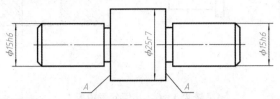

（2）$\phi25h6$ 圆柱的轴线对 $\phi18H7$ 圆孔轴线的同轴度公差为 $\phi0.02$ mm；右端面对孔 $\phi18H7$ 圆柱轴线的垂直度公差为 0.04 mm。

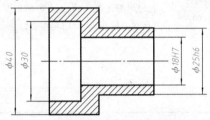

（3）孔 $\phi18$ mm 轴线的直线度公差为 $\phi0.02$ mm；孔 $\phi18$ mm 的圆度公差为 0.01 mm。

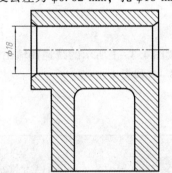

（4）几何公差带是限制实际被测要素变动的 _____，其大小是由 _____ 确定的。只要被测实际要素被包含在 _____ 内，则被测要素 _____。

（5）几何公差带控制点、线、面等区域，因此具有 _____ 共 4 个要素。

（6）对同一被测轴线，直线度公差值 _____ （<、>）垂直度公差值。

（7）对同一被测平面，平面度公差值 _____ （<、>）平行度公差值，且平行度公差值 _____ （<、>）位置度公差值。

学习任务二　公差原则

1. 公差原则就是处理 _____ 与 _____ 之间关系的原则。

2. 公差原则分为 _____ 与 _____，其中 _____ 分为 _____、_____、 及 _____。

3. 对于轴，最大实体尺寸 $d_M = $ _____，最小实体尺寸 $d_L = $ _____，最大实体实效尺寸 $d_{MV} = $ _____。

4. 对于孔，最大实体尺寸 $D_M = $ _____，最小实体尺寸 $D_L = $ _____，最大实体实效尺寸 $D_{MV} = $ _____。

5. 根据下图中的几何公差要求填写表 4.3 - 6。

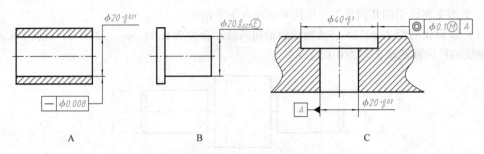

A　　　　　　　　B　　　　　　　　C

表 4.3 - 6　几何公差填表

图号	采用公差原则	理想状态名称/尺寸/mm	孔或轴为最大实体尺寸时的允许几何误差值/mm	孔或轴为最小实体尺寸时的允许几何误差值/mm	给定的几何公差/mm	可能允许的最大几何误差值/mm
A						
B						
C						

 任务实施

结合这次课所学的知识，识读图4.3 - 1所示的减速器输出轴，说明图中各项几何公差和公差原则标注的含义，并填写表4.3 - 1和表4.3 - 2。

检查评估

检查项目	结果评估（学生填写）	自评分（学生填写）	教师总评
1. 能否正确标注被测要素			
2. 能否正确标注基准要素			
3. 根据几何公差标注框格，能否说出被测要素			
4. 根据几何公差标注框格，能否说出基准要素			
5. 根据几何公差标注框格，能否说出公差项目和公差值			

注：评分分为优、良、中、及格、不及格。

小结及反思

1. 用简练的语言谈一下你对包容原则的认识。

2. 简述平面度与平行度、圆度与圆柱度的区别。

姓名：_____班级：_____学号：_____

任务描述

减速器的低速轴（图4.4-1）出现磨损影响使用了，需要测绘后再加工一根新轴代替旧轴。根据实物，选用合适的拆装和测量工具，正确测量零件尺寸，徒手绘制零件草图，并用 AutoCAD 绘制零件图以便加工，同时记录轴上标准件的规格和型号。（由于测绘工具有限，时间允许的班级可以直接测量低速轴系所有非标准零件的零件草图）

图4.4-1　低速轴组件爆炸图

任务提交：提交一套纸质草图、工作页（可根据情况选做，通过课堂提问或网上测试完成均可），提交检查评估表。

完成时间：_____。

学习要点

知识点：测绘工具的使用；测绘的方法和步骤。

技能点：能正确测绘一级直齿圆柱齿轮减速器低速轴及端盖；能正确识读盘盖类零件图。

素养点：在测绘过程中规范操作，一步一步执行，培养严谨求实、一丝不苟的工作作风，养成爱护测绘工具、测绘零件的优秀品德，养成严肃认真对待图纸、一线一字都不能马虎的习惯。

理论指导

1. 绘制零件草图的视图

1）绘制零件草图的要求

零件草图是指根据零件实物，目测估计各部分的尺寸比例，徒手画出的零件图，然后在此基础上把测量的尺寸数字填入图中。零件草图常在测绘现场绘制，是其后绘制零件图的重要依据。因此，零件草图应具备零件图的全部内容，而绝非"潦草之图"。绘制的零件草图要达到以下几点要求：

（1）严格遵守国家标准。

（2）目测时要基本保证零件各部分的比例关系。

（3）视图正确，符合投影规律。

（4）字体工整，尺寸齐全，数字准确无误。

（5）线型粗细分明，图样清晰、整齐。

（6）技术要求完整，并有图框和标题栏。

2）绘制零件草图的方法及步骤

第1步，了解零件的名称、用途及所用的材料。

第2步，分析零件的结构，确定视图表达方案。

第3步，定图幅，布置视图的位置。

第4步，画视图。

2. 测量尺寸应注意事项

（1）要正确使用测量工具和选择测量基准，以减少测量误差；不要用较精密的量具测量粗糙表面，以免磨损量具，影响量具的精确度。尺寸一定要集中测量，逐个填写尺寸数值。

（2）对于重要尺寸，有的要通过计算得到，如中心距、中心高、齿轮轮齿尺寸等，因此要精确测量，并予以必要的计算、核对，而不随意调整。对于零件上不太重要的尺寸（不加工面尺寸、加工面、一般尺寸），可将所测的尺寸数值圆整到整数。

（3）测量零件上已磨损部位的尺寸时，应考虑磨损值，并参照相关零件或有关资料，经分析后确定。

（4）对于零件上已标准化的结构尺寸，如放毡圈油封的密封槽倒角、圆角、键槽、螺纹退刀槽等结构的尺寸，可查阅有关标准确定。

（5）零件上与标准部件（如滚动轴承）相配合的轴（或孔）的尺寸，可通过标准部件的型号查表确定。对于标准结构要素，在测得尺寸后，应查表取标准值。

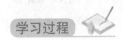

学习阶段一　制订计划

1. 按计划进行分组，选出组长及分工。

分组时，应考虑能力均衡，根据学生学习成绩、独立工作能力、组织能力等分组，使每个组内成员之间能够互相交流、互相学习、取长补短，便于测绘工作顺利进行。每个组应该指定一名组长，负责组织管理工作，并能起到带头作用。测绘体、测量工具、资料由组长分配专人负责保管（表4.4-1），并督促组员遵守工作纪律，保持工作场地的整洁。

表4.4-1　组员分工

名单	分工
	管理测量工具
	管理减速器
	收发资料（图纸等）
	场地5S

2. 准备拆装和测量工具（表 4. 4 - 2）。

表 4. 4 - 2　准备拆装和测量工具

工具编号	名称	规格/型号	数量	地点
1	一级直齿圆柱齿轮减速器		1 件/组	
2	游标卡尺	0 ~ 150 mm	1 把/组	
3	螺纹规		1 把/组	
4	内卡规		1 把/组	
5	外卡规		1 把/组	
6	螺丝刀		1 把/组	
7	锤子		1 把/组	
8	扳手		2 把/组	
10	钢尺		1 把/组	
11	丁字尺		1 把/人	若采用 AutoCAD 画图，也可不借
12	图板	2 号	1 块/人	

3. 目测检查易损工具及零部件是否完好，并做好记录（表 4. 4 - 3）。

表 4. 4 - 3　检查易损工具及零部件

检查序号	检查项目	工具编号	检查结果		记录发现的问题
			是	否	
1	一级圆柱齿轮减速器结构是否完整				
2	游标卡尺是否有锁紧螺钉				
3	图板是否完好无损				
4	丁字尺是否无裂纹、缺口				

学习阶段二　拆卸一级直齿圆柱齿轮减速器，了解作用及工作原理，识读画装配示意图（课前完成）

分析减速器的外观结构，了解工作原理。揭开盖子，进一步分析装配关系，识读图 4. 4 - 2，将示意图上的每个零件与实物对应。

你手上的减速器零件完整吗？记录下有哪些缺漏？请把缺漏的零件填写入表 4. 4 - 4。

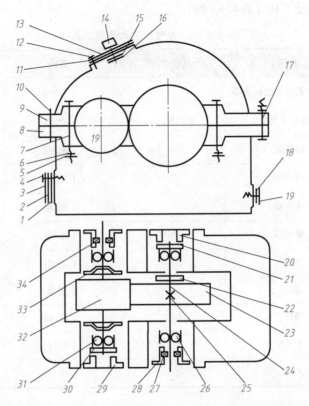

图 4.4-2 一级直齿圆柱齿轮减速器装配结构示意图

1—垫片；2—油标面板；3—油标压盖；4—螺钉；5—螺母；6—垫片；7—螺栓；8—箱体；9—箱盖；
10—销钉；11—视孔盖垫片；12—视孔盖螺钉；13—视孔盖；14—通气螺塞；15—垫圈；16—螺母；17—螺栓；
18—垫片；19—放油螺塞；20—闷盖；21—低速轴调整环；22—套筒；23—齿轮；24—低速轴；25—键；26—轴承；
27—密封圈；28—透盖；29—闷盖；30—高速轴调整环；31—轴承；32—齿轮轴；33—挡油环；34—密封圈

表 4.4-4　缺漏零件统计

缺漏零件名称	数量	缺漏零件名称	数量

学习阶段三　写出测绘的方法和步骤、注意事项（写出所查信息的来源：网址或书名）

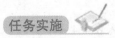
任务实施

1. 测绘一级直齿圆柱齿轮减速器低速轴上非标准零件的草图（徒手画草图→测量尺寸→圆整并标注尺寸→标注技术要求→AutoCAD 绘制零件草图）。

低速轴	透盖	闷盖	定位套筒
调整环	大齿轮	轴承	

2. 确定标准件规格。

轴系	名称	规格型号或标记	数量
低速轴	轴承		
	齿轮与轴之间的键		
	密封圈		
高速轴	轴承		
	密封圈		

检查评估

检查项目	结果评估 （学生填写）	自评分 （学生填写）	教师总评
1. 测绘轴的步骤是否正确			
2. 视图表达是否正确			
3. 尺寸标注是否正确			
4. 是否会搜索信息			

注：评分分为优、良、中、及格、不及格。

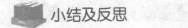 小结及反思

用简练的语言总结在本任务中学习到的主要知识点。

任务4.5 识读齿轮的零件图，测绘减速器的齿轮

姓名：_____ 班级：_____ 学号：_____

 任务描述

　　齿轮是机械中广泛应用的传动件，可用于传递动力，改变转速和旋转方向。齿轮必须成对使用。在本任务中，通过学习直齿、斜齿圆柱齿轮的知识，学会识读直齿、斜齿圆柱齿轮零件图，具备测绘一级直齿圆柱齿轮减速器的齿轮的能力。图4.5－1所示为减速器的齿轮和齿轮轴。

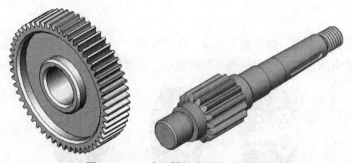

图 4.5－1 减速器的齿轮和齿轮轴

　　任务提交：提交齿轮及齿轮轴的零件草图（共两张）（含尺寸标注）、工作页。

　　完成时间：_____。

 学习要点

　　知识点：

　　（1）直齿轮参数计算，单个齿轮和啮合齿轮的视图绘制。

　　（2）斜齿轮参数计算，单个齿轮和啮合齿轮的视图绘制。

　　（3）直齿轮、斜齿轮的测绘。

　　技能点：

　　（1）能绘制单个直齿轮、啮合直齿轮的视图，并标注尺寸。

　　（2）能绘制单个斜齿轮、啮合斜齿轮的视图，并标注尺寸。

　　（3）能测绘直齿轮（斜齿圆柱齿轮）。

　　素养点：通过齿轮啮合实例，培养团队合作精神和服务意识，加强技能强国、技能报国的荣誉感与责任感。通过按国家标准绘制齿轮和齿轮参数查表，养成遵守各种标准规定的习惯。

理论指导

　　1. 齿轮

　　常用的齿轮有圆柱齿轮、圆锥齿轮、蜗杆蜗轮。

　　（1）圆柱齿轮：用于两平行轴之间的传动，如图4.5－2（a）所示。

　　（2）圆锥齿轮：用于两相交轴之间的传动，如图4.5－2（b）所示。

（3）蜗杆蜗轮：用于两交叉轴之间的传动，如图4.5-2（c）所示。

图4.5-2 齿轮传动
（a）圆柱齿轮；（b）圆锥齿轮；（c）蜗杆蜗轮

2. 圆柱齿轮

圆柱齿轮的轮齿有直齿、斜齿和人字齿三种，如图4.5-3所示。国家对轮齿参数已标准化、系列化。其中，直齿圆柱齿轮应用较广，下面着重介绍直齿圆柱齿轮的基本参数和规定画法。

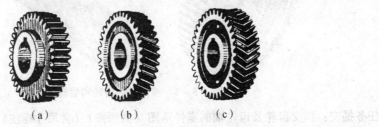

图4.5-3 圆柱齿轮
（a）直齿；（b）斜齿；（c）人字齿

（1）直齿圆柱齿轮各参数的名称及有关参数如图4.5-4和表4.5-1、表4.5-2所示。

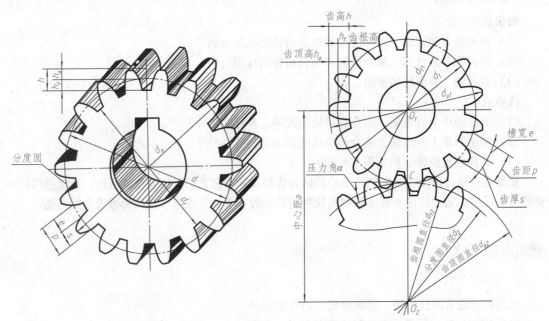

图4.5-4 直齿圆柱齿轮各参数的名称及代号

表 4.5 – 1　齿轮参数及其计算公式

代号	名称	尺寸计算	说明
m	模数	见表4.5 – 2	由设计确定,是制造齿轮的重要参数
z	齿数	—	表示齿轮的齿数
d_a	齿顶圆	$d_a = m(z+2)$	通过齿轮轮齿顶端的圆称为齿顶圆
d_f	齿根圆	$d_f = m(z-2.5)$	通过齿轮轮齿根部的圆称为齿根圆
d	分度圆	$d = mz$	这是在齿轮上假想的一个圆,是设计和加工时计算尺寸的基准圆。在该圆上,齿厚 s 和槽宽 e 相等
d'	节圆	正确安装的标准齿轮,分度圆和节圆相等,即 $d = d'$	在两齿轮啮合时,齿廓的接触点将齿轮的连心线分为两段,齿轮的传动就可以假想成这两个圆在作无滑动的纯滚动
h_a	齿顶高	$h_a = m$	齿顶圆与分度圆之间的径向距离
h_f	齿根高	$h_f = 1.25m$	齿根圆与分度圆之间的径向距离
h	齿高	$h = h_a + h_f$	齿顶圆与齿根圆之间的径向距离
p	齿距	$p = \pi m$	在分度圆上,相邻两齿对应两点间的弧长
s	齿厚	$s = e = \dfrac{p}{2}$	同一齿两侧齿廓在分度圆上的弧长
e	槽宽		齿槽在分度圆上的弧长
α	压力角	渐开线圆柱标准齿轮的啮合角为 $\alpha = 20°$	啮合两齿轮的轮齿齿廓在节点的公法线与两节圆的公切线所夹的锐角
a	中心距	$a = \dfrac{d_1 + d_2}{2} = \dfrac{m}{2}(z_1 + z_2)$	两啮合齿轮轴线间的距离,z_1、z_2 分别为两个齿轮的齿数

表 4.5 – 2　齿轮模数系列（摘自 GB/T 1357—1987）　　　　　　　　mm

第一系列	1, 1.25, 1.5, 2, 2.5, 3, 4, 5, 6, 8, 10, 12, 16, 20, 25, 32, 40, 50
第二系列	1.75, 2.25, 2.75, (3.25), 3.5, (3.75), 4.5, 5.5, (6.5), 7, 9, (11), 14, 18, 22, 28, 36, 45

注：1. 选用模数应优先选用第一系列,其次选用第二系列,括号内的模数尽可能不用。

　　2. 本表未摘录小于1的模数。

（2）单个圆柱齿轮的规定画法。

①在表示外形的两个视图中,齿顶圆和齿顶线用粗实线绘制,分度圆和分度线用细点划线绘制,齿根圆和齿根线用细实线绘制（也可省略不画）,如图4.5 – 5（a）所示。

②齿轮的非圆视图一般采用半剖或全剖视图。这时轮齿按不剖处理,齿根线用粗实线绘制且不能省略,如图4.5 – 5（b）所示。

③若为斜齿或人字齿，则需在非圆视图的外形部分用三条与齿线方向一致的细实线表示齿向，如图4.5-5（c）所示。

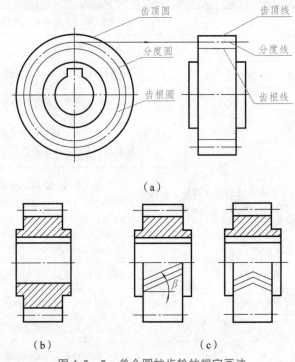

（a）

（b）　　　　　　　　（c）

图4.5-5　单个圆柱齿轮的规定画法

（3）两个圆柱齿轮啮合的规定画法。

①在圆视图中，齿顶圆均用粗实线绘制（图4.5-6（b）），啮合区内也可省略（图4.5-6（c））；两相切的分度圆用细点划线绘制；齿根圆用细实线绘制，也可省略。

②在反映外形的非圆视图中，啮合区内的齿顶线无须画出，分度线用粗实线绘制（图4.5-6（d））。若取剖视，则在啮合区，两齿轮的分度线重合为一条线，用细点划线绘制；一个齿轮的齿顶线用粗实线绘制，另一个齿轮的齿顶线用细虚线绘制（也可省略）（图4.5-6（a））。

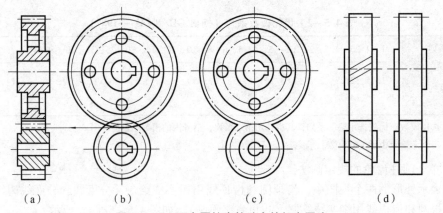

（a）　　　（b）　　　　　　（c）　　　　　　（d）

图4.5-6　两个圆柱齿轮啮合的规定画法

3. 齿轮的测量方法

齿轮的测绘流程如图4.5-7所示，测量方法如图4.5-8所示。

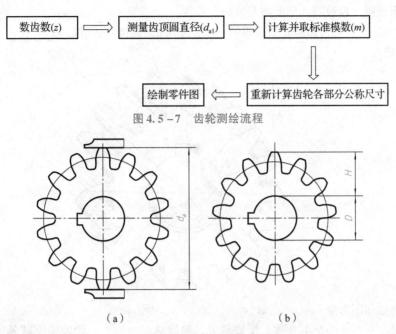

图 4.5-7 齿轮测绘流程

图 4.5-8 齿轮的测量方法

（a）偶数齿：直接测量；（b）奇数齿：分开测量

学习过程

学习阶段一　认识单个直齿圆柱齿轮各部分名称及参数

1. 在表格中完整填写齿轮类型。

外啮合_____齿圆柱齿轮	外啮合_____齿圆柱齿轮	外啮合直齿_____齿轮

外啮合的_____	空间齿轮传动中的_____	_____啮合直齿圆柱齿轮
	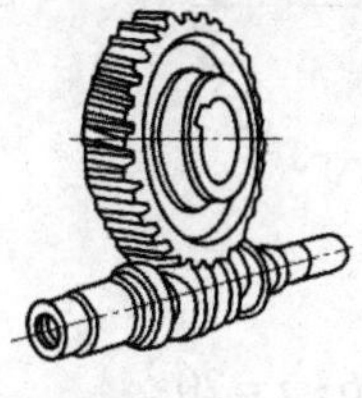	

2. 认识齿顶圆、齿根圆、分度圆及齿距、齿数。

在下图中标出齿轮的齿顶圆 d_a、齿根圆 d_f、分度圆 d。该齿轮的齿数是_____，图中的 p 是_____，h 是_____。

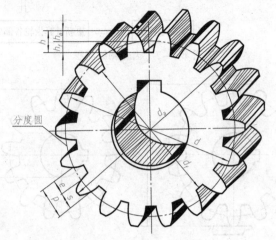

3. 认识模数和压力角。

模数 m 是_____的基本参数，模数越大，轮齿越_____，轮齿强度就越大，国家标准对模数规定了_____。将下图右侧的齿轮模数，填写在左侧相应的齿轮花瓣上。

标准齿轮的压力角是20°，一般_____和_____都相同的齿轮才能相互啮合。（配对）

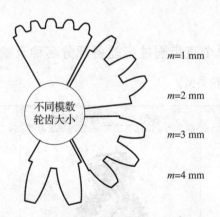

4. 认识模数和齿数和齿轮尺寸的关系。下图中的哪两个齿轮可以配对使用？

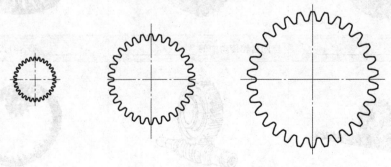

A. $m = 6$；$z = 30$ B. $m = 6$；$z = 20$ C. $m = 3$；$z = 20$

5. 写出标准直齿圆柱外齿轮分度圆、齿顶圆、齿根圆、中心距的计算公式。

分度圆 $d =$ _____

齿顶圆 $d_a =$ _____

齿根圆 $d_f =$ _____

中心距 $a =$ _____

学习阶段二　单个直齿圆柱齿轮的规定画法

1. 齿顶圆和齿顶线用粗实线绘制，分度圆和分度线用细点划线绘制，齿根圆和齿根线用细实线绘制（也可省略不画）。在下图中的横线上标出齿顶圆 d_a、齿根圆 d_f、分度圆 d。

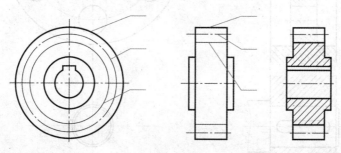

2. 已知直齿圆柱齿轮 $m = 2$ mm、$z = 40$，轮齿端部倒角 $C2$，试完成下方的齿轮两视图，并标注尺寸。

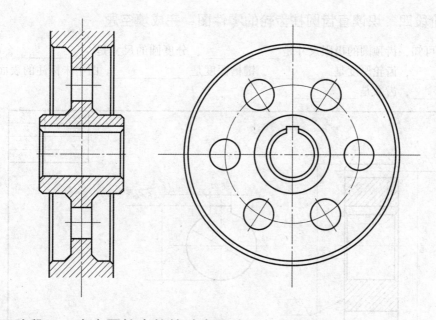

学习阶段三　直齿圆柱齿轮的啮合画法

已知直齿圆柱大齿轮 $z_1 = 18$，小齿轮 $z_2 = 22$，$m = 2.5$ mm，试计算大、小齿轮的几何尺寸，并完成下方的齿轮啮合图。

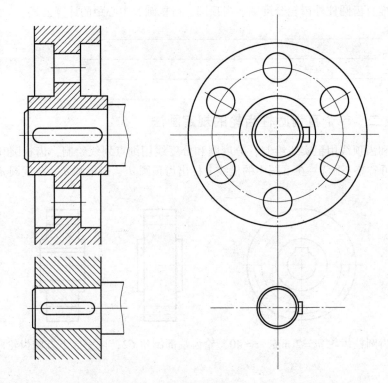

学习阶段四　识读直齿圆柱齿轮的零件图，完成填空题

读下图可知，齿顶圆的极限尺寸是＿＿＿＿＿＿，分度圆的尺寸是＿＿＿＿＿＿，C1 的含义是＿＿＿＿＿，齿轮厚度是＿＿＿＿＿，键槽深度是＿＿＿＿＿＿。图中未标注的表面粗糙度是＿＿＿＿＿＿，齿数是＿＿＿＿＿。

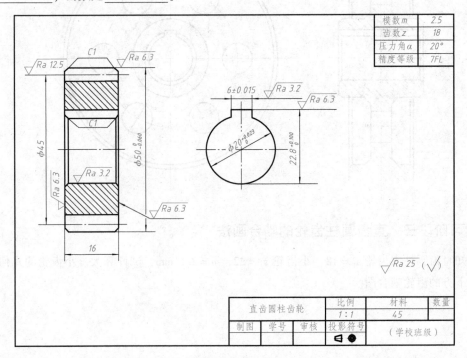

模数 m	2.5
齿数 z	18
压力角 α	20°
精度等级	7FL

直齿圆柱齿轮	比例	材料	数量
	1:1	45	
制图	学号	审核	投影符号	（学校班级）

学习阶段五　通过书籍或网络搜索信息，标明信息来源（书名或网址）

1. 将斜齿轮的参数、规定画法、测绘方法等内容制作成 Word 文档。

2. 用 Word 文档描述齿轮的材料。

任务实施

测绘一级直齿圆柱齿轮减速器的齿轮。

1. 写出测绘直齿圆柱齿轮的步骤。

2. 齿轮测绘（如果是偶数齿，则直接测量 d_a、d_f；如果是奇数齿，则先测量 D、H，再计算 d_a）。

齿轮编号	齿数 z	d_a	d_f	D	H	宽度 B	计算模数 m	分度圆直径 d	压力角 α
1									
2									

3. 计算齿轮参数。

轮	直径	z	宽度 B	模数 m	压力角 α	键槽宽度	键槽深度
1	$d_1 =$						
	$d_{a1} =$					—	—
	$d_{f1} =$						
2	$d_2 =$						
	$d_{a2} =$						
	$d_{f2} =$						

4. 绘制直齿圆柱齿轮的草图并标注尺寸。

5. 完成本任务，参考了哪些文献？

项目	结果评估 （学生填写）	自评分 （学生填写）	教师总评
1. 测绘齿轮的步骤是否正确			
2. 齿轮参数计算是否正确			
3. 视图表达是否正确			
4. 尺寸标注是否正确			
5. 是否会搜索信息			
6. 是否会制作 Word 文档			

注：评分分为优、良、中、及格、不及格。

小结及反思

简述对测绘原始数据的处理步骤。

姓名：_____　班级：_____　学号：_____

任务描述

　　逆向加工在我们今后的职业生涯中会经常碰到，要想仿制的零件能达到性能要求，零件的加工精度就特别重要。在本任务中，根据前期测绘的零件图和装配图，设计零件的几何公差和表面粗糙度。确定减速器从动轴（图4.6-1）、从动齿轮（图4.6-2）的几何公差和表面粗糙度，并标注在相应的零件图上。

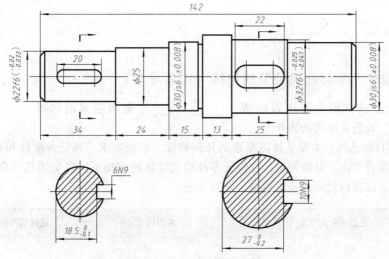

图4.6-1　减速器从动轴

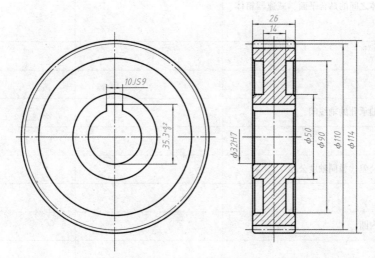

图4.6-2　减速器从动齿轮

任务提交：标注后拍照上传至课程网站，提交CAD文件（A4，两张）。

完成时间：_____。

学习要点

知识点：几何公差的选择、标注；表面粗糙度的选择、标注。

技能点：能根据零件的服役条件选择合理的几何公差、表面粗糙度，并正确地标注在零件图上；通过本任务的学习，掌握一个完整的工作流程，并具备独立完成任务、资料存档的能力。

素养点：通过技术要求的标注，认识表面的质量与成本的关系，养成高质量意识；培养学生根据零件的特点，创新设计更合理的方案、正确绘制零件图的能力。

理论指导

表面粗糙度的含义及标注详见任务 4.2，几何公差的含义及标注详见任务 4.3。

学习过程

学习阶段一　学习几何公差的选择（前置学习）

1. 几何公差选择的主要内容包括 ＿＿＿＿＿＿＿＿ 、被测要素的选择、＿＿＿＿＿＿＿＿ 、
＿＿＿＿＿＿＿＿ 及公差原则的选择 。

2. 公差项目的选择：主要从被测要素的几何特征，功能要求、测量方便性和特征项目本身的特点等方面综合考虑。总原则是：在保证零件功能要求的前提下，尽量使几何公差项目减少、检测方法简便，以获得较好的经济效益。填写下表。

应用场合	考虑因素	选择的几何公差项目
1. 圆柱形零件		
2. 气缸盖与缸体之间的贴合平面，减速器箱体、箱盖的接合面		
3. 平面零件		
4. 阶梯轴、孔		
5. 减速箱上各轴承孔的轴线间		
6. 键槽		
7. 径向圆跳动公差代替同轴度公差		
8. 机床导轨		
9. 滚动轴承的内圈		
10. 凸轮类零件		
11. 圆柱度公差代替圆度公差		

3. 与标准件配合部位的几何公差项目的确定应参照有关_____的规定。例如，与滚动轴承相配合的孔、轴的几何公差项目在_____中已有规定。

4. 确定几何公差值实际上就是确定_____。

5. 几何公差值选用的原则：在满足零件功能要求的前提下，尽可能选用_____的公差等级，并考虑加工的经济性、结构及刚性等因素。

6. 对几何公差值的确定通常采用_____法。

7. 对通用减速器轴的轴颈的圆柱度一般选用的公差等级为_____级；对齿轮轴的圆跳动一般选用的公差等级为_____。

8. 填写下表。

应用场合	选用的公差原则
1. 配合要求不严，能自由装配的零件	
2. 印刷机的滚筒	
3. 保证最低强度	
4. 配合公差较小的精密配合	
5. 测量平板	
6. 机床的导轨	

9. 根据要求，查表确定几何公差值并将几何公差标注在下图上。

（1）$\phi18$ 圆柱面有圆柱度要求，圆柱度公差等级为 8 级。

（2）$\phi18$ 圆柱面有圆跳动要求，圆跳动公差等级为 8 级，基准为两端中心孔的轴线。

（3）圆锥面有圆度要求，圆度公差等级为 7 级（主参数按 $\phi18$）。

（4）键槽有对称度要求，对称度公差等级为 8 级，基准为 $\phi18$ 轴线。

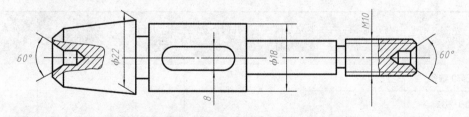

学习阶段二　学习表面粗糙度的选择

1. 表面粗糙度的幅度参数有哪两种？在选用这两种评定参数时，应如何选择？

2. 简述表面粗糙度评定参数值的选用原则。

3. 配合零件表面的粗糙度与尺寸公差、几何公差应协调。一般应符合：_____ >

_____ > _____。

4. 确定零件表面粗糙度的评定参数值一般采用_____。

任务实施

1. 从动轴几何公差的选择和标注

（1）几何公差项目选择。

①按结构特征，选择的几何公差项目有_____。

②按使用要求分析，填写下表。

部位	与其他零件的关系	使用要求和应用条件分析	选择几何公差项目
2 - φ30 轴颈	与滚动轴承内圈配合		
轴头 φ32	与齿轮内孔配合		
轴头 φ25	与联轴器内孔配合		
φ36 两端轴肩处	左端是齿轮的止推面； 右端是滚动轴承的止推面		
左端键槽处	与键配合		
右端键槽处	与键配合		

③从检测的可能性和经济性进行分析，对于轴类零件，同轴度和轴线的直线度公差可用_____来代替，圆度可用_____来代替，垂直度可用_____来代替。

④分析低速轴几何公差，填写下表。

部位	与其他零件的关系	选定几何公差项目	几何公差等级	几何公差值	基准选择	公差原则选择
2 - φ30 轴颈						
轴头 φ32						
轴头 φ25						
φ36 两端轴肩处						
左端键槽处						
右端键槽处						

⑤将确定的几何公差标注在图 4.6 - 1 所示的减速器从动轴零件图上。

（2）按上述（1）的方法和步骤，确定减速器低速轴系大齿轮的几何公差，并标注在图 4.6 - 2 所示的零件图上。

2. 从动齿轮表面粗糙度的选择和标注

（1）分析图 4.6 - 2 所示的零件图上几种可能的表面粗糙度方案，讨论后优化。

（2）记录表面粗糙度的选择分析，填写下表。

部位	与其他零件的关系	评定参数	评定参数值	理由
φ32 内孔				
φ32 内孔两端面				
φ32 内孔键槽处				
齿面				
其余部位				

（3）确定图 4.6 - 2 所示齿轮的表面粗糙度要求，并标注在图上。

（4）按照上述方法，确定图 4.6 - 1 所示减速器低速轴表面粗糙度要求，并标注在相应的零件图上。

（5）确定减速器低速轴系其他测绘零件的相应的零件草图上。

 检查评估

检查项目 （学生填写）	结果评估 （学生填写）	自评分 （学生填写）	教师总评

注：评分分为优、良、中、及格、不及格。

小结及反思

1. 用简练的语言总结在本任务学习中用到的主要知识点。

2. 谈一谈你在查找资料方面的体会。

任务4.7 识读螺纹的标记，绘制螺纹的视图

姓名：_____ 班级：_____ 学号：_____

任务描述

螺纹的应用领域很广泛，如机械、电子、交通、家具、建筑、化工、船舶、玩具等。在本任务中，通过学习螺纹的知识和画法，应能测绘减速器高速轴（图4.7-1）的螺纹。

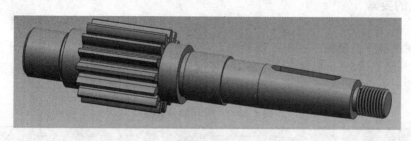

图4.7-1 减速器高速轴

任务提交： 提交 A3 图纸（要求标注螺纹尺寸和键槽尺寸）、工作页。

完成时间： _____ 。

学习要点

知识点：

（1）螺纹的参数和标记。

（2）单个螺纹视图的画法。

（3）啮合螺纹视图的画法。

技能点：

（1）能正确识读螺纹的标记。

（2）能正确绘制单个螺纹的视图。

（3）能正确绘制啮合螺纹的视图。

（4）测绘螺纹。

素养点： 在内外螺纹的绘制中，传承注重细节、追求完美、一丝不苟、精益求精的工匠精神，提高在本职岗位上兢兢业业工作的责任感。

理论指导

1. 螺纹的形成

螺纹是回转体表面沿螺旋线形成的具有相同断面的连续凸起和沟槽，可认为是由平面图形（三角形、梯形、矩形等）绕和它共面的回转轴线做螺旋运动的轨迹。在回转体外表面加工的螺纹称为外螺纹，在回转体内表面加工的螺纹称为内螺纹，如图4.7-2所示。

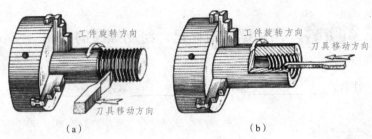

图 4.7-2 车削螺纹
(a) 车外螺纹；(b) 车内螺纹

2. 螺纹的要素

1）牙型

在通过螺纹轴线的断面上，螺纹的轮廓形状称为螺纹的牙型。常见的螺纹牙型有三角形（常用的普通牙型）、梯形、锯齿形、矩形等。不同牙型的螺纹有不同的用途（表4.7-1）。螺纹凸起部分顶端称为牙顶，螺纹沟槽的底部称为牙底。

表 4.7-1 常用螺纹牙型

种类		牙型符号	牙型放大图	说明
连接螺纹	普通螺纹	粗牙、细牙	M	60°	常用的连接螺纹，一般连接多采用粗牙。在相同的大径下，细牙螺纹的螺距较粗牙小，切深较浅，多用于薄壁或紧密连接的零件
	管螺纹	用螺纹密封的管螺纹	Rc R Rp	55°	它包括圆锥内螺纹与圆锥外螺纹、圆柱内螺纹与圆锥外螺纹两种连接形式。必要时，允许在螺纹副内添加密封物，以保证连接的紧密性。其适用于管子、管接头、旋塞、阀门等
		非螺纹密封的管螺纹	G	55°	该螺纹本身不具有密封性，若要求连接后具有密封性，则可压紧被连接螺纹副外的密封面，也可在密封面间添加密封物。其适用于接头、旋塞、阀门等
传动螺纹	梯形螺纹		Tr	30°	用于传递运动和动力，如机床丝杠、尾架丝杠等
	锯齿形螺纹		B	3° 30°	用于传递单向压力，如千斤顶螺杆

2）直径

螺纹的直径分为基本大径（d、D）、基本中径（d_2、D_2）和基本小径（d_1、D_1），如图4.7-3所示（以下简称"大径""中径""小径"）。其中，小写字母表示外螺纹直径，大写字母表示内螺纹直径；外螺纹大径 d、内螺纹小径 D_1 称为顶径，外螺纹小径 d_1、内螺纹大径 D 称为底径。

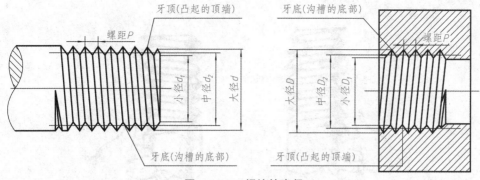

图 4.7-3 螺纹的直径

大径（d、D）是指与外螺纹牙顶（或内螺纹牙底）相重合的假想圆柱面或圆锥面的直径。

小径（d_1、D_1）是指与外螺纹牙底（或内螺纹牙顶）相重合的假想圆柱面或圆锥面的直径。

中径（d_2、D_2）是指一个假想圆柱面（或圆锥面）的直径，该圆柱面（或圆锥面）的母线通过牙型上沟槽和凸起宽度相等的位置。中径是控制螺纹精度的主要参数之一。

公称直径是代表螺纹尺寸的直径，一般指螺纹大径（管螺纹用尺寸代号表示）。

3）线数

螺纹分为单线螺纹和多线螺纹。沿一条螺旋线形成的螺纹称为单线螺纹；沿两条（或两条以上）沿轴向等距分布的螺旋线形成的螺纹称为多线螺纹。最常用的是单线螺纹，如图 4.7-3 所示。

4）螺距和导程

相邻两牙在中径线上对应两点间的轴向距离称为螺距，用 P 表示；同一螺旋线上相邻两牙在中径线上对应两点间的轴向距离称为导程，用 P_h 表示。单线螺纹的导程等于螺距，即 $P_h = P$，如图 4.7-4（a）所示；多线螺纹的导程等于线数 n 乘以螺距，即 $P_h = nP$，对于图 4.7-4（b）所示的双线螺纹，$P_h = 2P$。

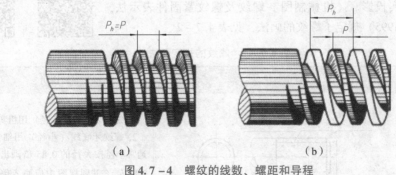

（a）　　　　　　　　　　（b）

图 4.7-4　螺纹的线数、螺距和导程

（a）单线螺纹；（b）双线螺纹

5）旋向

螺纹分为左旋和右旋两种，如图 4.7-5 所示。沿旋进方向看，顺时针方向旋入的螺纹为右旋螺纹，逆时针方向旋入的螺纹为左旋螺纹。工程上常用的是右旋螺纹。

6）牙型半角

牙型半角（$\alpha/2$）是指在螺纹牙型上牙侧与螺纹轴线的垂线之间的夹角。普通螺纹的牙型半角为 30°，梯形螺纹的牙型半角为 15°。

7）旋合长度

螺纹旋合长度是指两个相互配合的螺纹沿螺纹轴线方向彼此旋合部分的长度。

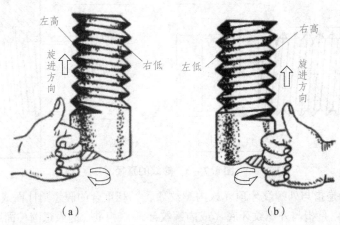

左高　右低

左低　右高

旋进方向　旋进方向

（a）　　　　（b）

图 4.7 – 5　螺纹的旋向

（a）左旋；（b）右旋

8）螺纹接触高度

螺纹接触高度是指在两个相互配合螺纹的牙型上，它们的牙侧重合部分在垂直于螺纹轴线方向上的距离。

以上为螺纹的几何参数，只有牙型、直径、线数、螺距、旋向都相同的内外螺纹才能旋合。

国家标准对螺纹的牙型、公称直径、螺距作了统一规定。凡是牙型、公称直径和螺距均符合国家标准的螺纹，称为标准螺纹（如普通螺纹、梯形螺纹、锯齿形螺纹等）；牙型公称直径和螺距只要有一项不符合国家标准的螺纹，就称为非标准螺纹（如方型螺纹）。

3. 螺纹的规定画法

根据国家标准，在图样上绘制螺纹时应按规定画法作图，而不必画出螺纹的真实投影。《机械制图　螺纹及螺纹紧固件表示法》（GB/T 4459.1—1995）规定了螺纹的画法，见表4.7 – 2。

表 4.7 – 2　螺纹的规定画法

名称	规定画法	说明
外螺纹	牙顶线　牙底线　螺纹终止线 大径　小径 倒角 （a） 螺纹终止线画到牙底处 （b）	1. 螺纹牙顶线（大径）用粗实线表示； 2. 螺纹牙底线（小径）用细实线表示，通常小径按大径的0.85倍画出，即 $d_1 \approx 0.85d$，在非圆视图中应画入倒角或倒圆部分； 3. 在图形为圆的视图中，表示牙底的细实线只画约3/4圈（空出约1/4圈的位置不做规定），此时轴上的倒角省略不画； 4. 螺纹终止线用粗实线表示； 5. 在剖视图或断面图中，剖面线应画到粗实线

名称	规定画法	说明
内螺纹		1. 在剖视图中，螺纹牙顶线（小径）用粗实线表示，螺纹牙底线（大径）用细实线表示，剖面线画到牙顶线粗实线处； 2. 在投影为圆的视图中，螺纹牙顶线（小径）用粗实线表示，表示牙底线（大径）的细实线只画约 3/4 圈；孔口的倒角省略不画； 3. 绘制不穿通的螺孔时，应分别画出钻孔深度和螺孔深度，钻孔底部的锥顶角应画成 120°
内外螺纹连接	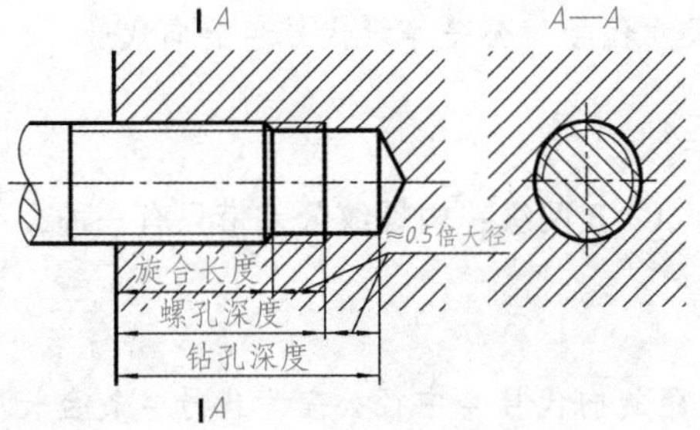	1. 常采用全剖视图画出，内外螺纹旋合部分按外螺纹的画法绘制； 2. 未旋合部分按各自的规定画法绘制，表示大小径的粗实线与细实线应分别对齐； 3. 实心螺杆按不剖绘制； 4. 当垂直于螺纹轴线剖开时，螺杆处应画剖面线
螺纹牙型	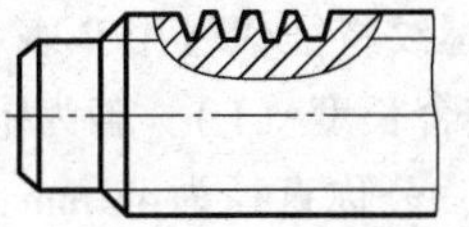	当非标准螺纹必须画出牙型时或标准螺纹需画牙型时，可采用剖视图或局部放大图画出几个牙型
螺孔相贯	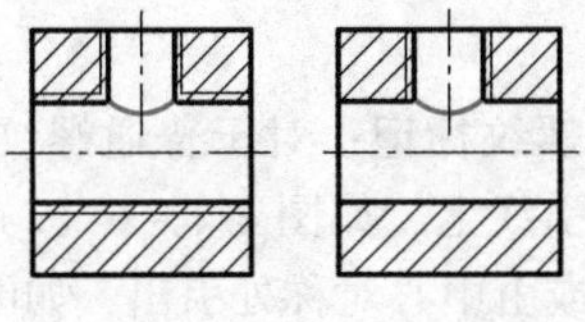	国标规定只画螺孔小径的相贯线

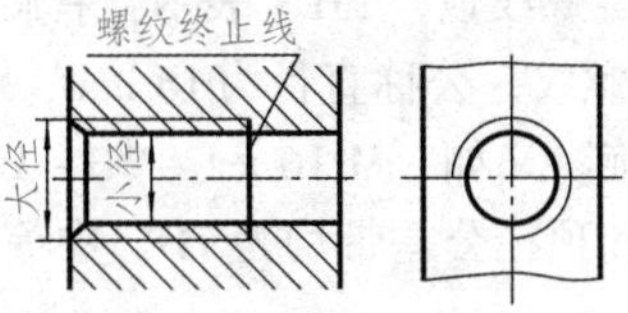

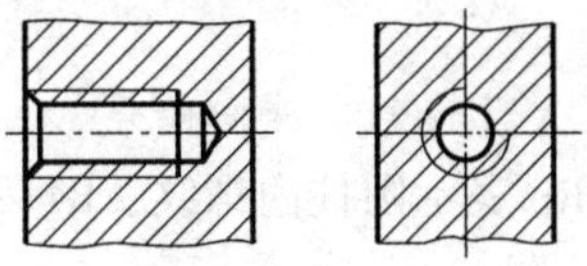

4. 螺纹的标注

螺纹按规定画法简化画出后，在图上反映不出它的牙型、螺距、线数和旋向等结构要素，为能识别螺纹的种类和要素，国家标准对各种常用螺纹的标记及其标注方法做了统一的规定。

1）常见标准螺纹的标记

（1）普通螺纹的标记。

规定格式如下：

螺纹特征代号　公称直径×螺距－中径公差带和顶径公差带代号－螺纹旋合长度代号－旋向代号

- 普通螺纹特征代号为 M。粗牙普通螺纹不标注螺距。

- 公差带代号由中径公差带代号和顶径公差带代号组成。大写字母代表内螺纹，小写字母代表外螺纹。若两组公差带相同，则只写一组。
- 旋合长度分为短旋合长度（S）、中等旋合长度（N）和长旋合长度（L）三种。一般采用中等旋合长度（此时省略"N"不标）。左旋螺纹以"LH"表示，右旋螺纹不标注旋向。

例如，M 16 – 5g6g – S 表示：粗牙普通外螺纹，公称直径为 16 mm，螺距为 2 mm，中径公差带为 5g，顶径公差带为 6g，短旋合长度，右旋。又如，M 16 × 1 – 7H – LH 表示：细牙普通内螺纹，公称直径为 16 mm，螺距为 1 mm，中径和顶径公差带均为 7H，中等旋合长度，左旋。

（2）管螺纹的标记。

①55°密封管螺纹。规定格式如下：

螺纹特征代号　尺寸代号　旋向代号

- 螺纹特征代号：Rc 表示圆锥内螺纹，Rp 表示圆柱内螺纹，R1 和 R2 表示圆锥外螺纹。
- 尺寸代号用 1/2,3/4,1,……表示。

例如，Rc 3/4 表示：右旋圆锥内螺纹，尺寸代号为 3/4。

②55°非密封管螺纹。规定格式如下：

螺纹特征代号　尺寸代号　公差等级代号 – 旋向代号

- 螺纹特征代号用 G 表示。
- 尺寸代号用 1/2,3/4,1,……表示。
- 螺纹公差等级代号：对外螺纹分 A、B 两级；内螺纹公差带只有一种，不加标记。

（3）梯形和锯齿形螺纹的标记。

单线螺纹的规定格式如下：

螺纹特征代号 公称直径×螺距旋向代号 – 中径公差带代号 – 旋合长度代号

多线螺纹的规定格式如下：

螺纹特征代号 公称直径×导程（P螺距）旋向代号 – 中径公差带代号 – 旋合长度代号

- 梯形螺纹的特征代号用 Tr 表示，锯齿形螺纹特征代号用 B 表示。
- 旋合长度分为中等旋合长度（N）和长旋合长度（L），若为中等旋合长度则不标注。

例如，Tr 48 × 8 – 7e 表示：单线梯形外螺纹，公称直径为 48 mm，螺距为 8 mm，中径公差带为 7e，中等旋合长度，右旋。又如，B 48 × 16（P8）LH – 7H 表示：双线锯齿形内螺纹，公称直径为 48 mm，导程为 16 mm，螺距为 8 mm，左旋，中径公差带为 7H，中等旋合长度。

2）常用螺纹的标注方法

对于标准螺纹，应注出相应标准所规定的螺纹标记；对于普通螺纹、梯形螺纹和锯齿形螺纹，其标记应直接注在大径的尺寸线上或其指引线上，如图 4.7 – 6（a）～（c）所示。管螺纹的标记一律注在指引线上，指引线应由大径引出或由中心对称处引出，如图 4.7 – 6（d）(e) 所示。对于非标准螺纹，应画出螺纹的牙型，并注出所需的尺寸及有关要求。

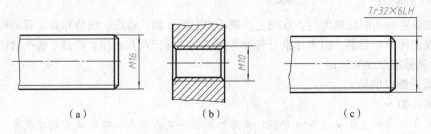

（a）　　　　　（b）　　　　　（c）

图 4.7 – 6　螺纹的标注

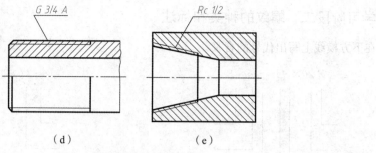

（d）　　　　　　　（e）

图 4.7－6　螺纹的标注（续）

学习过程

学习阶段一　螺纹的加工、螺纹要素及其画法

1. 螺纹的加工方法有 _____ 、 _____ 、 _____。

2. 常见的螺纹牙型有 _____ 、 _____ 、 _____。

3. 螺纹的直径有 _____ 、 _____ 、 _____。线数有 _____。

4. 螺距与导程的关系式是 _____。

5. 螺纹的旋向分为 _____ ，只有 _____ 都相同的

内、外螺纹才能旋合。

6. 在下图横线上写出螺纹的大径、小径、指出螺纹终止线。

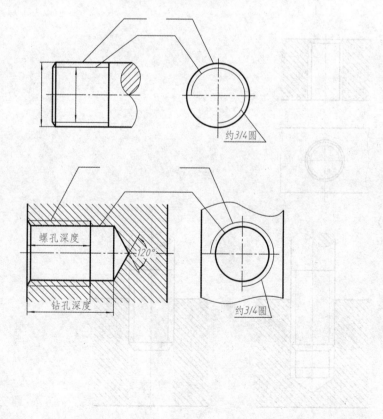

学习阶段二　螺纹的种类和标注

在下方横线上写出代号的含义。

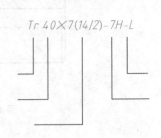

学习阶段三　认识单个螺纹的画法

识别下列图中螺纹的错误画法，并在空白处画出正确的图形。

(1)

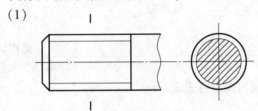

(2)

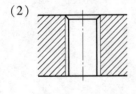

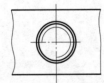

(3)

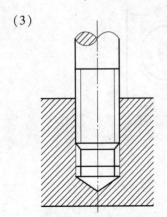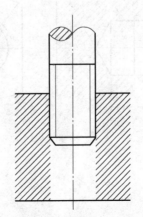

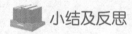

测绘减速器高速轴的螺纹。

1. 查阅资料，写出测绘螺纹的步骤。

2. 测绘减速器高速轴的螺纹。

检查评估

检查项目 （学生填写）	结果评估 （学生填写）	自评分 （学生填写）	教师总评

注：评分分为优、良、中、及格、不及格。

小结及反思

用简练的语言总结在本任务学习中用到的主要知识点。

任务4.8 绘制一级直齿圆柱齿轮减速器高速轴非标零件草图

姓名：_____ 班级：_____ 学号：_____

 任务描述

减速器的高速轴（图4.8 - 1）出现磨损影响了使用，需要测绘后再加工一根新轴代替旧轴。根据实物，选用合适的拆装和测量工具，正确测量零件尺寸，徒手绘制零件草图，并用 AutoCAD 绘制零件图以便加工，同时记录轴上标准件的规格和型号。

任务提交：提交一套高速轴非标准零件纸质草图（含尺寸标注），提交学生工作页，有条件的班级可提交一张高速轴 CAD 图。

完成时间：_____。

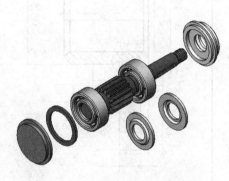

图 4.8 - 1 高速轴组件的爆炸图

 学习要点

知识点：测绘工具的使用；测绘的方法和步骤。

技能点：能正确测绘一级直齿圆柱齿轮减速器低速轴及端盖；能正确识读盘盖类零件图。

素养点：根据零件特点，创新设计更合理的方案，正确绘制零件图。

理论指导

1. 读盘盖类零件图

1）结构分析

主体结构是同轴线的回转体或其他平板形，厚度较小，包括各种端盖和皮带轮、齿轮等盘状传动件。端盖在机器中起密封和支承轴、轴承或轴套的作用，往往有一个端面是与其他零件连接的重要接触面，因此常设有安装孔、支承孔等；盘状传动件一般有键槽，常以一个端面与其他零件接触定位。

2）主视图的选择

与轴套类零件一样，盘盖类零件常在车床上加工成型。选择主视图时，多按加工位置将轴线水平放置，以垂直轴线的方向作为主视图的投影方向，并用剖视图表示内部结构及其相对位置。如图4.8 - 2 所示为法兰盘零件图。

3）其他视图的选择

有关零件的外形和各种孔、肋、轮辐等的数量及其分布状况，通常选用左视图（或右视图）来补充说明。如果还有细小结构，则需增加局部放大图。

4）尺寸分析

（1）在宽度和高度方向的主要基准是回转轴线，在长度方向的主要基准是经过加工的大端面。

（2）定形尺寸和定位尺寸都比较明显，尤其在圆周上分布的小孔的定位圆直径是这类零件的典型定位尺寸，多个小孔一般采用如"6 × φ7EQS"形式标注，EQS（均布）就意味着等分圆周，如果均布很明显，则也可不标注 EQS。

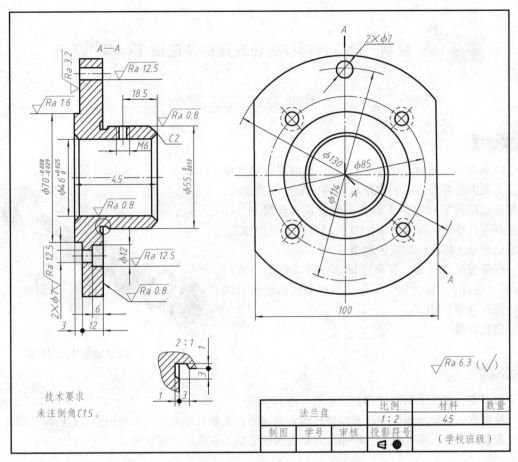

图 4.8 – 2　法兰盘零件图

（3）对内、外结构形状应分开标注。

5）技术要求

（1）有配合的内、外表面粗糙度参数值较小；用于轴向定位的端面，表面粗糙度参数值较小。

（2）有配合的孔和轴的尺寸公差较小；与其他运动零件接触的表面应有平行度、垂直度的要求。

2. 读叉架类零件图

1）结构分析

这类零件的结构形状差异很大，许多零件都有歪斜结构，多见于连杆、拨叉、支架、摇杆等，一般起连接、支承、操纵调节的作用。

2）主视图的选择

鉴于这类零件的功用以及在机械加工过程中位置不是固定的，在选择主视图时，主要按形状特征和加工位置（或自然位置）确定。

3）其他视图的选择

叉架类零件的结构形状较复杂，一般都需要两个以上的视图。由于它的某些结构形状不平行于基本投影面，所以常采用斜视图、斜剖视图和断面图来表达。对于零件上的一些内部结构形状，可采用局部剖视；对于某些较小的结构，也可采用局部放大图。当零件的主要部分不在同一平面上时，可采用斜视图或旋转剖视图表达。安装孔、安装板、支承板、肋板等结构常采用局部剖视、移出剖面或重合剖面来表示。

4）读支架零件图

如图 4.8 – 3 所示，该支架用三个基本视图、两个移出断面图和一个局部视图表达。

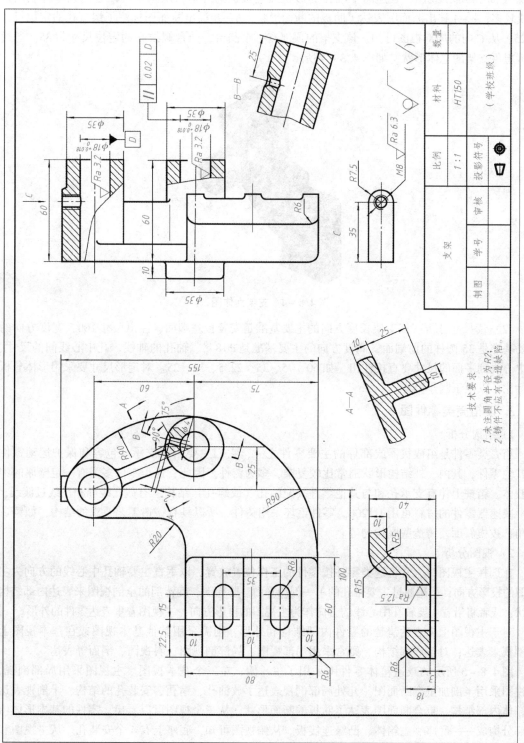

图 4.8 – 3 支架零件图

技术要求
1.未注圆角半径为R2;
2.铸件不应有铸造缺陷。

（1）读视图。主视图采用局部剖视图，表达该支架各部分的位置关系和轴孔上的螺钉孔；左视图采用局部剖视图，表达两个轴孔的形状和连接板的外形，从图中可以看出该零件表面过渡线较多；A—A移出断面图表达了肋板的断面形状，B—B移出断面图标注了螺钉孔的定位尺寸为25；从C向的局部视图可知，该支架的顶部有一个凸台，凸台螺纹孔的定位尺寸为35。通过分析想象支架的立体形状，如图4.8－4所示。

图4.8－4　支架立体图

（2）读尺寸分析。该支架长度方向的主要基准是安装板左端面，注出尺寸100，宽度方向的主要基准是35圆柱的前端面，高度方向的主要基准是$\phi18^{+0.018}_{0}$轴孔的轴线。孔中心线间的尺寸、孔中心线到平面的尺寸要直接注出，如60、75、35、22.5、15、25。对定形尺寸要采用形体分析法标注，以便于制作模样。

3. 读箱壳类零件图

1）结构分析

箱壳类零件是组成机器或部件的主要零件之一，它们主要用来支承、包容和保护运动零件或其他零件，其内、外结构形状通常比较复杂，多为铸件。因此，这类零件多为有一定壁厚的中空腔体，箱壁上伴有支承孔和与其他零件装配的孔（或螺孔）结构，有截交线和相贯线过渡线。

减速器零件的材料可用HT200，零件毛坯采用铸件，所以具有铸造工艺要求的结构，如铸造圆角、拔模斜度、铸造壁厚均匀等。

2）视图分析

在选择主视图时，常将这类零件按零件的工作位置放置，以垂直主要轴孔中心线的方向为主视图的投影方向，采用通过主要轴孔的单一剖切平面、阶梯剖、旋转剖的全剖视图来表达内部结构形状；或者将沿着主要轴孔中心线的方向作为主视图的投影方向，主视图着重表达零件的外形。

对于主视图上未表达清楚的零件内部结构和外形，则需采用其他基本视图或在基本视图上取剖视来表达；对于局部结构，则常采用局部视图、局部剖视图、斜视图、剖面等表达。

图4.8－5所示的减速箱体零件图采用了主、俯、左三个基本视图。主视图采用局部剖视，左视图采用半剖加重合断面图。几处局部剖视表达了放油孔、销孔、安装孔的结构，半剖视表达了箱体内部结构，重合断面图表达了肋板的断面形状。从三个视图可以看出，零件的基本形体由三部分构成——底座、主箱体、凸缘连接板。从俯视图可知，底座上有4个安装孔。从主视图和俯视图可以看出，凸缘上开了两对大的半圆孔。凸缘连接板上有左、右吊耳，由左视图可知支撑凸缘的肋板等。想象出基本形体之后，再深入细部，将两个（或两个以上）视图相互对应，就可以想象箱体的整体形状。

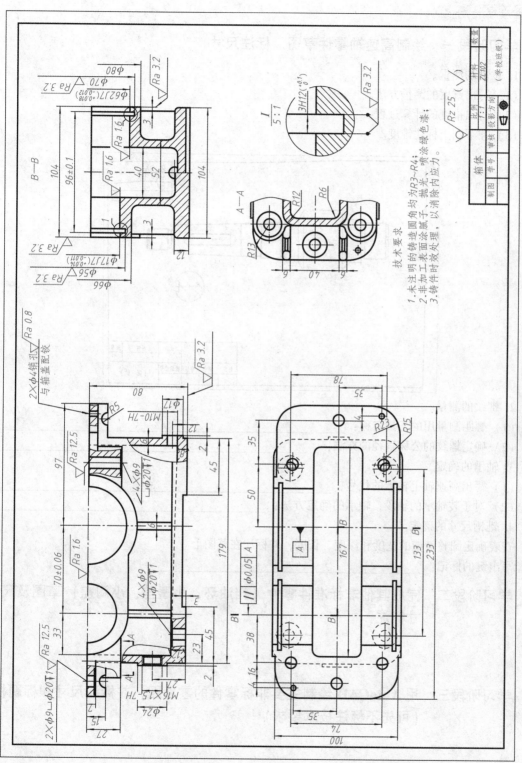

图 4.8－5 减速箱箱体零件图

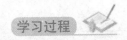

学习阶段一　绘制高速轴零件草图，标注尺寸

1. 锥度的测量。
（1）写出锥度的测量方法。
（2）写出锥度的计算过程。
（3）在下图上标注锥度。

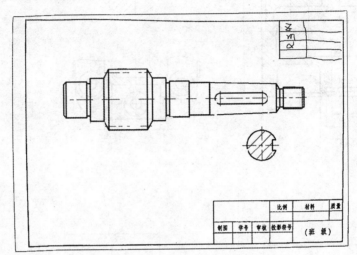

		比例	材料	质量
制图	学号	审核	投影符号	（班　级）

2. 螺纹的测量。
（1）螺距测量用的工具名称：_____
（2）确定螺纹的公称直径的方法：_____
3. 轴承的确定。
（1）写出高速轴上轴承的代号：_____
（2）对于装轴承的轴段，轴承的确定方法：_____
4. 键槽尺寸的确定。
查表确定圆整键槽的宽度和深度、长度，并标注在草图上。
写出键的标记：_____

学习阶段二　完成其他非标准件零件（挡油环、小透盖、小闷盖）草图及尺寸标注

学习阶段三　用 AutoCAD 绘制主要非标零件的零件图，并标注尺寸和标题栏（可先不标注技术要求）

用 AutoCAD 绘制齿轮轴零件图。

检查评估

检查项目	结果评估 （学生填写）	自评分 （学生填写）	教师总评
1. 测绘轴的步骤是否正确			
2. 视图表达是否正确			
3. 尺寸标注是否正确			
4. 是否会搜索信息			

注：评分分为优、良、中、及格、不及格。

 小结及反思

用简练的语言总结所绘零件的视图表达方案。

任务4.9　使用AutoCAD绘制减速器低速轴零件图

姓名：_____　班级：_____　学号：_____

任务描述

使用 AutoCAD 绘制已测绘的减速器低速轴零件，即在手绘零件图的基础上用 AutoCAD 软件抄画零件图。可以参考图 4.9-1 标注的公差、表面粗糙度，写技术要求和标题栏。

任务提交： 提交箱体 CAD 零件图。

完成时间： _____。

学习要点

知识点： 技术要求（尺寸公差、几何公差、表面粗糙度）、多重引线标注、标注样式、轴类零件视图、图形编辑、标题栏。

技能点： 能使用 AutoCAD 绘制减速器低速轴零件图。

素养点： 在绘图过程中，不断检查，反复修改，培养敬业、精益、专注的工匠精神，以及认真负责的工作态度。

理论指导

参见任务 4.4。

学习过程

学习阶段一　看减速器零件图填空。

1. 轴类零件主要在车床上加工，一般将零件按_____位置放置，沿轴线水平方向来画主视图。

2. 本零件图的内容包括一组视图、全部尺寸、技术要求和_____。

3. 在 AutoCAD 文字中写入直径 φ 时，应输入字母（符号）_____。

4. 在标注图中的几何公差时，例如，用多重引线来引出几何公差，可在 AutoCAD 设计多重引线样式，引线结构中第一段角度可设为_____，第二段角度可设为_____。

5. 在 AutoCAD 中对文件进行清理，所用到的命令是_____。

6. 在 AutoCAD 中修改尺寸样式时，怎样修改文字高度？_____

7. 在 AutoCAD 中标注上下偏差时，在上下偏差文本之间要加上符号_____，并选中上下偏差文本进行堆叠。

8. 倒斜角的快捷方式是_____，倒圆角的快捷方式是_____，除了多重引线标注外，引出标注的快捷方式是 DIM↘_____↗。

9. 请写出在 AutoCAD 中 Ra × 的创建过程（用到"粗糙度块"→"轮廓算术平均偏差"）。
注：× 是变值，如 0.8、1.6、3.2、6.3。

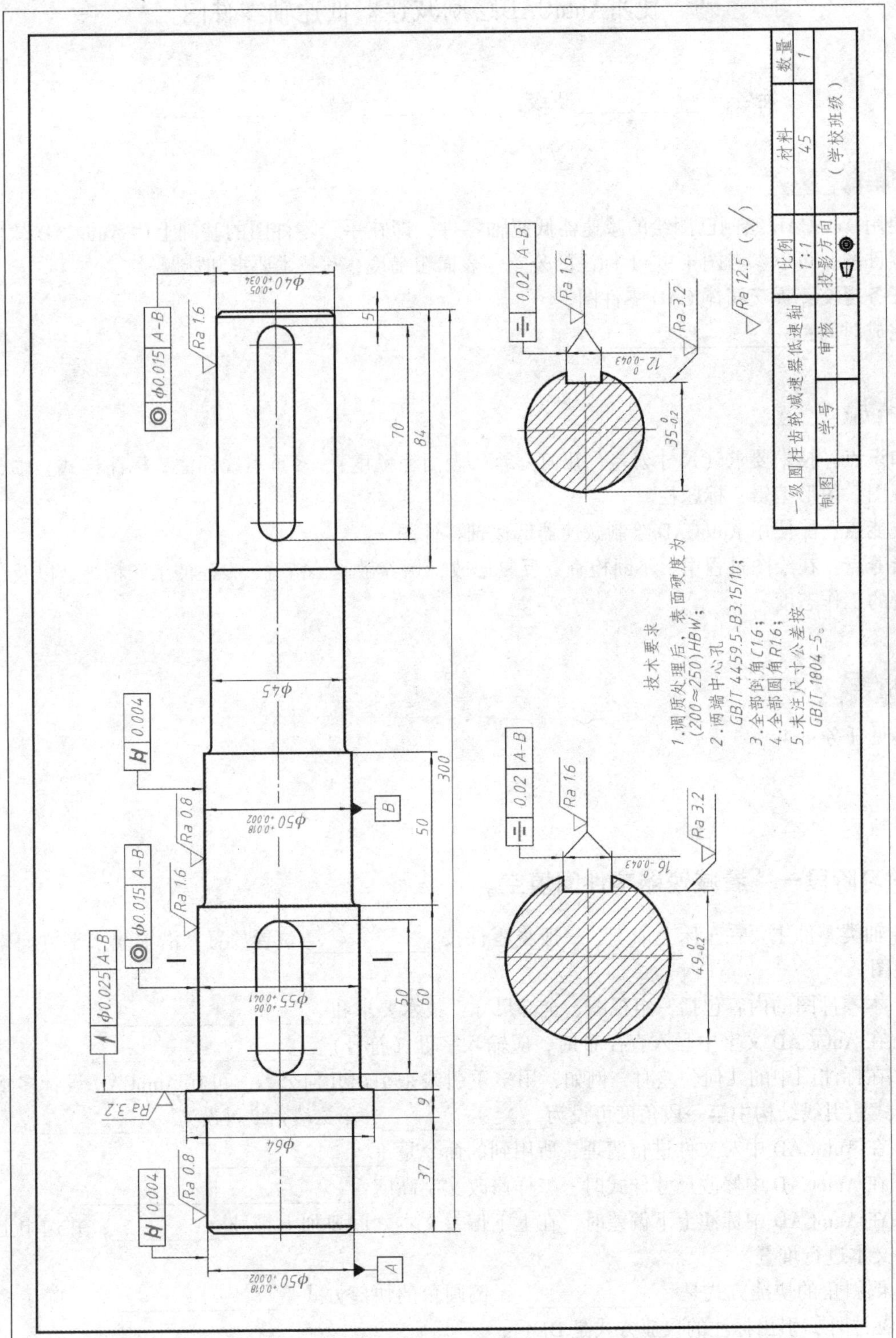

图 4.9－1 一级圆柱齿轮减速器低速轴零件图

**任务实施**

使用 AutoCAD 绘制减速器低速轴零件图的步骤：

第 1 步，绘图前期准备：建立图层和图框，定义对象捕捉与追踪，做好基准线，布局视图。

第 2 步，绘制零件各视图。

第 3 步，检查零件图。

第 4 步，标注零件图尺寸。

第 5 步，完成表面粗糙度、几何公差的标注。

第 6 步，填写标题栏。

检查评估

检查项目	结果评估 （学生填写）	自评分 （学生填写）	教师总评
1. 视图之间的投影关系是否正确			
2. 各线的线型、粗细是否正确			
3. 点划线长度是否合适			
4. 尺寸标注是否正确、完整、清晰			
5. 表面粗糙度标注是否正确			
6. 几何公差标注是否正确			
7. 技术要求表达是否正确			
8. 标题栏表达是否正确			
9. 图面是否整洁			

注：评分等级分为优、良、中、及格、不及格。

小结及反思

用简练的语言总结如何提高 AutoCAD 绘图的质量与效率。

任务4.10　使用AutoCAD绘制减速器箱体零件图

姓名：＿＿＿＿＿　班级：＿＿＿＿＿　学号：＿＿＿＿＿

任务描述

使用 AutoCAD 绘制已测绘的减速器箱体零件，即在手绘零件图的基础上用 AutoCAD 软件抄画零件图。可以参考图 4.10 - 1 标注的公差、表面粗糙度，写技术要求和标题栏。

任务提交：提交箱体 CAD 零件图。

完成时间：＿＿＿＿＿＿＿。

学习要点

知识点：技术要求（尺寸公差、几何公差、表面粗糙度）、多重引线标注、标注样式、轴类零件视图、图形编辑、标题栏。

技能点：能使用 AutoCAD 绘制减速器箱体零件图（箱体类零件图）。

素养点：在绘图过程中，不断检查、反复修改，培养敬业、精益、专注的工匠精神，以及认真负责的工作态度。

理论指导

1. 铸造工艺结构

铸造是现代机械制造工业的基础工艺之一。铸造技术是将金属熔炼成符合一定要求的液体并浇进铸型，经冷却凝固、清整处理后，得到有预定形状、尺寸和性能的铸件。铸造工艺结构如下：

1）壁厚均匀

铸件的壁厚如果不均匀，则冷却的速度就不一样。薄的部位先冷却凝固，厚的部位后冷却凝固，如果凝固收缩时没有足够的金属液来补充，就容易产生缩孔和裂纹。因此，铸件壁厚应尽量均匀或采用逐渐过渡的结构，如图 4.10 - 2 所示。

2）铸造圆角

铸件表面相交处应有圆角，以免铸件冷却时产生缩孔或裂纹，同时防止脱模时砂型落砂，如图 4.10 - 3 所示。

3）拔模斜度

为了铸件起模顺利，在沿起模方向的内外壁上应有适当斜度，这称为拔模斜度，一般为 1 : 20，如图 4.10 - 4 所示。通常在图样上既不画出也不标注拔模斜度，如果有特殊要求，则可在技术要求中统一说明。

4）过渡线

铸件的两个非切削表面相交处一般均做成过渡圆角，所以两表面的交线就变得不明显。这种交线称为过渡线。当过渡线的投影和面的投影重合时，按面的投影绘制；当过渡线的投影不与面的投影重合时，将过渡线按其理论交线的投影用细实线绘出，但线的两端要与其他轮廓线断开。

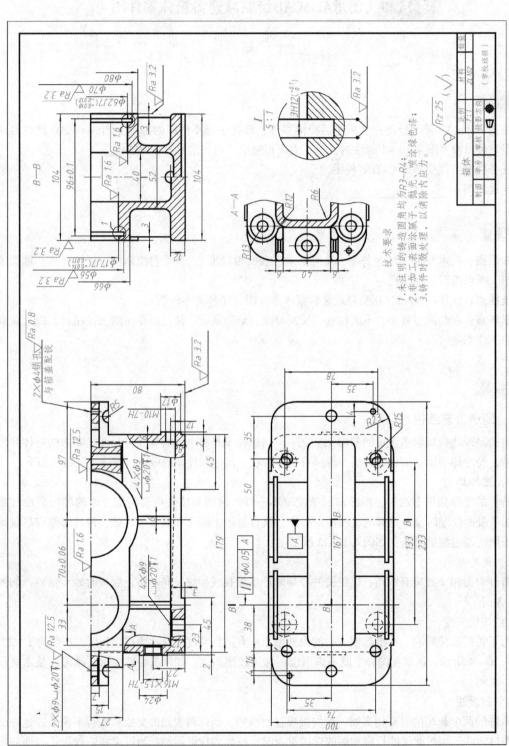

图 4.10 – 1 减速器箱体零件图

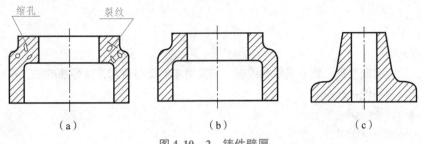

图 4.10 - 2 铸件壁厚

(a) 壁厚不均匀;(b) 壁厚均匀;(c) 壁厚逐渐过渡

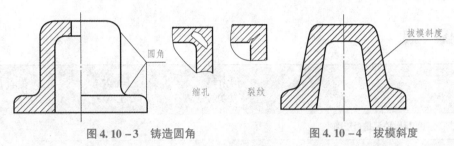

图 4.10 - 3 铸造圆角   图 4.10 - 4 拔模斜度

(1)两外圆柱表面均为非切削表面,相贯线为过渡线。在俯视图和左视图中,过渡线与柱面的投影重合。在主视图中,相贯线的投影不与任何表面的投影重合,所以相贯线的两端与轮廓线断开,如图 4.10 - 5 (a)所示;若两个柱面直径相等,则在相切处也应该断开,如图 4.10 - 5 (b)所示。

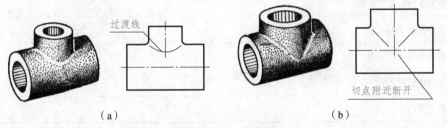

图 4.10 - 5 过渡线

(2)图 4.10 - 6 所示为平面与平面相交、平面与曲面相交的过渡线画法。在图 4.10 - 6 (a)中,肋板的斜面与底板上表面的交线的水平投影不与任何平面重合,所以两端断开。在图 4.10 - 6 (b)中,圆柱截交线的水平投影按过渡线绘制。

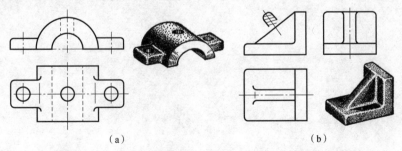

图 4.10 - 6 平面与平面相交、平面与曲面相交的过渡线画法

任务实施

绘图步骤：

第 1 步，绘图前期准备：建立图层和图框，定义对象捕捉与追踪，做好基准线，布局视图。

第 2 步，绘制零件各视图。

第 3 步，检查零件图。

第 4 步，标注零件图尺寸。

第 5 步，完成表面粗糙度、几何公差的标注。

第 6 步，填写标题栏。

 检查评估

检查项目	结果评估 （学生填写）	自评分 （学生填写）	教师总评
1. 各视图之间的投影关系是否正确			
2. 各线的线型、粗细是否正确			
3. 点划线长度是否合适			
4. 尺寸标注是否正确、完整、清晰			
5. 表面粗糙度标注是否正确			
6. 几何公差标注是否正确			
7. 技术要求表达是否正确			
8. 标题栏表达是否正确			
9. 图面是否整洁			

注：评分等级分为优、良、中、及格、不及格

 小结及反思

用简练的语言总结使用 AutoCAD 绘制减速器各零件图的心得体会。

任务4.11 识读和制定零件热处理方案

姓名：_____ 班级：_____ 学号：_____

任务描述

读图4.9-1所示的一级圆柱齿轮减速器从动轴零件图，"技术要求"中的第1点"调质处理"是什么意思？为什么要采用这种工艺？

任务提交：提交工作页。

完成时间：_____。

学习要点

知识点：钢的冷却转变，热处理"四把火"。

技能点：会制订零件热处理方案。

素养点：培养淬火成钢的坚韧品格和创新思维。

理论指导

1. 热处理概述

热处理指将钢在固态下加热、保温、冷却，以改变钢的内部组织结构，从而获得所需的性能的一种工艺。

1）热处理的目的和功效

热处理可改善钢的性质、提高使用性能、改善工艺性能、提高产品质量、延长使用寿命，有利于冷热加工、提高经济效率、充分发挥材料的性能潜力。

2）热处理的特点及适用范围

热处理只通过改变工件的组织来改变性能，不改变其形状，只适用固态下发生相变的材料。

3）热处理分类

（1）根据热处理工艺分类。

普通热处理：退火、正火、淬火、回火。

表面热处理：表面淬火（感应表面淬火、火焰表面淬火、电接触表面淬火）、化学热处理（渗碳、氮化、碳氮共渗、渗硼等）。

其他热处理：控制气氛热处理、真空热处理、形变热处理、激光热处理。

（2）根据热处理在零件生产过程中的位置和作用分类。

预备热处理：清除前道工序的缺陷，改善其工艺性能，确保后续加工顺利进行。

最终热处理：赋予工件所要求的使用性能的热处理。

2. 热处理工艺的应用

1）热处理的工序位置

一般机械零件的加工工艺路线：毛坯（铸、锻）→预备热处理→机加工→最终热处理。热处理工艺曲线如图4.11-1所示。

（1）预备热处理工序位置的安排。

①退火、正火工序位置的安排：毛坯生产（铸造或锻造）→退火（或正火）→切削加工。

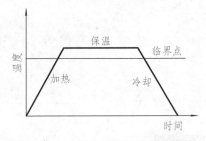

图 4.11-1 热处理工艺曲线示意图

退火与正火通常安排在零件（或工具）毛坯生产之后，切削加工之前，其目的是消除残余应力、调整组织、改善切削加工性能，为最终热处理做准备。

②调质工序位置的安排：下料→锻造→正火（或退火）→粗加工（留余量）→调质→精加工（或半精加工）。

调质处理一般安排在粗加工之后，精加工之前，其目的是获得良好的综合力学性能，并为最终热处理做准备。粗加工之前一般不进行调质处理，以免粗加工时将表层大部分调质组织切除而失去调质处理的作用。

对于使用性能要求不高的零件，退火、正火、调质处理也可作为最终热处理使用。

（2）最终热处理工序位置的安排。

零件（或工具）经最终热处理后，硬度较高，因此除磨削加工外，一般不进行其他形式的切削加工，故通常将最终热处理安排在精加工之后。

①淬火工序位置的安排。

整体淬火工序位置：机加工（粗或半精，留余量）→淬火、（低或中温）回火→磨削。

表面淬火工序位置：粗加工→调质→半精加工（留余量）→表面淬火、低温回火→磨削。

②渗碳工序位置的安排。

下料→锻造→正火→粗、半精加工（留防渗余量或镀铜）→渗碳（切除防渗余量）→淬火、低温回火→磨削。

③渗氮工序位置的安排。

下料→锻造→退火→粗加工→调质→半精加工→去应力退火（俗称"高温回火"）→粗磨→渗氮→精磨或研磨或抛光。

2）热处理工序位置安排实例

车床变速箱的传动齿轮（图 4.11-2）是传递力矩和调节速度的重要零件，在工作中承受一定程度的弯曲、扭转载荷及周期性冲击力的作用，齿表面承受一定程度的磨损，运转较平稳，速度中等。一般选用 45 钢或 40Cr 钢制造。其加工工艺路线：下料→锻造→预备热处理→切削→最终热处理→磨齿→检验装配。

（1）预备热处理和最终热处理方案选择：下料→锻造→正火→粗加工→调质→精加工→高频感应加热表面淬火和低温回火→精磨。

（2）各道热处理工艺的目的。

①正火：细化晶粒、消除残余应力、改善切削加工性能。

图 4.11-2 传动齿轮

②调质处理：使零件心部具有足够的强度和韧性，以承受弯曲、扭转及冲击载荷的作用，并为表面热处理做准备。

③高频感应加热表面淬火：提高齿表面的硬度、耐磨性和疲劳强度，以抵抗齿表面的磨损和疲劳破坏。

④低温回火：在保持齿表面高硬度和高耐磨性的条件下消除淬火内应力，防止磨削加工时产生裂纹。

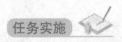
小贴士

零件经历了退火、正火、淬火、回火，才获得高的硬度和耐磨性。每一道工艺都是水火交融的历练，每一道工艺都要精准把握温度和时间，并巧用淬火介质。

学习过程

学习阶段一　掌握热处理"四把火"

1. 写出热处理有哪"四把火"？试述其目的和适用范围。

2. 什么叫"调质处理"？其目的是什么？

学习阶段二　制定零件热处理方案

1. 钳工用扁锉刀（图 4.11－3）锉削其他金属，一般用 T12 钢制造。表面刃部硬度要求为 64HRC～67HRC，柄部要求硬度小于 35HRC。其制造工艺：热轧钢板（带）下料→锻（轧）柄部→预备热处理→机加工→最终热处理。
   (1) 说明各道热处理工艺的目的。

图 4.11－3　扁锉刀

   (2) 确定各道热处理的工艺类型及热处理后的组织。

2. 课外思考：我国赫哲族人民在近代仍然用传统方法制作鱼钩。步骤：将铁丝弯制加工成钩形，和火硝、木炭屑一起装在坛子里加热，趁热将钩子倒入水，再将钩子与小米掺一起在锅内不停地翻转烘炒。这样做成的鱼钩具有很好的强度和韧性。请说一说这样做的道理。

任务实施

读懂图 4.11－1 中关于金属材料信息的解释，完成任务所提问题。

检查项目	结果评估 （学生填写）	自评分 （学生填写）	教师总评
1. 是否做了课前的自主学习			
2. 是否了解热处理"四把火"的适用范围			
3. 能否制定典型零件（如齿轮）的热处理工艺			

注：评分分为优、良、中、及格、不及格。

小结及反思

在本次学习任务中，你觉得最难懂的知识点是哪些？列出来，并查阅相关资料，以加深对知识的理解。

项目 5　装配图的识读与绘制

项目导读：装配图是表达机器（或部件）的工作原理、运动方式、零件间的连接及其装配关系的图样，它是生产中的主要技术文件之一。在生产新机器（或部件）的过程中，一般首先进行设计，画出装配图，由装配图拆画出零件图，然后按零件图制造零件，最后依据装配图把零件装配成机器（或部件）。在对现有的机器（或部件）检修工作中，装配图是必不可少的技术资料。在技术革新、技术协作和商品市场中，也常用装配图纸体现设计思想、交流技术经验和传递产品信息。

本项目主要包括装配图的内容及画法、从装配图拆画零件图、从零件图拼画装配图，以及在绘制装配图中所需的标准件画法等。

任务5.1　识读装配图及由装配图拆画拆卸器零件图

姓名：＿＿＿＿＿＿　班级：＿＿＿＿＿＿　学号：＿＿＿＿＿＿

任务描述

读如图 5.1－1 所示的拆卸器装配图，并使用 AutoCAD 拆画零件 1 和零件 5 的零件图。

任务提交：拍照上传工作页，提交 CAD 图 2 张，提交检查评估表。

完成时间：＿＿＿＿＿＿＿＿＿。

学习要点

知识点：
（1）装配图的作用和内容。
（2）装配图的规定画法、尺寸标注和技术要求。
（3）由装配图拆画零件图的方法。

技能点：
（1）能识读装配图。
（2）能使用 AutoCAD 从装配图中拆画零件图。

素养点：养成遵守国家标准、严谨细致的工作作风，形成个人服从集体的全局观念。

理论指导

通过识读装配图，我们可以了解装配图的名称、规格、性能、功用和工作原理，了解装配体中各零件间的相互位置、装配关系、传动路线，以及每个零件的作用、主要零件的结构形状和使用方

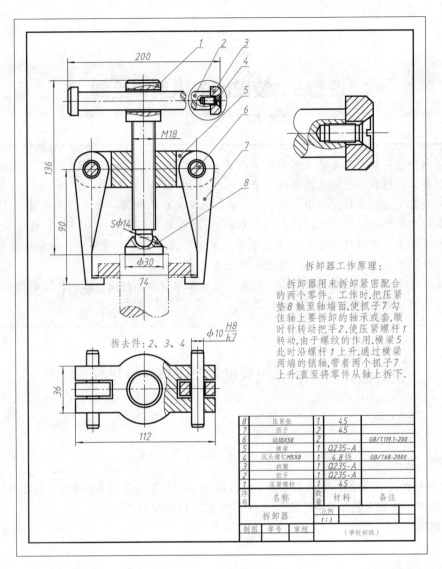

拆卸器工作原理:

　　拆卸器用来拆卸紧密配合的两个零件。工作时,把压紧垫8触至轴端面,使抓子7勾住轴上要拆卸的轴承或套,顺时针转动把手2,使压紧螺杆1转动,由于螺纹的作用,横梁5此时沿螺杆1上升,通过横梁两端的销轴,带着两个抓子7上升,直至将零件从轴上拆下.

8	压紧垫	1	45	
7	抓子	2	45	
6	销10X50	2		GB/T119.1-200
5	横梁	1	Q235-A	
4	沉头螺钉M5X8	1	4.8级	GB/T68-2000
3	挡圈	1	Q235-A	
2	把手	1	Q235-A	
1	压紧螺杆	1	45	
序号	名称	数量	材料	备注

拆卸器	比例 1:1	
制图	学号	审核
	(学校班级)	

图 5.1 – 1　拆卸器装配图

法、拆装顺序等,因此识读装配图是设计、制造、检验、运行、检修、安装和技术工作中必须掌握的技能。

1. 装配图的内容

　　一张完整的装配图应具备以下基本内容:

　　(1) 一组视图:用一组视图完整、清晰、准确地表达机器的工作原理、各零件的相对位置及装配关系、连接方式和重要零件的形状结构。

　　(2) 必要的尺寸:装配图上要有表示机器(或部件)的性能(规格)、装配、检验和安装时所需的一些尺寸。

　　①性能(规格)尺寸:这类尺寸是装配体整个产品设计和使用的依据。

　　②装配尺寸:它包括保证有关零件间的配合性质、相对位置、工作精度的尺寸,是设计时首先确定的尺寸。

　　③安装尺寸:机器(或部件)安装时所需的尺寸。

④外形尺寸：用于表示机器外形轮廓的大小，即总长、总宽、总高。外形尺寸为包装、运输和安装过程所需的空间大小提供依据。

⑤其他重要尺寸：它是在设计中确定的，而又未包括在上述几类尺寸中的一些重要尺寸，如运动极限、主体零件的相对位置尺寸、偏心距等。

（3）技术要求：用于说明机器（或部件）的性能和装配、调整、试验等所必须满足的技术条件。

（4）零件的编号、明细栏和标题栏：装配图中的零件编号、明细栏用于说明每个零件的名称、代号、数量和材料等。

2. 装配图的规定画法

零件的各种表达方法（如视图、剖视图、断面图等）也适用于表达部件和装配图。但是零件的表达是以反映零件的结构形状为中心，而部件和装配图的表达以反映部件的工作原理、运动传递，以及各零件间相对位置、连接方式、装配关系为中心。由于表达的侧重点有所不同，因此国家标准对装配图的画法另做了一些规定。此外，在部件的装配图的表达方法中，还有一些规定画法、特殊画法和简化画法。

装配图规定画法举例见表 5.1 – 1。

表 5.1 – 1　装配图规定画法举例

内容	正确图例	错误图例	说明
接触面处的结构	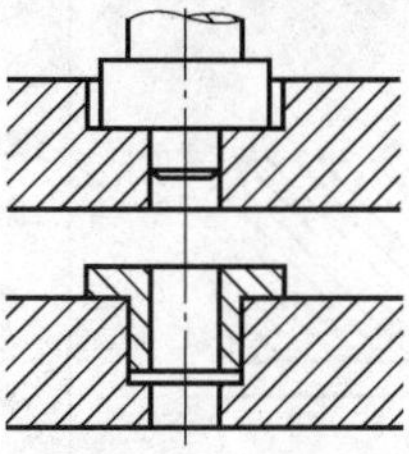	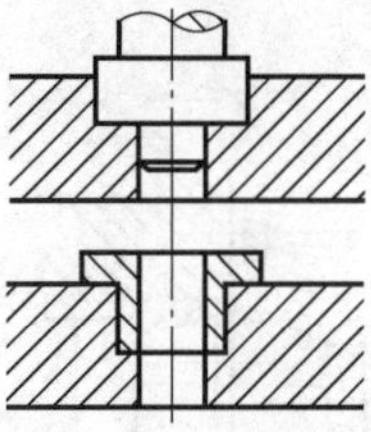	两个零件接触时，在同一个方向只能有一个接触面，否则会给零件制造和装配等工作带来困难
锥面配合结构	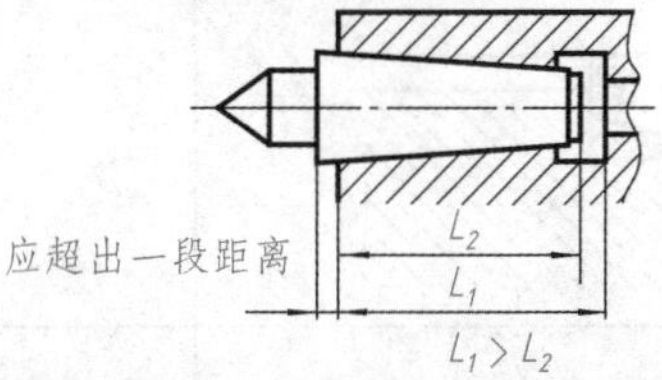 　应超出一段距离　L_2　L_1　$L_1 > L_2$	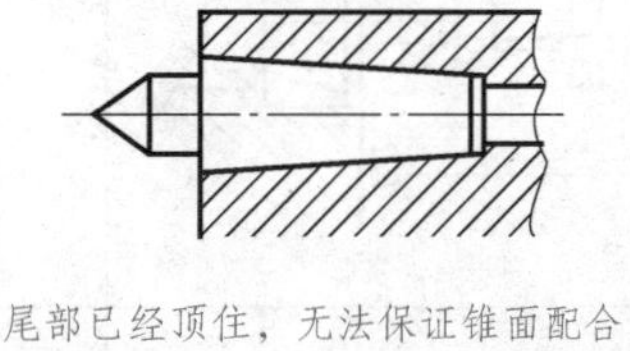 　尾部已经顶住，无法保证锥面配合	两锥面配合时，圆锥体小端与锥孔底部之间应留空隙，即使图中 $L_1 > L_2$，否则达不到锥面的配合要求，或增加制造的困难
倒角结构（一）	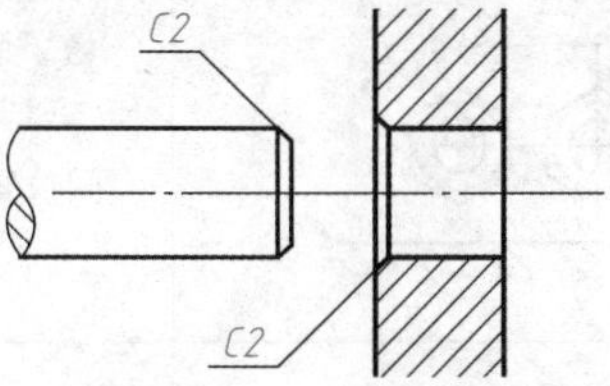 　C2　C2	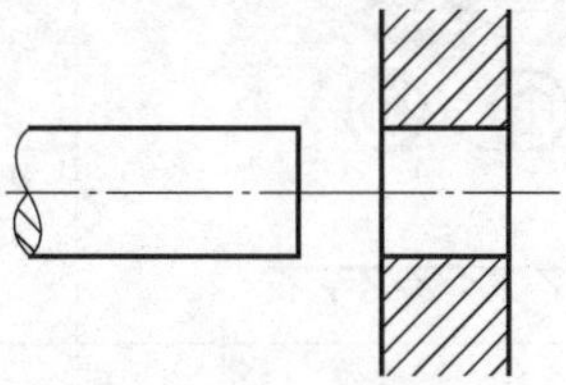	为去除孔端或轴端的锐角、毛刺，便于将轴装进尺寸相同的孔中，一般在轴端和孔端都要倒角
倒角结构（二）	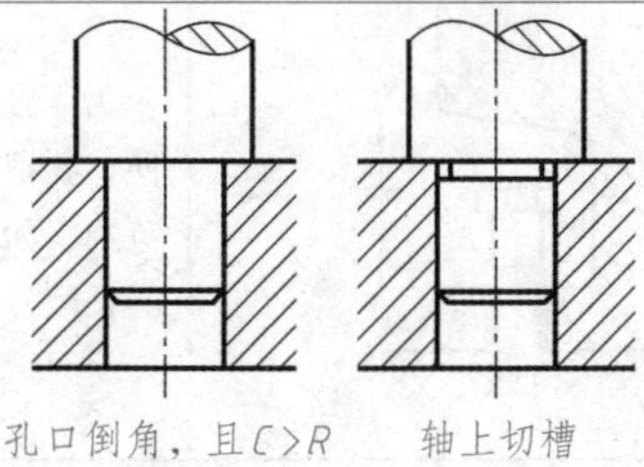 　孔口倒角，且 $C > R$　轴上切槽	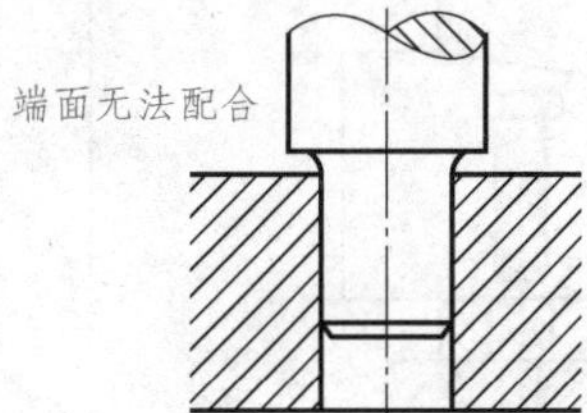 端面无法配合	为保证轴肩与孔端面紧密贴合，孔端面要倒角或轴根要切槽

内容	正确图例	错误图例	说明
为保证贴合和并紧的关系			为保证轴上零件的并紧，防止轴向窜动，应使尺寸 $L<B$
考虑装拆方便的结构（一）			滚动轴承如果以轴肩或孔定位，则轴肩或孔的高度必须小于轴承内圈或外圈的厚度，以便维修时容易拆卸
考虑装拆方便的结构（二）			为了装拆紧固件的方便，要留有扳手活动的空间位置
考虑装拆方便的结构（三）			为了装拆紧固件的方便，要留有足够的空间范围，如 L 要大于螺栓的长度

在识读与绘制装配图时，要遵守国家标准的规定画法。

在装配图中，相邻两个金属零件的剖面线必须以不同方向（或不同的间隔）画出。例如，在图 5.1－2 所示的球心阀装配图中，零件 1 与零件 4 的剖面线。要特别注意的是，在装配图中，所有剖视、剖面图中同一零件的剖面线方向、间隔须完全一致。例如，在图 5.1－2 中主视图和左视图中零件 8 的剖面线。

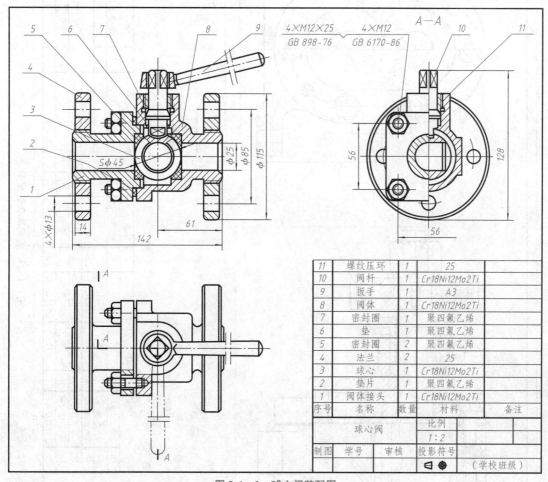

图 5.1－2　球心阀装配图

当剖切平面通过标准件（如螺钉、螺栓、螺母、垫圈、键、销等）和实心件（如实心轴、连杆、手柄）等的轴线或纵向对称面剖切时，这些零件均按不剖绘制。例如，在图 5.1－3 中的传动齿轮轴 5、弹簧垫片 9、螺母 10、螺钉 11，均按不剖绘制。如果需要标明零件的凹槽、键槽、销孔等结构，则可用局部剖视表示。

3. 装配图的特殊画法和简化画法

为使装配图能简便、清晰地表达部件中某些组成部分的形状特征，国家标准还规定了以下特殊画法和简化画法。

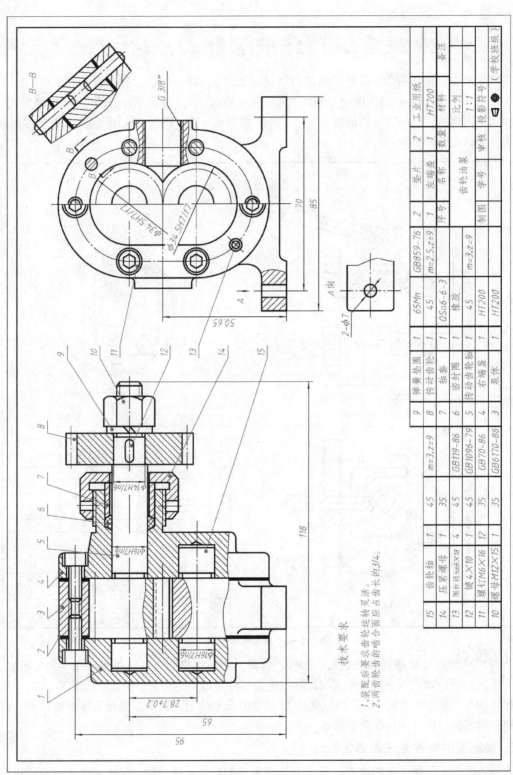

技术要求

1.装配后要求齿轮转运转灵活。
2.两齿轮齿的啮合齿合面应占齿长的3/4。

15	齿轮轴	1	45				9	弹簧垫圈	1	65Mn	GB859-76		2
14	压紧螺母	1	35				8	传动齿轮	1		m=2.5,z=9	垫片	左端盖	2	HT200
13	圆柱销 5m6×18	4	45				7	轴套	1	QSn6-6-3		名称	数量	材料
12	键 4×10	1	45	GB1096-79			6	密封圈	1	橡胶		齿轮油泵		
11	螺钉 M6×16	12	35	GB70-86			5	传动齿轮轴	1	45	m=3,z=9			比例 1:1
10	螺母 M12×15	1	35	GB6170-86			4	右端盖	1	HT200		序号	制图	图号
					m=3,z=9		3	泵体	1	HT200			审核	投影符号

图 5.1-3 齿轮油泵装配图

1）特殊画法

（1）拆卸画法。

在装配图中，若某些零件遮挡了所需表达的结构或装配关系，则可先假想沿某些零件的结合面（或假想将某些零件拆卸后）绘制。例如，在图 5.1-4 所示的滑动轴承图中，俯视图的右半部就是在拆卸轴承盖、螺栓等零件后画出的。

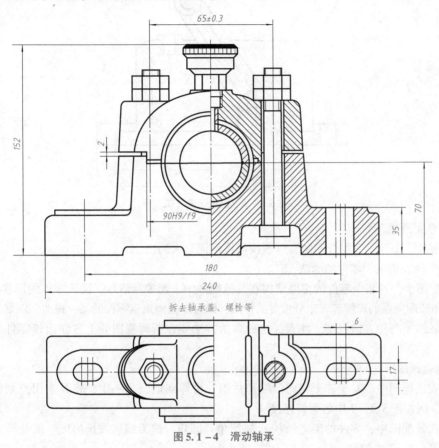

图 5.1-4 滑动轴承

（2）假想画法。

①在装配图中，在表达与本部件存在装配关系但不属于本部件的相邻零部件时，可用双点划线画出相邻零部件的部分轮廓，如图 5.1-5 所示。

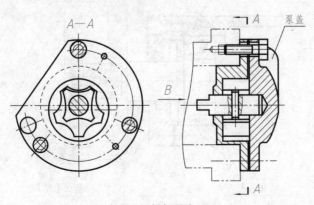

图 5.1-5 假想画法（一）

②在装配图中，为了表示移动零件的运动范围，可以用双点划线画出运动零件在另一极限位置的零件轮廓形状（图5.1-6），用双点划线画出的零件（手柄）的假想轮廓。

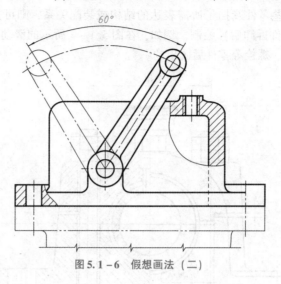

图5.1-6 假想画法（二）

（3）夸大画法。

对于薄片、小孔、非配合间隙，可不按原比例而夸大画出。

（4）单独表达某个零件的画法。

在装配图中，若某个零件的主要结构在其他视图中未能表示清楚，而该零件的形状对部件的工作原理和装配关系的理解起着十分重要的作用，则可单独画出该零件的某一视图，例如图5.1-3中齿轮油泵的 A 向和 B 向视图。注意，这种表达方法要在所画视图的上方注出该零件及其视图的名称。

2）简化画法

（1）在装配图中，对于若干相同的零部件组，可详细地画出一组，将其余用点划线表示其位置即可，例如图5.1-7中的螺钉连接。

（2）在装配图中，零件的工艺结构（如倒角、圆角、退刀槽、拔模斜度、滚花等）均可不画，例如图5.1-7中的轴。

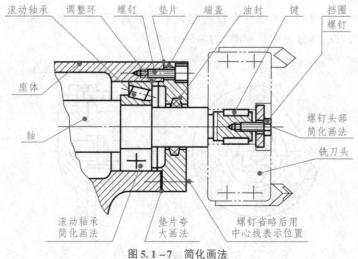

图5.1-7 简化画法

（3）在剖视图中，零件厚度在图形中小于 2 mm 时，允许以涂黑代替剖面线，例如图 5.1 - 7 中垫片零件剖面线的简化。

4. 装配图的尺寸标注与技术要求

1）装配图的尺寸标注

（1）规格尺寸：表明装配体规格和性能的尺寸，是设计和选用产品的主要依据，例如图 5.1 - 2 中的管口尺寸 $\phi25$。

（2）装配尺寸：包括零件间有配合关系的配合尺寸、零件间相对位置尺寸，例如图 5.1 - 4 中轴承座与轴承盖之间的配合尺寸 90H9/f9。

（3）安装尺寸：机器或部件安装到基座或其他工作位置时所需的尺寸，例如图 5.1 - 2 的 142、128、$\phi115$ 尺寸。

（4）外形尺寸：反映装配体总长、总宽、总高的外形轮廓尺寸，例如图 5.1 - 4 中的 180 尺寸。

（5）其他重要尺寸：除上述四种尺寸外，在设计中确定的一些重要尺寸，例如图 5.1 - 8 中所示的极限位置，也属于其他重要尺寸。

以上五类尺寸并非每张装配图上都需全部标注，有时同一尺寸可兼有几种含义。因此，装配图上的尺寸标注要根据具体的装配体情况来确定。

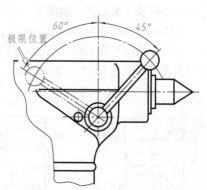

图 5.1 - 8　运动零件的极限位置表示方法

2）装配图的技术要求

装配图的技术要求一般用文字注写在图样下方的空白处。因装配体的不同，技术要求的具体内容有很大不同，一般应包括以下几方面。

（1）装配要求：装配后必须保证的精度、装配时的要求等。

（2）检验要求：装配过程中及装配后必须保证其精度的各种检验方法。

（3）使用要求：对装配体的基本性能、维护、保养、使用时的要求。

5. 零件序号和明细栏

1）零件序号

为了便于组织生产和管理，在装配图上应对每种零件按一定的顺序编排序号，并在明细栏中一次列出，填写它们的名称、材料、数量等。

（1）一般规定。

①装配图中的所有零部件都必须编写序号。

②在同一装配图中，尺寸规格完全相同的零部件应编写相同的序号。

③装配图中的零部件的序号应与明细栏中的序号一致。

（2）序号的标注形式。

一个完整的序号一般应包括三部分——指引线、水平线（或圆圈）及序号数字，也可以不画水平线或圆圈。

①指引线：指引线用细实线绘制，应自所指部分的可见轮廓内引出，并在可见轮廓内的起始端画一圆点。

②水平线（或圆圈）：水平线（或圆圈）用细实线绘制，用以注写序号数字。

③序号数字：在指引线的水平线上（或圆圈内）注写序号时，其字高比该装配图中所注尺寸数字高度大一号（也允许大两号），当不画水平线（或圆圈）而在指引线附近注写序号时，序

号字高必须比该装配图中所标注尺寸数字高度大两号。

（3）序号的编排方法。

序号在装配图周围按水平（或垂直）方向排列整齐，序号数字可按顺时针（或逆时针）方向依次增大，以便查找。若在一个视图上无法连续编完全部所需序号，也可在其他视图上按上述原则继续编写。

（4）其他规定。

①在同一张装配图中，编注序号的形式应一致。

②若序号指引线所指部分内不便画圆点（如很薄的零件或涂黑的剖面），可用箭头代替圆点，箭头需指向该部分轮廓，如图5.1-9（a）所示。

③指引线可以画成折线，但只可曲折一次，如图5.1-9（b）所示。

④指引线不能相交，如图5.1-9（c）所示。

⑤指引线通过有剖面线的区域时，指引线不应与剖面线平行，如图5.1-9（d）所示。

⑥一组紧固件或装配关系清楚的零件组可采用公共指引线，但应注意水平线（或圆圈）要排列整齐。如图5.1-9（e）所示。

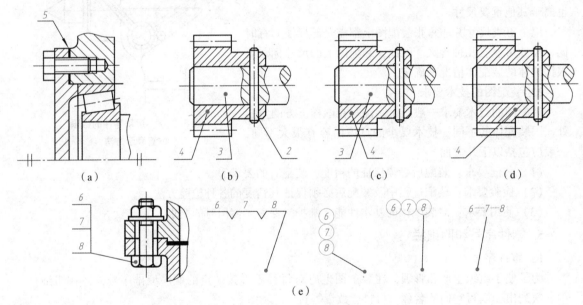

图 5.1-9　序号的标注

(a) 用箭头代替圆点；(b) 指引线只可曲折一次；(c) 指引线不能相交；
(d) 指引线不应与剖面线平行；(e) 采用公共指引线

2）明细栏

（1）明细栏的画法。

①明细栏一般应紧接在标题栏上方绘制。若标题栏上方位置不够，则可将其余部分画在标题栏的左侧。

②明细栏在装配图中的格式和尺寸应符合国家标准，如图5.1-10所示。

③明细栏最上方（最末）的边线一般用细实线绘制。

④若装配图中的零部件较多而位置不够，则可将其作为装配图的续页按A4幅面单独绘制明细栏。若一页不够，也可连续加页。其格式和要求参见GB/T 10609.2—2009。

（2）明细栏的填写。

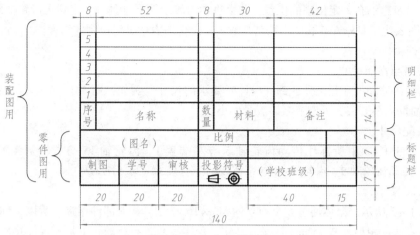

图 5.1 – 10　标准明细栏

①若将明细栏直接画在装配图中，则明细栏中的序号应按自下而上的顺序填写，以便一旦发现有漏编的零件，就可继续向上填补。如果是单独附页的明细栏，那么序号应按自上而下的顺序填写。

②明细栏中的序号应与装配图中的编号一致，即一一对应。

③代号栏用来注写图样中相应组成部分的图样代号或标准号。

④备注栏中，一般填写该项的附加说明或其他有关内容，如分区代号、常用件的主要参数（如齿轮的模数、齿数，弹簧的内径或外径、簧丝直径、有效圈数、自由长度等）。

⑤螺栓、螺母、垫圈、键、销等标准件的标记通常分两部分填入明细栏。将标准代号填入代号栏，将其余规格尺寸填在名称栏内。

6. 识读齿轮油泵装配图

现简要介绍识读图 5.1 – 3 所示的齿轮油泵装配图的步骤与方法。齿轮油泵的装配图主要由以下内容组成。

1）部件组成

从标题栏和明细栏中可以看出，该部件由 15 种零件装配而成。

（1）主要组成件：左端盖 1、泵体 3、右端盖 4、传动齿轮轴 5、轴套 7、传动齿轮 8、齿轮轴 15。

（2）标准件：垫片 2、密封圈 6、弹簧垫圈 9、螺母 10、螺钉 11、键 12、圆柱销 13、压紧螺母 14。

2）工作原理

如图 5.1 – 11 所示，外界动力带动传动齿轮 8，通过键 12 带动传动齿轮轴 5，传动齿轮轴 5 带动齿轮轴 15 进行工作。在主视图中，当主动齿轮（上轮）做逆时针转动，从动齿轮顺时针转动时，啮合区右侧将产生负压，于是，油池中的油在大气压力作用下，将从进油口进入泵腔。随着齿轮的转动，油被上下轮齿带到左边的高压区，并从出油口送到输油系统。

图 5.1 – 11　齿轮油泵的工作原理

3）视图组成

图 5.1 – 3 所示的装配图由主视图、左视图、两个向视图（A 向和 B 向）组成。其中，主视图采用局部剖视图，以反映齿轮油泵的工作原理和零件间的装配关系；左视图采用的是沿泵体和泵盖结合面剖切画法，目的是表达主动轮与从动轮的结构或

装配关系，以及进油孔、定位销的位置，并沿进油口轴线取局部剖视，表达了齿轮油泵的工作原理。A 向视图表达了泵体安装孔的形状与位置；B 向视图表达了定位销的结构。

4）尺寸标注

（1）规格与性能尺寸。

规格尺寸或性能尺寸是机器或部件设计时要求的尺寸。例如，图 5.1 – 3 中的进油口直径为 $\phi 10$，与进油量大小有关，可调节泵的流量大小。

（2）装配尺寸。

例如，图 5.1 – 3 中所标注传动齿轮轴 5 与左端盖 1、齿轮轴 15 与右端盖 4 的配合尺寸 $\phi 16H7/n7$；传动齿轮轴 5、齿轮轴 15 与泵体 3 的配合尺寸 $\phi 34.5H7/f7$。

（3）安装尺寸。

如图 5.1 – 3 所示，泵体通过 6 个均布的 M6 × 16 螺钉与其他部件连接，所以，M6 × 16 孔中心线与泵体底面的距离尺寸 95 mm 是安装尺寸，泵体底部 2 × $\phi 7$ 的孔也是安装尺寸。

（4）外形尺寸。

总长尺寸为 118 mm，宽度为 85 mm。

（5）其他重要尺寸。

泵体前后各有一个带管螺纹 G 3/8″的通孔。

（6）装配图上的技术要求。

要求装配完后内外转子应转动灵活，且加压时不得有渗漏。具体内容如图 5.1 – 3 中"技术要求"所示。

5）安装关系

（1）将齿轮轴 15、传动齿轮轴 5 装入泵体后，由左端盖 1、右端盖 4 支承这一对齿轮轴做旋转运动。

（2）由圆柱销 13 将左、右端盖与泵体定位后，用螺钉 11 连接成整体。

（3）为防止泵体与泵盖结合面及齿轮轴伸出端漏油，分别采用垫片 2 及密封圈 6、轴套 7、压紧螺母 14 密封。

6）装配关系

油泵的传动齿轮轴 5、齿轮轴 15 与泵盖、泵体上的孔的配合尺寸都属于基孔制，间隙配合（$\phi 16H7/n6$），既可保证轴在泵盖、泵体中转动，又可减小（或避免）轴的径向跳动。齿轮的齿顶与油泵体的内壁之间的配合尺寸为 $\phi 34.5H7/f6$，属于基孔制，间隙配合，可保证一对齿轮运转时不受阻碍。

齿轮轴 15 的轴向定位：由齿轮端面与左、右端盖内侧表面接触定位。

传动齿轮 8 在轴上的定位：用螺母和键进行固定和定位。

从连接方式来看，从图 5.1 – 3 可以看出，该齿轮油泵采用了 4 个圆柱销定位、12 个双头螺钉紧固，将泵盖与泵体牢固连接在一起。泵体前后各有一个带管螺纹 G3/8″的通孔，以便装入吸油管和出油管。

7. 由装配图拆画出零件图的方法

装配图是表达机器（或部件）装配关系和工作原理的图样，是生产中的主要技术文件之一。零件图与装配图之间互相联系又互相影响。在设计中，一般先画出装配图，而为了生产制造，还必须根据装配图拆画零件图。拆画零件图应在全面读懂装配图的基础上进行。

1）拆画零件图的方法

（1）充分读懂装配图。先将要拆画的零件结构形状分析清楚，再分离零件。分离零件的基本方法：首先，在装配图上找到该零件的序号和指引线，顺着指引线找到该零件；然后，利用投影关系、剖面线的方向找到该零件在装配图中的轮廓范围。

（2）选择所拆零件的主视图和其他视图。受装配图的限制，零件在装配图中的位置及表达方法往往与零件图的要求不符。因此，拆画时应根据零件的形状，按照零件图的要求来选择主视图和其他视图，而不可照抄装配图中对该零件的表示方法。

（3）根据拆画零件的件数和视图数目，可确定图形比例，然后选择适当大小的图幅。若图幅小，则可分栏进行。拆画零件工作图时，一般先画较复杂的主要零件。

注意：对零件上应有的倾角、圆角等都必须表示清楚；在装配图上被省略的重复投影不能在零件图上也省略，而必须补全。

（4）标注尺寸。此项工作应按零件图的要求进行，其尺寸数值一般是按照装配图上的比例在图中直接量取。对于非重要尺寸，应将尺寸数值取整数；对于有关标准化的尺寸（如标准直径、标准圆角等），都应采用标准尺寸。凡是零件间有配合关系的尺寸，都应该保持一致。

零件的主要尺寸和尺寸基准应根据零件在部件中所起的作用及装配连接关系确定。零件图中的尺寸来源有以下几方面。

①抄。装配图上已有的尺寸，一般都是比较重要的尺寸（规格性能尺寸、在部件上决定零件位置的装配尺寸等），它们将确保连接定位尺寸等的协调一致。

因此，凡是在装配图上已注明的有关零件的尺寸，应该按装配图上所著的尺寸数值直接标注在零件图上。对于有配合要求的尺寸，应标注偏差代号或偏差值。

②查国家标准。零件的退刀槽、倒角等与直径有关，对其数值要查设计手册。

③计算。螺纹孔的深度一般应根据被连接件的材料进行计算。例如，对于双头螺柱，若被连接件的材料为铸铁，则螺纹旋入深度为 $1.25d$，因此不通螺孔的螺纹深度为 $1.75d$，光孔的深度为 $2.25d$。

④在装配图上未注明的尺寸，则直接从图上按比例量取。

注意，以下尺寸不可在装配图上量取：

①装配图上已注出的尺寸。

②凡是有标准规定的尺寸（如螺栓、螺栓通孔直径、螺孔深度、沉头座、键槽以及倒角、退刀槽等的尺寸），都应从相应的标准中查出。

③非标准件而在明细表上已注出的尺寸，如某些零件的厚度、弹簧的尺寸等。

④需要根据装配图上所给的数据进行计算的尺寸，如齿轮。

（5）标注偏差代号或数值，表面粗糙度代号，填写技术要求及标题栏。

（6）复核、描深，并审核。

2）拆画零件图应注意的事项

（1）零件的视图表达方案应根据零件的结构形状确定，而不能盲目照抄装配图。

（2）在装配图中允许不画的零件的工艺结构（如倒角、圆角、退刀槽等），在零件图中应全部画出。

（3）零件图的尺寸（除在装配图中注出者外）、与标准件连接（或配合）的尺寸，如螺纹、倒角、退刀槽等，要查标准注出。对于有配合要求的表面，要标注尺寸的公差带代号或偏差数值。其余尺寸都在图上按比例直接量取，并圆整。

（4）根据零件各表面的作用和工作要求，注出零件各表面的粗糙度和几何公差。

①零件各表面的粗糙度：一般应根据表面的作用进行选择。

②有相对运动和配合要求的表面：粗糙度数值可取 $Ra\ 0.2 \sim 0.8$。

③无相对运动和配合要求的表面：粗糙度数值可取 $Ra\ 0.4 \sim 1.6$。

④有密封要求和需要耐磨耐腐蚀的表面：粗糙度数值可取 $Ra\, 0.4 \sim 1.6$。

⑤有接触但无相对运动的表面：粗糙度数值可取 $Ra\, 1.6 \sim 12.5$。

⑥自由表面：粗糙度数值可取 $Ra\, 25 \sim 100$。

如果零件表面形状和表面的相对位置有较高的精度，则还要在零件图上标注形位公差。

（5）根据零件在部件中的作用和加工条件，确定零件图的其他技术要求。对技术要求的制定、注写得正确与否，将直接影响零件的加工质量、使用要求和成本。可参考有关技术资料或近似的图纸。

 小贴士

在机器（或部件）的设计过程中，一般先设计、画出装配图，再根据装配图进行零件设计，画出零件图。在机器（或部件）的生产制造过程中，则应先根据零件图进行零件设计的加工和检验，再按照依据装配图所确定的装配工艺规程将零件装配成机器（或部件）。零件图和装配图的关系就像个人与集体，作为未来的工程师，我们应该形成个体服从集体的整体观。

学习过程

学习阶段一　认识装配图的规定画法

1. 装配图的内容包括一组视图、必要的尺寸、技术要求、_____。

2. 装配图的特殊画法有：拆卸画法、假想画法、夸大画法、_____。采用假想画法的部分轮廓所使用的线型为_____。

3. 装配图中必要的尺寸是指_____、_____、_____、装配尺寸和其他重要尺寸。

4. 接触面和配合面的画法。相邻两零件的接触面和配合面只画_____条线。（1 条、2 条）

5. 实心体和紧固件的画法。如图 5.1 – 12 所示，装配图中的实心件（如轴、键、销钉等），纵向剖切时_____剖面线。（画、不画）

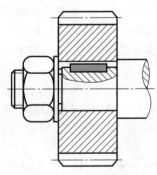

图 5.1 – 12　装配图中的实心件

6. 剖面线的画法，如图 5.1 – 13 所示。

同一个零件的剖面线在各视图中的方向和间隔要_____，相邻的两个零件的剖面线应该_____。（反向、同向）

三个零件相邻时，其中两个零件的剖面线应该方向_____，第三个零件的剖面线可以采用不同间隔的剖面线。

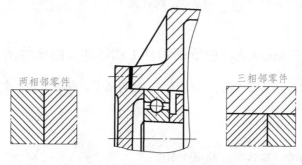

图 5.1 −13　装配图中剖面线的正确画法

7. 指出图 5.1 −14 中零部件序号的标注错误。

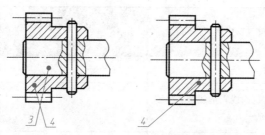

图 5.1 −14　装配图中剖面线的错误画法

小贴士

　　注意看清楚剖面线方向，灵活运用不同间隔的剖面线区分多个相邻零件，养成严谨细致的工作作风。

学习阶段二　读图 5.1 −1 所示的拆卸器装配图并填空

读装配图的基本要求：

（1）了解部件的工作原理和使用性能。

（2）弄清各零件在部件中的功能、零件间的装配关系和连接方式。

（3）读懂部件中主要零件的结构形状。

（4）了解装配图中标注的尺寸以及技术要求。

1. 该拆卸器由 _____ 种共 _____ 个零件组成。

2. 主视图采用了 _____ 剖和 _____ 剖；剖切面与俯视图中 _____ 的重合，故省略了标注；俯视图采用了 _____ 剖。

3. 图中的双点划线表示 _____，是 _____ 画法。

4. 图中的件 2 是 _____ 画法。

5. 图中有 _____ 个 10×50 的销，其中 10 表示 _____，50 表示 _____；

6. $S\phi14$ 表示 _____ 形的结构。

7. 图中的件 4 的作用 _____。

8. 图中 $\phi10H8/k7$ 的配合采用的基准制是 _____，孔的上偏差是 _____、下偏差是 _____、公差是 _____，轴的上偏差是 _____、下

偏差是_____、公差是_____，两者属于_____配合。（间隙、过盈或过渡）

学习阶段三　在 AutoCAD 中拆画零件 1 和零件 5 的零件图

选用 A3 图幅，1∶1 绘制零件图，标注尺寸，完善图纸，保存于同一文件。

任务实施

完成学习阶段二和学习阶段三，并提交图纸。

检查评估

检查项目	结果评估 （学生填写）	自评分 （学生填写）	教师总评
1. 零件图与装配图是否一致			
2. 各线（螺纹孔、波浪线、剖面线）的线型、粗细是否正确，点划线长度是否合适			
3. 尺寸标注是否正确、完整、清晰			
4. 表面粗糙度的标注是否正确			
5. 技术要求表达是否正确			
6. 标题栏表达是否正确			

注：评分等级分为优、良、中、及格、不及格。

 小结及反思

在读图 5.1–1 的过程中，有哪些图形信息看不懂？记录下来，并请教教师或同学。

任务5.2 认识和绘制螺纹连接件

姓名：_____ 班级：_____ 学号：_____

任务描述

如图 5.2 – 1 所示，学习有关螺纹连接的规定画法及螺纹紧固件的标记方法，完成减速器螺栓连接和螺钉连接的绘制，包括选择规格和写出标记。

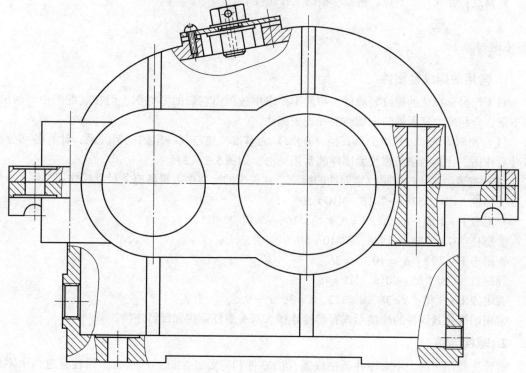

图 5.2 – 1　减速器螺纹连接

项目 5　装配图的识读与绘制 ■ **251**

(1) 填写减速器标准件清单。

名称	数量	材料	规格	备注

(2) 绘制减速器箱体箱盖螺栓连接和螺钉连接。

任务提交：拍照上传提交 A2 图幅草图（应包含箱体箱盖外形图，至少一个螺钉和一个螺栓连接）、工作页（可根据情况选做，通过课堂提问或网上测试完成均可），提交检查评估表。

完成时间：＿＿＿＿＿＿＿＿＿＿＿＿＿＿。

知识点：螺纹连接。

技能点：能绘制常用的螺纹连接件。

素养点：养成一丝不苟、精益求精的工作态度。

理论指导

1. 常用的螺纹紧固件

对于已经标准化的螺纹紧固件，一般不要求单独画出它们的零件图，但在装配图中要画出。接下来，介绍螺纹紧固件的比例画法和查表画法。

（1）比例画法：以螺纹公称直径（D、d）为基准，按与其一定的比例关系，计算各部分的尺寸后作图。比例画法是螺纹紧固件的常用画法，如图 5.2-2 所示。

（2）查表画法：根据螺纹紧固件的标记，在相应的标准中查得各有关尺寸后作图。例如：

①螺栓　GB/T 5782—2016　M10×50

查附表 H-1 得：$b=26$，$k=6.4$，$s=16$，$e=17.77$（A 级）。

②螺柱　GB/T 897—1988　AM10×50

查附表 H-2 得：$b_m=10$，$b=26$。

③螺钉　GB/T 65—2016　M5×45

查附表 H-3 得：$b=38$，$n=1.2$，$k=3$，$d_k=9.5$，$t=1.2$。

常用的螺纹紧固件的连接形式有螺栓连接、双头螺柱连接和螺钉连接。

2. 螺栓连接

螺栓连接用于两个不太厚并能钻成通孔的零件和需要经常拆卸的场合。螺栓穿过两个零件的光孔，另一端加上垫圈，旋上螺母并拧紧，即完成螺栓连接，如图 5.2-3 所示。工程上常出

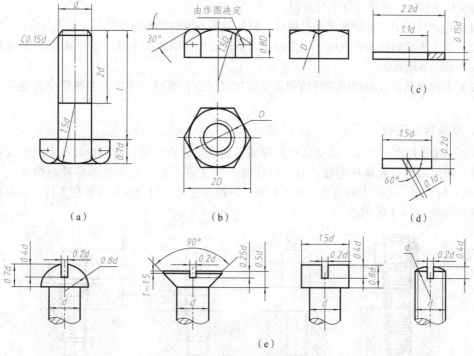

图 5.2-2　螺纹紧固件的比例画法

（a）螺栓；（b）螺母；（c）平垫圈；（d）装配中的弹簧垫圈；（e）四种螺钉头部的画法

现不同厚度的零件，因此螺栓长度有各种长度规格。螺栓公称长度 l 可按下式进行估算：

$$l \geqslant \delta_1 + \delta_2 + h + m + a$$

式中，δ_1,δ_2——两个被连接件的厚度；

　　　h——垫圈厚度；

　　　m——螺母厚度；

　　　a——螺栓伸出螺母的长度。

其中，h、m 均以 d 为参数按比例（或查表）画出；$a \approx (0.2 \sim 0.3)d$。根据估算值查表选取一个与之相近或略大的标准值，使其符合标准规定的长度。螺栓连接的规定画法如图 5.2-4 所示。

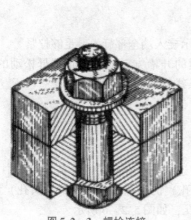

图 5.2-3　螺栓连接

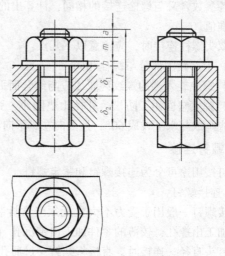

图 5.2-4　螺栓连接的画法

画螺栓连接时，应注意以下几方面：

（1）在剖视图中，剖切平面通过螺栓、螺母和垫圈等均按不剖绘制。

（2）对于不接触的相邻表面，则需画出两条轮廓线（间隙过小者可夸大画出），两零件接触表面处只画一条轮廓线。

（3）在剖视图中，相邻两零件的剖面线应加以区别，而同一零件在各视图中的剖面线必须相同。

3. 双头螺柱连接

若被连接零件之一较厚，或受结构的限制不适宜用螺栓连接，或因拆卸频繁而不宜采用螺钉连接，则常采用双头螺柱连接。双头螺柱的一端（旋入端）旋入较厚零件的螺孔，另一端（紧固端）穿过另一零件上的通孔，套上垫圈，用螺母拧紧，即完成双头螺柱连接。双头螺柱连接的画法如图 5.2−5 所示。

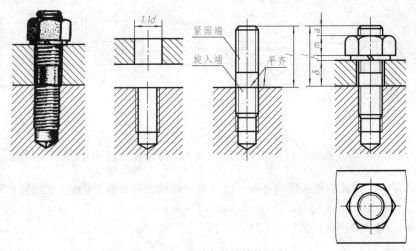

图 5.2−5　双头螺柱连接的画法

图中，螺柱的公称长度 l 可用下式求出：

$$l \geqslant \delta + h + m + a$$

式中，各参数含义与螺栓连接的相同，计算出的 l 值应在相应的螺柱公称长度系列中选取与其相近的标准值。

画双头螺柱连接时，应注意以下几点：

（1）上部紧固部分与螺栓相同。

（2）螺柱旋入端的螺纹终止线应与结合面平齐，表示旋入端全部旋入，足够拧紧。

（3）弹簧垫圈用于防松，外径比垫圈小，弹簧垫圈的开槽方向应是阻止螺母松动的方向，在图中应画成与水平线成 60°，且上向左、下向右的两条线（或一条加粗线）。

4. 螺钉连接

螺钉按用途可分为连接螺钉和紧定螺钉。

1）连接螺钉

连接螺钉一般用于受力不大且无须经常拆装的零件连接中。在它的两个被连接件中，较厚的零件加工出螺孔，较薄的零件加工出带沉孔（或埋头孔）的通孔，沉孔（或埋头孔）直径稍大于螺钉头直径。连接时，直接将螺钉穿过通孔拧入螺孔，如图 5.2−6 所示。

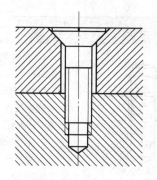
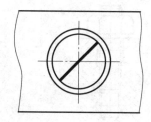

图 5.2 – 6　螺钉连接的画法

螺钉的公称长度 l 可用下式计算：

$$l \geqslant \begin{cases} \delta + b_{\mathrm{m}}, & \text{没有沉孔} \\ \delta + b_{\mathrm{m}} - t, & \text{有沉孔} \end{cases}$$

式中，δ——通孔零件厚度；

　　　b_{m}——螺纹旋入深度，可根据被旋入零件的材料决定（同双头螺柱）；

　　　t——沉孔深度。

计算出的 l 值应从相应的螺钉公称长度系列中选取与它相近的标准值。

画连接螺钉连接时，应注意以下几点：

（1）在近似画法中，螺纹终止线应高于两零件的接触面，螺钉上螺纹部分的长度约为 $2d$。

（2）钉头部与沉孔间有间隙，应画两条轮廓线。

（3）对于螺钉头部的一字槽，在平行于轴线的视图中应放正，将其画在中间位置；在垂直于轴线的视图中应按规定画成与中心线成 45°，也可用加粗的粗实线简化表示。

2）紧定螺钉

紧定螺钉用于固定两个零件的相对位置，使它们不发生相对运动，图 5.2 – 7 所示为紧定螺钉连接的规定画法。

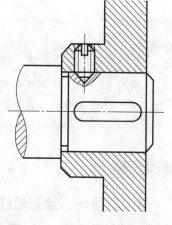

图 5.2 – 7　紧定螺钉连接的画法

绘制螺纹紧固件的连接图时，需要注意的细节比较多，现将容易出现的错误画法集中进行正误对照，见表 5.2 – 1。

表 5.2 – 1　螺纹紧固件连接画法正误对照

名称	正确画法	错误画法	说明
螺栓连接			1. 两个被连接件的剖面线方向应相反； 2. 螺栓与孔之间应画出间隙

名称	正确画法	错误画法	说明
螺柱连接	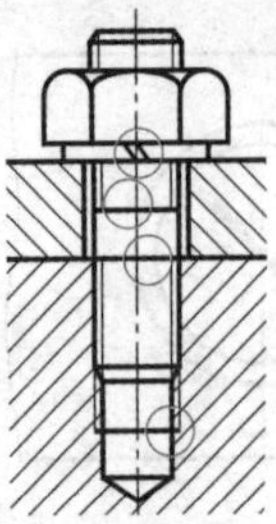	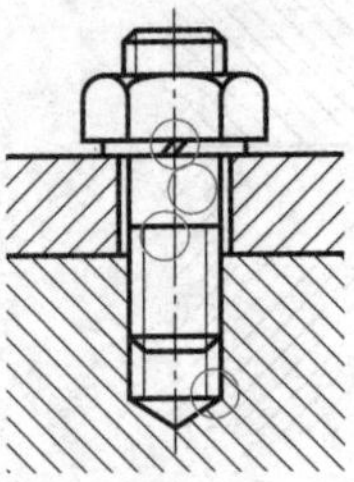	1. 弹簧垫圈的开口方向应向左斜； 2. 螺柱旋入端的螺纹终止线与两被连接件接触面轮廓线平齐，表示已拧紧； 3. 不应漏画紧固端螺纹终止线； 4. 螺纹孔底部的画法应符合加工实际情况
螺钉连接	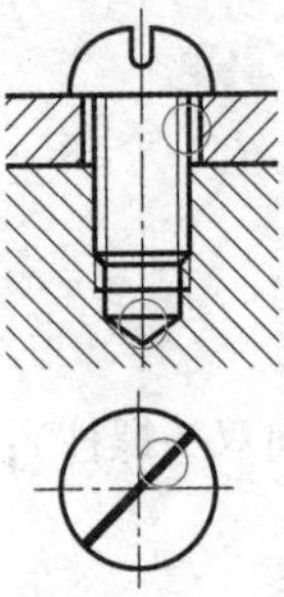	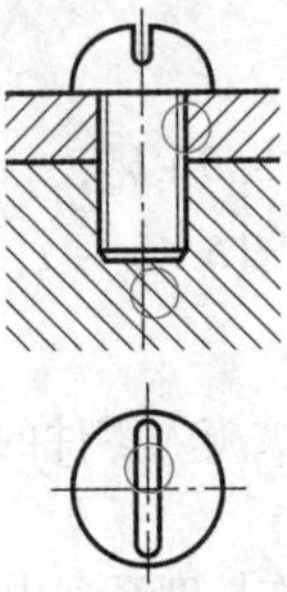	1. 螺纹与孔之间应画间隙； 2. 螺纹孔深应长于螺钉旋入深度； 3. 螺钉头槽沟在俯视图中应按规定画成45°

小贴士

要仔细分辨三种螺纹紧固件的连接方式，注意区分螺纹粗线和细线。多看多练，培养一丝不苟、精益求精的工作态度。

学习过程

学习阶段一　绘制螺栓连接

1. 螺栓连接。

（1）分别写出下面3幅图中螺纹连接的类型名称：_____、_____、_____。

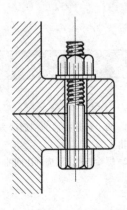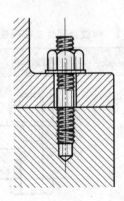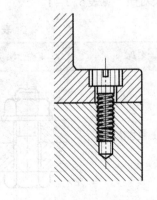

（2）判断下图哪个正确，并圈出错误之处。

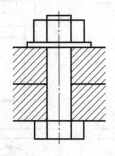 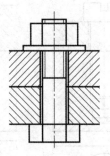

2. 螺栓连接的绘图步骤。

①根据螺栓的_____，按_____计算各部分尺寸。

②计算并查表，确定螺纹紧固件的公称长度 l。

③作图。

其中，计算所得的长度 $l_{计}$ = _____；被连接件的孔径 $= 1.1d$。

3. 用 M10 的螺栓（GB/T 5782—2016）、螺母（GB/T 6170—2015）和垫圈（GB/T 97.1—2002）连接两个厚度分别为 $t_1 = 10$ mm、$t_2 = 16$ mm 的板，试完成其作图。

计算所得的长度 $l_{计}$ = _____；l = _____。

螺栓标记：_____

学习阶段二　绘制螺钉连接

阅读课本相关内容，完成以下练习。

1. 螺钉长度 $l_{计}$ = _____，b_m 由被旋入件材料决定：钢 $b_m = d$；铸铁 $b_m = 1.25d$ 或 $1.5d$；铝 $b_m = 2d$。

2. 绘制螺钉槽口时，正确的画法是（　　）。

A. 主视图放正绘制　　　　B. 俯视图水平右倾45°　　　C. 槽宽小于 2 mm 时可涂黑

3. 螺钉连接的规定画法。

（1）写出图中箭头所指位置为什么有 2 个 $0.5d$？

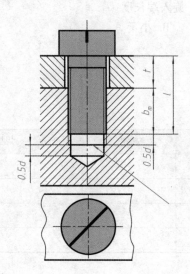

（2）圈出下图中的错误之处。

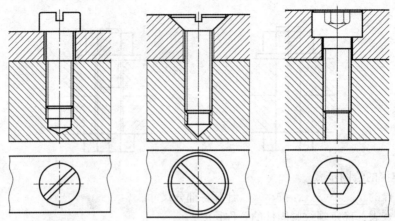

＊学习阶段三　认识双头螺柱连接。

1. 判断下图中哪个正确，并圈出错误之处。

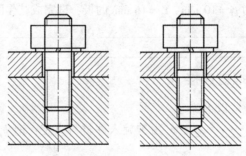

2. 螺柱的旋入端必须_____地旋入螺孔。

A. 少于一半　　　　　　　B. 大于一半　　　　　　　C. 全部

3. 旋入端的螺纹终止线应_____两个被连接零件的接触面。

A. 平齐　　　　　　　　　B. 高于　　　　　　　　　C. 低于

4. 螺纹孔的深度应_____旋入端长度。

A. 大于　　　　　　　　　B. 小于　　　　　　　　　C. 等于

 任务实施

1. 绘制箱体箱盖螺栓连接。

（1）螺纹紧固件选型。

名称	数量	材料	规格	备注
螺栓1				
螺栓2				
螺母				
垫圈				

（2）在空白处完成下图中箱体、箱盖的两处螺栓连接和一处销连接。

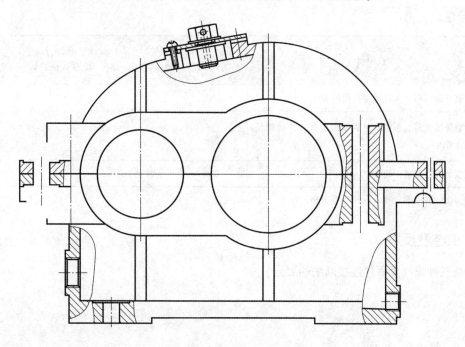

2. 绘制箱盖视孔盖螺钉连接。

（1）螺钉选型。

名称	数量	材料	规格	备注
螺钉				

（2）参照下图中通气塞左边的螺钉连接，在右侧空白处绘制另一个螺钉连接。

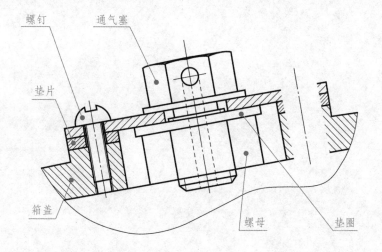

检查项目	结果评估 （学生填写）	自评分 （学生填写）	教师总评
1. 绘制外螺纹时，大径线是否用粗实线			
2. 绘制外螺纹时，小径线是否用细实线，小径线是否画到倒角内			
3. 螺纹的标注是否正确			

注：评分分为优、良、中、及格、不及格。

小结及反思

总结三种螺纹紧固件连接画法的要点。

姓名：＿＿＿＿＿＿ 班级：＿＿＿＿＿＿ 学号：＿＿＿＿＿＿

任务描述

根据测绘的减速器低速轴系零件图（图 5.3－1），拼画低速轴系装配图（图 5.3－2），学习键连接、销钉连接及轴承的规定画法及标记。

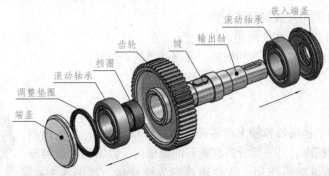

图 5.3－1 减速器低速轴各零件示意图

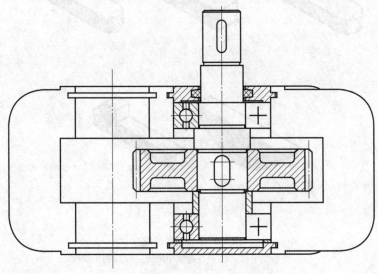

图 5.3－2 减速器低速轴系装配图

任务提交：拍照提交 A2 图幅草图（包括布局、基准线及低速轴系装配结构图）、工作页（可根据情况选做，通过课堂提问或网上测试完成均可），提交检查评估表。

完成时间：＿＿＿＿＿＿＿＿＿＿＿＿。

学习要点

知识点：

（1）根据零件图拼画装配图。

（2）装配图中键连接、销钉连接和轴承的画法。

技能点：

（1）能根据零件图用尺规拼画装配图。

（2）会查阅资料获取标准件的相关信息。

素养点：绘制装配图需要耐心和细致，强调细节的重要性。

理论指导

工程上，键常用于连接轴和轴上的零件（齿轮、带轮等），其中键的一部分嵌在轴上的键槽内，另一部分嵌在轮毂的键槽内，以实现轮毂与轴同步转动，起到传递扭矩的作用，这种连接称为键连接，如图 5.3－3 所示。

图 5.3－3　键连接

1. 常用键及其标记

键是标准件，常用的键有普通型平键、普通型半圆键、钩头楔键和花键等，如图 5.3－4 所示。其中，普通型平键应用最广，按轴槽结构可分圆头普通平键（A 型）、平头普通平键（B 型）和单圆头普通平键（C 型）三种类型。零件上键槽的加工如图 5.3－5 所示。

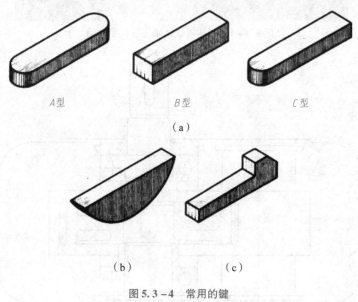

A型　　　　　　B型　　　　　　C型

（a）

（b）　　　　　　（c）

图 5.3－4　常用的键

（a）普通型平键；（b）普通型半圆键；（c）钩头楔键

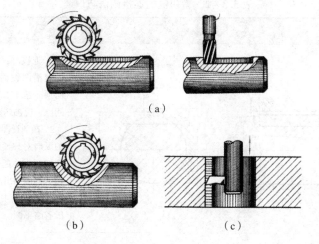

图 5.3 – 5   零件上键槽的加工

（a）铣削轴上平键键槽；（b）铣削轴上半圆键键槽；（c）插制轮孔中键槽

键是标准件，其结构形式和规定标记见表5.3 – 1。

表 5.3 – 1   键的结构形式和规定标记

名称	标准号	图例	标记示例
普通型平键	GB/T 1096—2003		$b = 18$ mm、$h = 11$ mm、$L = 100$ mm，普通型平键 B 型的标记： GB/T 1096 键 B18 × 11 × 100 说明：普通平键 A 型，可不标出 A
普通型半圆键	GB/T 1099.1—2003		$b = 6$ mm、$h = 10$ mm、$D = 25$ mm，普通型半圆键的标记： GB/T 1099.1 键 6 × 10 × 25
钩头楔键	GB/T 1565—2003		$b = 18$ mm、$h = 11$ mm、$L = 100$ mm，钩头楔键的标记： GB/T 1565 键 18 × 100

常用键的连接画法与识读见表5.3 – 2。

表 5.3-2　常用键的连接画法与识读

名称	连接画法	说明
普通型平键	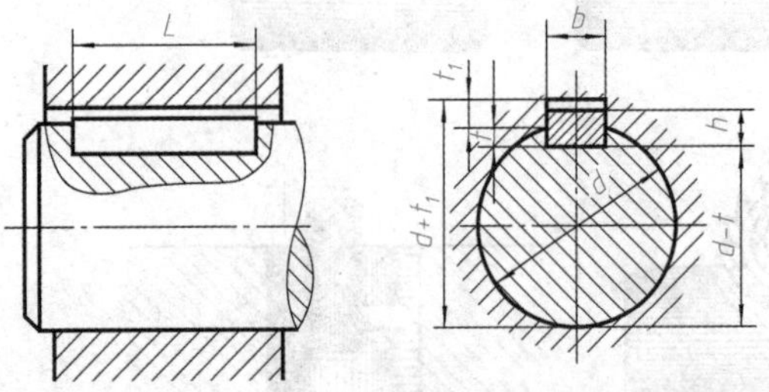	1. 连接时，键的两侧是工作面，键与键槽两侧面接触，分别画一条线；而顶面是非工作表面，键与轮毂槽有间隙，应画两条线。 2. 在剖视图中，当剖切平面通过键的纵向对称面时，键按不剖绘制。当剖切平面垂直于轴线剖切键时，被剖切的键应画出剖面线。 3. 在连接中，键的倒角或小圆角一般省略不画
普通型半圆键	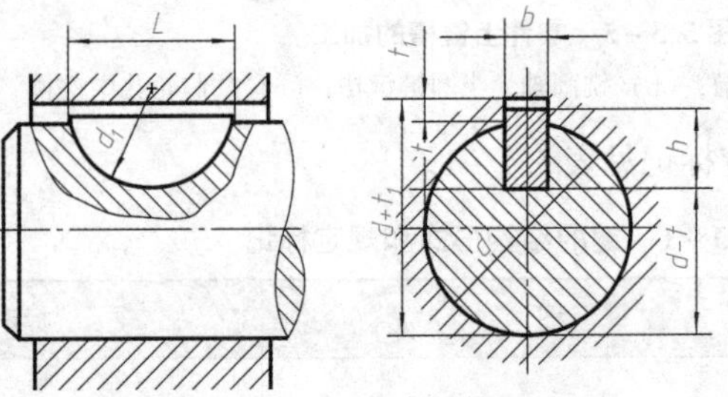	其画法与普通型平键相同
钩头楔键	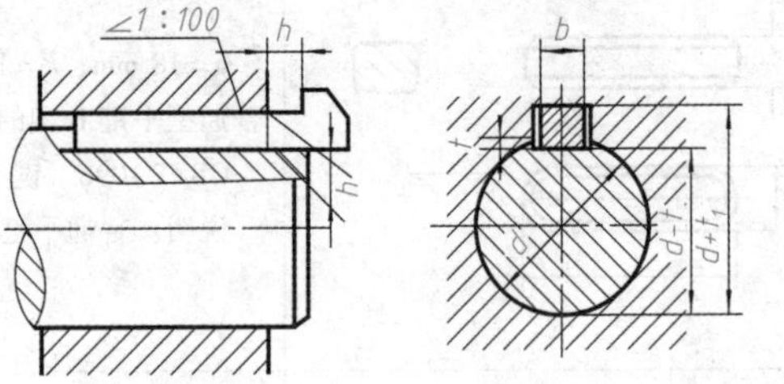	键的斜面与轮毂上键槽顶部的斜面是工作面，紧密接触，只画一条线；而两侧面为非工作表面，键与轮毂槽有间隙，应画两条线

2. 销连接

工程上，常用的销有圆柱销、圆锥销和开口销。圆柱销和圆锥销可用于连接零件和传递动力，也可在装配时定位用。开口销常用在螺纹连接的锁紧装置中，以防止螺母松动。

圆柱销、圆锥销和开口销的图例、画法、规定标记及连接画法列于表 5.3-3。

表 5.3-3　销的类型及其规定标记

名称	圆柱销	圆锥销	开口销
标准号	GB/T 119.1—2000	GB/T 117—2000	GB/T 91—2000
图例	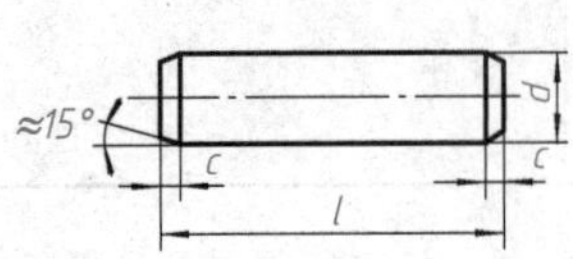	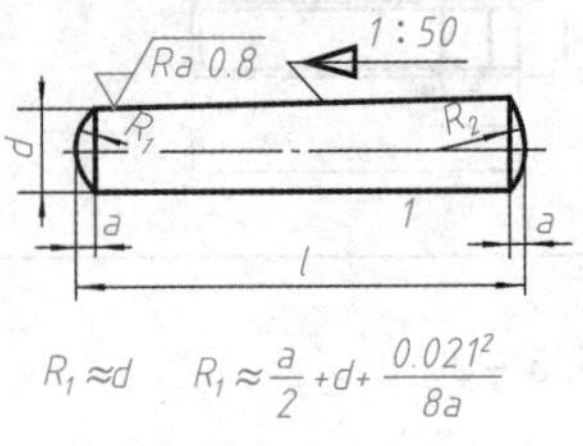 $R_1 \approx d$　$R_1 \approx \dfrac{a}{2} + d + \dfrac{0.021^2}{8a}$	

数直接表示，但与尺寸系列之间用"/"隔开。

（2）前置、后置代号。

前置、后置代号是轴承在结构形状、尺寸、公差、技术要求等有改变时，在其基本代号左右添加的补充代号。前置代号置于基本代号左边，用数字表示；后置代号置于基本代号右边，用字母（或附加数字）表示。

轴承代号一般印在轴承外圈的端面上。例如，滚动轴承代号为6210，其含义说明如下：

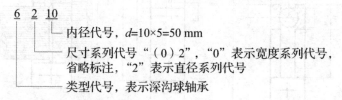

6 2 10
└── 内径代号，$d=10×5=50$ mm
└── 尺寸系列代号"（0）2"，"0"表示宽度系列代号，省略标注，"2"表示直径系列代号
└── 类型代号，表示深沟球轴承

3）滚动轴承的画法

滚动轴承应按 GB/T 4459.7—2017 中的规定绘制，即在装配图中，当不需要确切地表示滚动轴承的形状和结构时，可采用简化画法和规定画法来绘制。简化画法又可采用通用画法（图5.3-8）或特征画法来表示。表5.3-5所示为滚动轴承的规定画法、特征画法及装配画法。

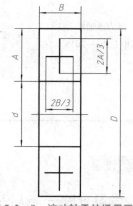

图5.3-8 滚动轴承的通用画法

表5.3-5 滚动轴承的规定画法、特征画法及装配画法

名称和标准号	查表主要数据	规定画法	特征画法	装配画法
深沟球轴承 GB/T 276—2013	D、d、B			
圆锥滚子轴承 GB/T 297—2015	D、d、B、T、C			

名称和标准号	查表主要数据	规定画法	特征画法	装配画法
推力球轴承 GB/T 301—2015	D、d、T	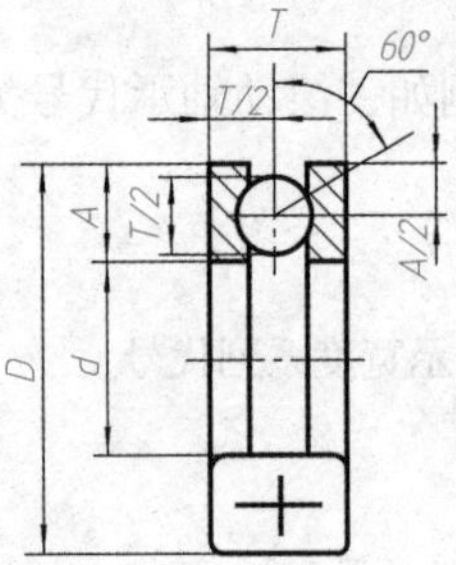	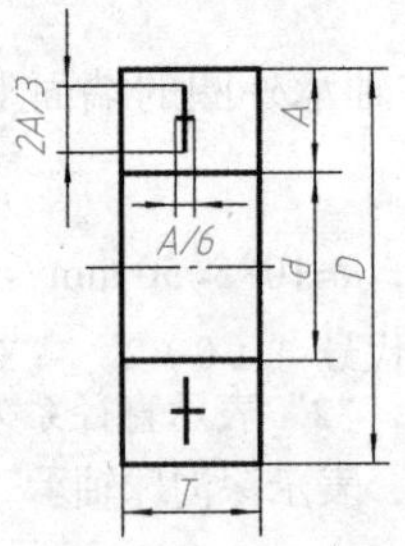	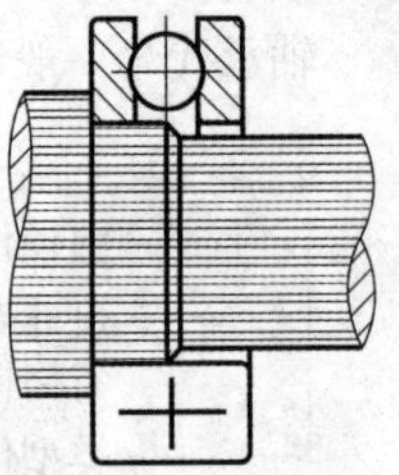

学习过程

学习阶段一　认识装配图中键连接的画法及标记

1. 键通常用于联结_____与_____（如齿轮、带轮等），使它们和轴一起转动。

2. 键槽的尺寸（槽宽和槽深）应根据_____查表确定。

A. 轴的直径尺寸　　　　B. 轴的长度尺寸　　　　C. 键的受力大小

3. 从动轴系装配图中，若键连接处轴的直径为 $\phi 40$，查附表得知：

键的宽度为 $b =$ _____，键的高度为 $h =$ _____，轴上键槽深度 $t_1 =$ _____，轮毂上键槽深度 $t_2 =$ _____。键的标记是_____。按照 1∶1 比例画出键连接装配图。

学习阶段二　掌握轴承查表方法，绘制从动轴系轴承

1. 轴承用于支承轴，分为_____和_____，在机器中被广泛应用的是_____。

2. 滚动轴承按其受力方向，可分为_____、_____和_____三大类。

3. 写出以下轴承代号的含义。

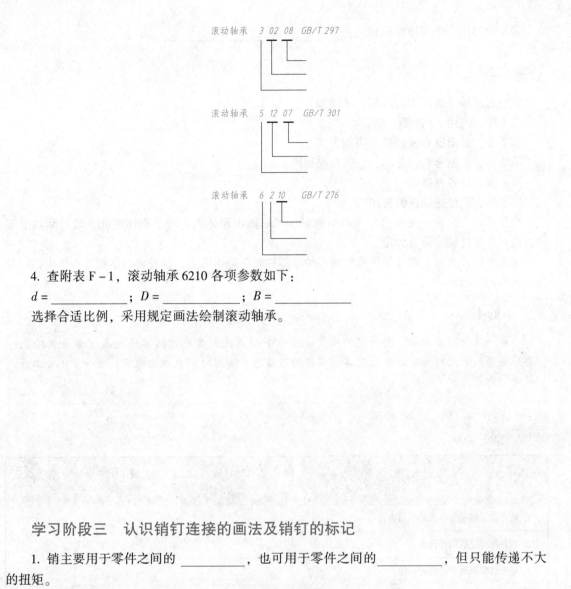

滚动轴承　3 02 08　GB/T 297

滚动轴承　5 12 07　GB/T 301

滚动轴承　6 2 10　GB/T 276

4. 查附表 F – 1，滚动轴承 6210 各项参数如下：

$d =$ _____ ; $D =$ _____ ; $B =$ _____

选择合适比例，采用规定画法绘制滚动轴承。

学习阶段三　认识销钉连接的画法及销钉的标记

1. 销主要用于零件之间的 _____ ，也可用于零件之间的 _____ ，但只能传递不大的扭矩。

2. 常用的销有 _____ 、 _____ 、开口销等。

3. 画出下图圆柱销的连接图。

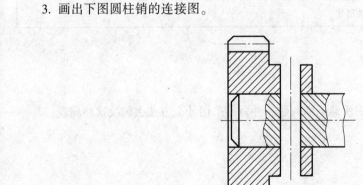

4. 请举例写出一个圆柱销的标记： _____ ；

请举例写出一个圆锥销的标记：_____。

任务实施

完成低速轴系装配图的绘制。步骤如下：

第1步，选用 A2 图纸。

第2步，画图框和标题栏、明细表。

第3步，根据总长、总高、总宽布局视图。

第4步，画各基准线。

第5步，画低速轴系俯视图。

建议先画大齿轮，找准定位基准后画轴，然后画出箱体内外壁、箱体座孔，最后画轴上零件，检查各零件轴向是否固定。

第6步，检查轴上零件是否有缺漏、轴上零件轴向是否固定；检查密封结构是否画出，以及装配结构的正确性。

小贴士

第一次绘制装配图，有一定的难度，需静下心来找出最关键的零件先画（如大齿轮），再通过查附表或相关资料来获取其他零件绘图信息。绘图时，应注意细节，进一步体会工匠精神的内涵。

检查评估

检查项目	结果评估 （学生填写）	自评分 （学生填写）	教师评分
1. 是否做了较充分的课前学习准备			
2. 能否按时完成工作任务			
3. 是否已掌握轴承的规定画法			
4. 是否已掌握键连接的规定画法			
5. 是否会查阅资料获取键槽和轴承的相关尺寸			

注：评分分为优、良、中、及格、不及格。

小结及反思

列出在画低速轴系装配图过程中所遇到的问题，并写出采用什么方法去解决这些问题。

 **任务5.4** 尺规绘制减速器高速轴系装配图

任务描述

根据测绘的高速轴系零件图，拼画高速轴系装配图（图5.4-1）。通过该项目，认识齿轮啮合的规定画法，进一步巩固装配图的画法。

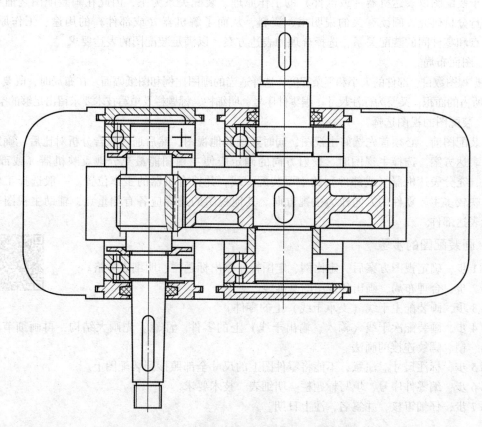

图5.4-1 减速器高速轴系和低速轴系装配图

任务提交： 拍照上传提交 A2 图幅草图（高速轴系和低速轴系装配结构图）。

完成时间： _____。

学习要点

知识点： 从零件图拼画装配图的方法和步骤。

技能点：

（1）会用尺规绘制零件图，会使用图板和丁字尺。

（2）会查阅资料获取标准件的相关信息。

素养点： 提高分析问题和解决问题的能力。

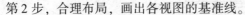

理论指导

装配图和零件图在设计、制造过程中起着不同的作用，这就决定了它们在表达方面有所差异。零件图以表达零件的结构形状为主，装配图则以表达机器（或部件）的工作原理、装配关系为主。所以，画装配图是培养投影理论综合应用和制图熟练技能的最佳训练。

1. 装配图的绘制基本方法

1）了解部件的装配关系和工作原理

由于装配图以表达机器（或部件）的工作原理、装配关系为主，因此在画装配图之前要对部件进行分析研究，阅读有关的说明书、资料，从而了解机器（或部件）的用途、工作原理、结构特点和零件间的装配关系，选择合理的表达方案，以满足装配图的表达要求。

2）图面布局

根据视图数目、部件的大小和复杂程度，选择适当的画图比例和图纸幅面。在布局时，既要考虑各视图所占的面积，又要为标注尺寸、编零件序号、明细栏、标题栏及填写技术要求留出足够的空间。

3）装配图的视图选择

画装配图前，必须首先选好主视图，同时兼顾其他视图，然后通过综合分析对比后，确定一组图形表达方案。选择主视图时，投射方向的确定应使主视图能最充分地反映机器（或部件）的特征，充分表达机器（或部件）的主要装配干线，并符合机器的工作位置。一般选择工作位置且反映较多主要零件的方向作为主视方向。其他视图的选择应各有侧重点，辅助主视图完整清晰地表达部件。

2. 画装配图的步骤

第1步，确定视图方案后，定比例、定图幅，画出标题栏、明细表框格。

第2步，合理布局，画出各视图的基准线。

第3步，画装配主干线（支承干线）上的零件。

第4步，画装配次干线（输入、输出干线）上的零件。注意：先画大结构，再画细节；特别是键、销、螺纹连接的画法。

第5步，标注尺寸。注意，不能将零件图上的尺寸全部照抄到装配图上。

第6步，编零件序号，填写标题栏、明细表、技术要求。

第7步，仔细审核，并签名，注上日期。

学习过程

学习阶段一 分析高速轴系结构

1. 高速轴系由_____种零件组成，其中标准件有_____。

2. 轴承的作用是_____。

高速轴的轴承代号为_____，查表可知 $d =$ _____，$D =$ _____，

$B =$ _____。

3. 挡油环的作用是_____。

4. 查表写出高速轴上密封圈的标记：_____。

5. 计算低速轴和高速轴的中心 $a =$ _____。

小贴士

　　高速轴系和低速轴系的标准件绘制方法一样，只是尺寸不同而已。要学会查阅资料，举一反三，在一次次查询－分析－绘制－修正的过程中，不断提高分析问题和解决问题的能力。

 任务实施

完成测绘的高速轴装配图的绘制。步骤如下：

第1步，检查两轴中心距是否正确。

第2步，确定基准，绘制高速轴。

第3步，绘制挡油环。

第4步，绘制轴承。

第5步，绘制端盖及密封圈。

第6步，检查轴上零件是否有缺漏、轴上零件轴向是否固定、密封结构是否画出，并检查装配结构的正确性。

 检查评估

检查项目	结果评估（学生填写）	自评分（学生填写）	教师评分
1. 是否做了较充分的课前学习准备			
2. 能否按时完成工作任务			
3. 是否已掌握轴承的规定画法			
4. 是否已掌握挡油环的画法			
5. 是否会查阅资料获取键槽和轴承的相关尺寸			

注：评分分为优、良、中、及格、不及格。

 小结及反思

说说你在画高速轴系装配图时，与之前画低速轴系装配图相比有哪些进步？

任务5.5　使用AutoCAD绘制减速器装配图

姓名：＿＿＿＿＿＿＿班级：＿＿＿＿＿＿＿学号：＿＿＿＿＿＿＿

任务描述

本任务是在测绘并绘制了减速器主要非标准零件图的基础上，用 AutoCAD 拼画装配图，通过该任务来巩固齿轮啮合的画法及装配图的规定画法，并学会用 AutoCAD 拼画装配图的方法。减速器轴系装配图俯视图如图 5.5－1 所示。

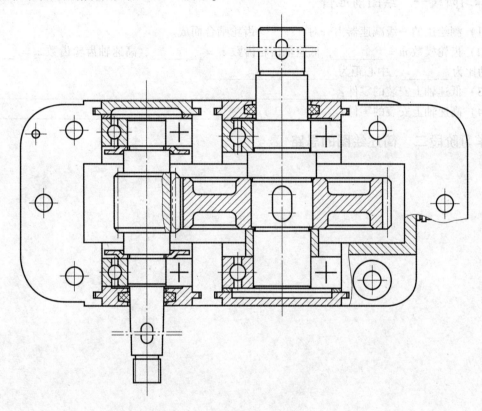

图 5.5－1　减速器轴系装配图俯视图

任务提交： 提交轴系装配 AutoCAD 文件（可先补标注）。

完成时间： ＿＿＿＿＿＿＿＿＿＿＿。

学习要点

知识点：

（1）齿轮的啮合画法。

（2）装配图的规定画法、装配结构、剖面线、文字、编辑图形，孔的标注，公差、粗糙度的标注。

技能点：学会使用 AutoCAD 绘制装配图。

素养点：善于总结和反思，才能不断进步，不断提升严谨细致、精益求精的综合素养。

理论指导

在任务 4.5 已经详细介绍了单个标准圆柱齿轮的参数和画法以及两个圆柱齿轮啮合画法，在此不再赘述。

学习过程

学习阶段一　绘图前准备

（1）测绘用的一级减速器由一对＿＿＿＿＿＿齿轮啮合而成。

（2）齿轮模数 $m =$ ＿＿＿＿＿＿，低速轴齿轮齿数 $z_1 =$ ＿＿＿＿＿＿，高速轴齿轮齿数 $z_2 =$ ＿＿＿＿＿，其传动比为＿＿＿＿＿＿，中心距为＿＿＿＿＿＿＿＿＿＿。

（3）低速轴上安装的零件：＿＿＿＿＿＿＿＿＿＿＿＿＿＿＿＿＿＿＿＿＿＿＿＿＿＿＿。

（4）高速轴上安装的零件：＿＿＿＿＿＿＿＿＿＿＿＿＿＿＿＿＿＿＿＿＿＿＿＿＿＿＿。

学习阶段二　简述绘图的思路

小贴士

总结和反思很重要，在学习过程中，要不断总结经验和方法，反思存在的问题，积极寻求解决方法，才能不断进步，不断提升严谨细致、精益求精的综合素养。

拓展知识：使用 AutoCAD 绘制减速器箱盖零件图，如图 5.5 – 2 所示。

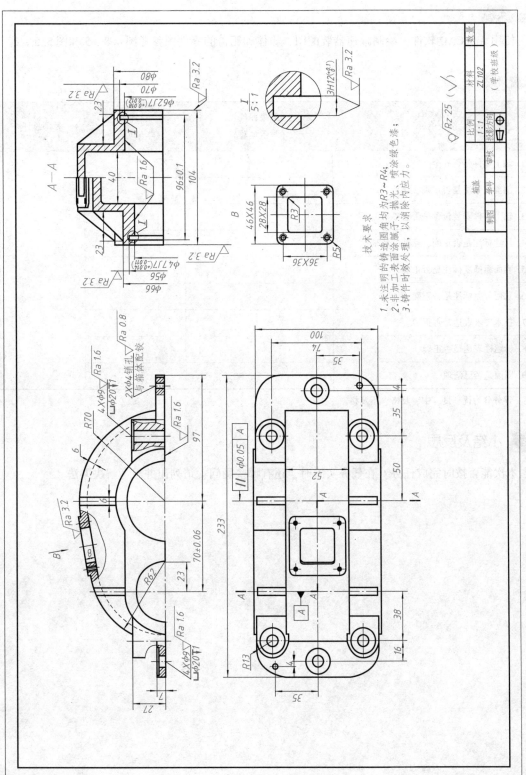

技术要求

1. 未注明的铸造圆角均为R3~R4;
2. 非加工表面涂腻子、抛光、喷涂绿色漆;
3. 铸件时效处理,以消除内应力。

图 5.5－2　箱盖零件图

任务实施

　　使用 AutoCAD 软件，绘制减速器装配图，箱体和箱盖的零件图参考图 4.8 – 5 和图 5.5 – 2。

检查评估

检查项目	结果评估 （学生填写）	自评分 （学生填写）	教师总评
1. 轴上零件是否齐全			
2. 剖面线画法是否正确、规范			
3. 轴上零件安装位置是否正确			
4. 尺寸标注是否正确、完整、清晰			
5. 表面粗糙度标注是否正确			
6. 几何公差标注是否正确			
7. 技术要求表达是否正确			
8. 标题栏表达是否正确			
9. 图面是否已清理			

注：评分分为优、良、中、及格、不及格。

小结及反思

　　本次能否按时完成任务？在任务实施时，还有哪些疑问，请列出并思考解决办法。

姓名：＿＿＿＿＿＿　班级：＿＿＿＿＿＿　学号：＿＿＿＿＿＿

任务描述

任务一：确定减速器下列部位配合之间的配合类型，选择配合代号，将配合尺寸标注在图 5.6－1 所示的装配图上。

（1）高速轴系：轴承内圈与轴、轴承外圈和箱体之间。

（2）低速轴系：齿轮与轴、轴承内圈与轴、轴承外圈和箱体之间。

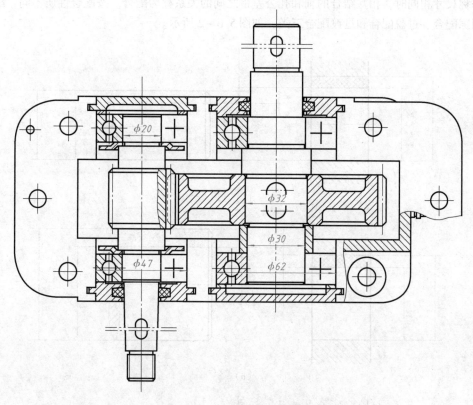

图5.6－1　减速器轴系装配图

任务二：设计从动轴系齿轮内孔，轴上安装齿轮轴段、安装轴承轴段的尺寸精度，并将尺寸公差标注在零件图（在学生自己已经绘制的低速轴和齿轮零件图上完成）。

任务三：设计减速器其他零件配合部位的尺寸精度，并将尺寸公差标注在已测绘零件图的相应位置。

任务提交： 提交轴系装配 AutoCAD 文件。

完成时间： ＿＿＿＿＿＿。

知识点：极限与配合的选用、标注。

技能点：能根据零件的服役条件，选择合理的极限与配合，并能正确地标注在图样（装配图、零件图）上。

素养点：学会辩证看问题，具有协作配合意识和团队精神。

理论指导

1. 配合及配合制度

1）配合类型

公称尺寸相同时，相互结合的轴和孔公差带之间的关系称为配合。按配合性质不同，配合可分为间隙配合、过盈配合和过渡配合三类，如图 5.6－2 所示。

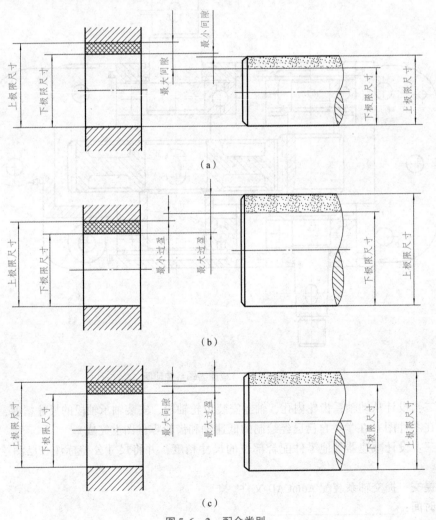

图 5.6－2　配合类别

（a）间隙配合；（b）过盈配合；（c）过渡配合

间隙配合：具有间隙（包括最小间隙等于零）的配合。此时，孔的公差带在轴的公差带上方。

过盈配合：具有过盈（包括最小过盈等于零）的配合。此时，孔的公差带在轴的公差带下方。

过渡配合：可能具有间隙或过盈的配合。此时，轴和孔的公差带相互交叠。

2）配合制度

采用配合制是为了统一基准件的极限偏差，从而达到减少零件加工的定值刀具和量具的规格数量。国家标准规定了两种配合制——基孔制、基轴制，如图 5.6 – 3 所示。

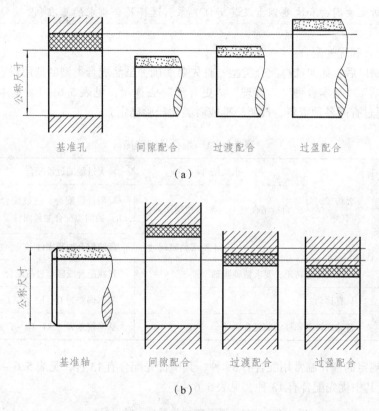

图 5.6 – 3　基孔制和基轴制

（a）基孔制；（b）基轴制

基孔制是基本偏差为 H 的孔的公差带与不同基本偏差的轴的公差带形成各种配合的制度。基轴制是基本偏差为 h 的轴的公差带与不同基本偏差的孔的公差带形成各种配合的制度。

通常优先选用基孔制，以减少定值刀具和量具的规格。在以下情况下，应该选择基轴制。

（1）选择不再加工的冷拔棒料做轴。

冷拔棒料即冷拉圆型材，尺寸精度可以达到 IT7 ~ IT9，表面粗糙度可以达到 Ra1. 6 ~ 3. 2。对农用机械、纺织机械及仪器仪表中的某些光滑轴来说，这已经能够满足要求，因此截取所需长度的轴，然后根据不同配合需要加工不同的孔。这样做在技术上和经济上是合理的。

（2）仪器仪表中的小零件。

对于仪器仪表中小尺寸的配合，加工孔比加工轴相对容易。

（3）同一根轴上有不同性质的配合。

当同一根轴上有不同性质的配合时，应该选用基轴制。

（4）配合中标准件做轴。

与标准件配合时，应以标准件为基准件确定采用基孔制还是基轴制。

某些特殊场合可用任一孔轴公差带组成非基准制配合。为满足配合的特殊需要，轴承端盖与外壳孔、轴与轴套的配合既不能选用基孔制，也不能选用基轴制。例如，对于轴承端盖和外壳孔的配合，由于外壳孔公差带已经根据轴承选定 J7，端盖的作用只是防尘、防漏及调整轴承的轴向间隙，为了拆装方便，端盖与外壳孔公差应为间隙配合 J7/f9。

 小贴士

通过分析主要因素和次要因素及其辩证关系，选择符合要求的基准制。

3）常用配合和优先配合

选择配合制以后，如何选择配合类型？首先要明确，虽然配合类型的选用没有标准答案，但可以用"不合适""基本合理""合理""更合理"去衡量，见表5.6-1。基本方法：类比法（初学者可以通过查阅各种资料，按照标准或者类比经验确定）。

表5.6-1　配合类型选择

无相对运动	要传递转矩		永久结合	较大过盈的过盈配合
		可拆结合	要求精确同轴	轻型过盈配合、过渡配合或基本偏差为 H（h）的间隙配合加紧固件
			不要求精确同轴	间隙配合加紧固件
	不需要传递转矩，要求精确同轴			过渡配合或轻型过盈配合
有相对运动	只有移动			基本偏差为 H（h）、G（g）的间隙配合
	转动或转动和移动的复合运动			基本偏差为 A～F（a～f）的间隙配合

国家标准规定的基孔制常用配合有59种，其中优先配合有13种，见表5.6-2。基轴制常用配合有47种，其中优先配合有13种，见表5.6-3。

表5.6-2　基孔制优先配合、常用配合

基准孔	轴																					
	a	b	c	d	e	f	g	h	js	k	m	n	p	r	s	t	u	v	x	y	z
	间隙配合								过渡配合				过盈配合								
H6					$\frac{H6}{e6}$	$\frac{H6}{f6}$	$\frac{H6}{g5}$	$\frac{H6}{h5}$	$\frac{H6}{js5}$	$\frac{H6}{k5}$	$\frac{H6}{m5}$	$\frac{H6}{n5}$	$\frac{H6}{p5}$	$\frac{H6}{r5}$	$\frac{H6}{s5}$	$\frac{H6}{t5}$					
H7						$\frac{H7}{f6}$	$\frac{H7}{g6}$▼	$\frac{H7}{h6}$▼	$\frac{H7}{js6}$	$\frac{H7}{k6}$▼	$\frac{H7}{m6}$	$\frac{H7}{n6}$▼	$\frac{H7}{p6}$▼	$\frac{H7}{r6}$	$\frac{H7}{s6}$▼	$\frac{H7}{t6}$	$\frac{H7}{u6}$▼	$\frac{H7}{v6}$	$\frac{H7}{x6}$	$\frac{H7}{y6}$	$\frac{H7}{z6}$
H8					$\frac{H8}{e7}$	$\frac{H8}{f7}$▼	$\frac{H8}{g7}$	$\frac{H8}{h7}$▼	$\frac{H8}{js7}$	$\frac{H8}{k7}$	$\frac{H8}{m7}$	$\frac{H8}{n7}$	$\frac{H8}{p7}$	$\frac{H8}{r7}$	$\frac{H8}{s7}$	$\frac{H8}{t7}$	$\frac{H8}{u7}$				
				$\frac{H8}{d8}$	$\frac{H8}{e8}$	$\frac{H8}{f8}$		$\frac{H8}{h8}$													

基准孔	a	b	c	d	e	f	g	h	js	k	m	n	p	r	s	t	u	v	x	y	z
						间隙配合				过渡配合						过盈配合					
H9			$\frac{H9}{c9}$	$\frac{H9}{d9}$	$\frac{H9}{e9}$	$\frac{H9}{f9}$		$\frac{H9}{h9}$▼													
H10			$\frac{H10}{c10}$	$\frac{H10}{d10}$				$\frac{H10}{h10}$													
H11	$\frac{H11}{a11}$	$\frac{H11}{b11}$	$\frac{H11}{c11}$▼	$\frac{H11}{d11}$				$\frac{H11}{h11}$▼													
H12		$\frac{H12}{b12}$						$\frac{H12}{h12}$													

注: 1. $\frac{H6}{n5}$、$\frac{H7}{p6}$ 在公称尺寸≤3 mm 和 $\frac{H8}{r7}$ 在公称尺寸≤100 mm 时, 为过渡配合。

2. 注有符号▼的配合为优先配合。

表 5.6 – 3　基轴制优先、常用配合

基准轴	A	B	C	D	E	F	G	H	JS	K	M	N	P	R	S	T	U	V	X	Y	Z
						间隙配合				过渡配合						过盈配合					
h5						$\frac{F6}{h5}$	$\frac{G6}{h5}$	$\frac{H6}{h5}$	$\frac{JS6}{h5}$	$\frac{K6}{h5}$	$\frac{M6}{h5}$	$\frac{N6}{h5}$	$\frac{P6}{h5}$	$\frac{R6}{h5}$	$\frac{S6}{h5}$	$\frac{T6}{h5}$					
h6						$\frac{F7}{h6}$	$\frac{G7}{h6}$▼	$\frac{H7}{h6}$▼	$\frac{JS7}{h6}$	$\frac{K7}{h6}$▼	$\frac{M7}{h6}$	$\frac{N7}{h6}$▼	$\frac{P7}{h6}$▼	$\frac{R7}{h6}$	$\frac{S7}{h6}$▼	$\frac{T7}{h6}$	$\frac{U7}{h6}$▼				
h7					$\frac{E8}{h7}$	$\frac{F8}{h7}$▼		$\frac{H8}{h7}$▼	$\frac{JS8}{h7}$	$\frac{K8}{h7}$	$\frac{M8}{h7}$	$\frac{N8}{h7}$									
h8				$\frac{D8}{h8}$	$\frac{E8}{h8}$	$\frac{F8}{h8}$		$\frac{H8}{h8}$													
h9				$\frac{D9}{h9}$▼	$\frac{E9}{h9}$	$\frac{F9}{h9}$		$\frac{H9}{h9}$▼													
h10				$\frac{D10}{h10}$				$\frac{H10}{h10}$													
h11	$\frac{A11}{h11}$	$\frac{B11}{h11}$	$\frac{C11}{h11}$▼	$\frac{D11}{h11}$				$\frac{H11}{h11}$													
h12		$\frac{B12}{h12}$						$\frac{H12}{h12}$													

注: 注有▼符号的配合为优先配合。

4) 公差等级的选用

公差等级的选用就是确定制造精度和加工的难易程度。选择精度等级时, 要综合考虑使用要求、加工工艺、生产成本之间的关系。公差等级配对选用的推荐原则为工艺等价原则, 见表5.6 – 4。

表 5.6 – 4　工艺等价原则

公称尺寸 ≤500 mm		公称尺寸 >500 mm	
公差等级高于 8 级，孔比轴低一级	孔 IT5 和轴 IT4		孔 IT5 和轴 IT5
	孔 IT6 和轴 IT5		孔 IT6 和轴 IT6
	孔 IT7 和轴 IT6		孔 IT7 和轴 IT7
公差等级等于 8 级，孔比轴低一级，或者同级	孔 IT8 和轴 IT7	孔轴公差同级	孔 IT8 和轴 IT8
	孔 IT8 和轴 IT8		孔 IT9 和轴 IT9
公差等级低于 8 级，孔和轴同级	孔 IT9 和轴 IT9		孔 IT10 和轴 IT10
	孔 IT10 和轴 IT10		孔 IT11 和轴 IT11
	孔 IT11 和轴 IT11		孔 IT12 和轴 IT12
	孔 IT12 和轴 IT12		

2. 公差与配合在装配图中的标注

在装配图上一般只标注配合代号。配合代号用分数表示，分子为孔的公差带代号，分母为轴的公差带代号，如图 5.6 – 4（a）所示。对于轴承等标准件与非标准件的配合，则只标注非标准件的公差带代号。例如，轴承内圈内孔与轴的配合，只标注轴的公差带代号；外圈的外圆与箱体孔的配合，只标注箱体孔的公差带代号，如图 5.6 – 4（b）所示。

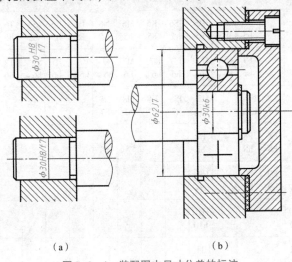

（a）　　　　　　　　　（b）

图 5.6 – 4　装配图中尺寸公差的标注

学习阶段一　学习极限与配合的选用

1. 极限与配合的选择原则实质上是尺寸的_____，其内容包括选择_____、_____和_____三个方面。

2. 下述说法中，正确的有_____。

A. 优先选用基孔制配合

B. 采用冷拔棒料直接做轴，选用基孔制（基轴制）

C. 由于结构上的需要，采用基轴制更合理

D. 若与标准件（零件或部件）配合，则应以标准件为基准件，来确定采用基孔制还是基轴制配合

E. 与滚动轴承内圈配合的轴应采用基孔制

F. 与滚动轴承外圈配合的箱体孔应采用基轴制

G. 国家标准不允许采用混合制配合

3. 公差等级的选择原则是 _____。

4. 在常用尺寸段内，对于较高公差等级的配合，要考虑 _____，由于孔比轴难加工，确定 _____，从而使孔、轴的加工难易程度相同。

5. 公差等级的选用通常采用的方法是 _____。

6. 配合尺寸采用的公差等级为 _____ ~ IT _____。

7. 当孔、轴有相对运动要求时，选择 _____ 配合；当孔、轴无相对运动时，应根据具体工作条件的不同进行选择，用于传递扭矩则选择 _____ 配合，用于精确定心则选择 _____ 配合。

8. 填写表格。

应用	配合类别	配合代号（举例）
一般转速动配合	间隙配合	H7/n6
稍有振动的定位配合，加紧固件可传递一定载荷，装拆方便		
精密滑动零件的配合部位		
精确定位或精密组合件的配合，加键能传递大力矩或冲出载荷，只有大修时拆卸		
高温工作或受力变形的配合		
精确的定位配合，加紧固件传递力矩		

9. 配合是指 _____公差带之间的关系。

10. 判断下图的配合性质。（A. 间隙配合　B. 过盈配合）

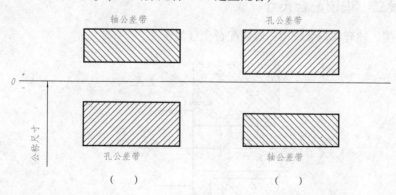

11. 根据装配图中所标注的配合代号，说明其配合的基准制、配合种类，并分别在下图中相应的零件图上注写其公称尺寸和公差带代号。

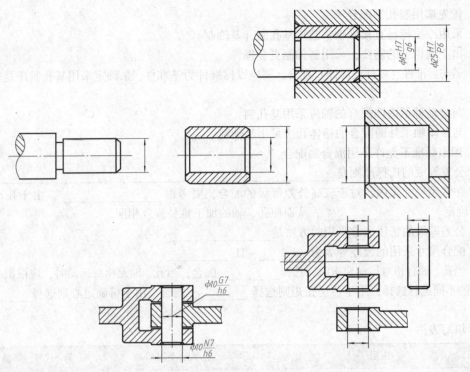

12. 已知孔和轴的公称尺寸为 20，采用基轴制配合，轴的公差等级为 IT7 级，孔的基本偏差代号为 F，公差等级为 IT8。在下方相应的零件图上注出公称尺寸、公差带代号和极限偏差数值；在装配图中注出公称尺寸和配合代号。

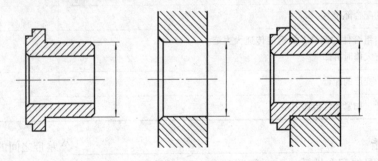

学习阶段二　识读配合尺寸

1. 识读箱体、轴套和轴装配图，解析配合代号的含义。

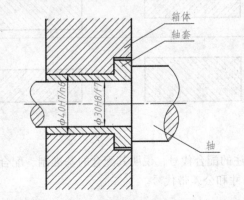

箱体和轴套间配合 $\phi40H7/n6$，为基_____制_____配合；

轴套和轴之间配合 $\phi30H8/f7$，为基_____制_____配合。

2. 识读从装配图中拆画出的箱体、轴套和轴零件图，根据装配图的配合尺寸查表得极限偏差，并将尺寸标注在下面相应的零件图上。

3. 根据装配图中的配合代号，在零件图上分别标出孔和轴的尺寸及公差带代号，查出偏差数值并填空。

轴承内孔与轴的配合制度是_____制，轴的基本偏差代号为_____，是_____配合；轴承外圈与孔的配合制度是_____制，孔的基本偏差代号为_____公差等级是_____。

$\phi10G7/h6$　基准制：_____，配合种类：_____。

$\phi10N7/h6$　基准制：_____，配合种类：_____。

4. 下图为一减速器输出轴轴颈部分装配图，确定轴颈和轴承内圈、轴承外圈与机座孔的公差带代号，并将配合尺寸标注在装配图，将极限偏差标注零件图上。

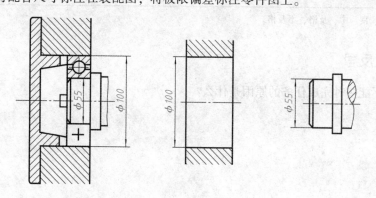

 **任务实施**

1. 极限与配合的选择分析。

轴系	配合部位	使用要求和应用条件分析	基准制	配合类型	配合代号
主动轴系	轴承内圈与轴之间				
	轴承外圈和箱体之间				
从动轴系	齿轮与轴之间				
	轴承内圈与轴之间				
	轴承外圈和箱体之间				
	齿轮键与键槽之间				

2. 将配合尺寸标注在图 5.6 – 1 所示的装配图上。

3. 设计从动轴系齿轮内孔，轴上安装齿轮轴段、安装轴承轴段的尺寸精度，并将尺寸公差标注在零件图（低速轴和齿轮零件图上）上。

4. 设计减速器其他零件配合部位的尺寸精度，并将尺寸公差标注在已测绘零件图的相应位置上。

检查评估

检查项目	结果评估 （学生填写）	自评分 （学生填写）	教师总评
1. 是否做了课前学习准备			
2. 配合代号是否正确			
3. 能否根据选定的配合代号，查表得极限偏差后，将尺寸公差要求标注在相应的零件图上			
4. 尺寸公差标注是否正确			

注：评分分为优、良、中、及格、不及格。

 小结及反思

你认为你不能按时完成任务的原因是什么？

任务描述

学生通过 AutoCAD 完善减速器装配图，并标注尺寸，按零件编号填写明细表，参考图 5.7 – 1。

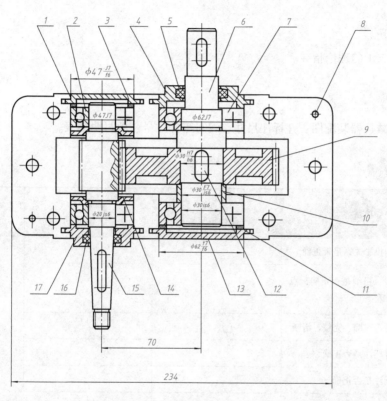

8				
7	轴承6206	2	组合件	GB/T 276-2013
6	低速轴	1	45	
5	毡圈	2	半粗羊毛毡	JB/ZQ 4606-1997
4	低速轴透盖	1	HT150	
3	高速轴调整环	1	45	
2	轴承6204	2	组合件	GB/T 276-2013
1	高速轴闷盖	1	HT150	
序号	名称	数量	材料	备注

减速器		比例		材料		质量
		1：1				
制图	学号	审核	投影符号			
			◁●			

图 5.7 – 1 任务 5.7 参考图

任务提交：完成一级圆柱齿轮减速器装配图的绘制，并提交 AutoCAD 文件（A2）。

完成时间：＿＿＿＿＿＿＿＿＿＿＿＿。

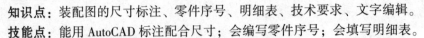

学习要点

知识点： 装配图的尺寸标注、零件序号、明细表、技术要求、文字编辑。

技能点： 能用 AutoCAD 标注配合尺寸；会编写零件序号；会填写明细表。

素养点： 善于总结和反思，正确对待批评和自我批评。

理论指导

参考任务 5.1 的理论指导。

任务实施

独立完善减速器装配图，并标注尺寸、编写零件序号、填写明细表。

检查评估

检查项目	结果评估 （学生填写）	自评分 （学生填写）	教师总评
1. 视图之间的投影关系是否正确			
2. 各线的线型、粗细是否正确，点划线长度是否合适			
3. 尺寸标注是否正确、完整、清晰			
4. 表面粗糙度标注是否正确			
5. 几何公差标注是否正确			
6. 技术要求表达是否正确			
7. 标题栏表达是否正确			
8. 明细栏和序号表达是否正确			

注：评分分为优、良、中、及格、不及格。

小结及反思

在完成本次大任务"绘制一级圆柱齿轮减速器装配图"的过程中，有什么心得体会？夸夸自己做得好的方面，反思自己做得不到位之处。

姓名：_____ 班级：_____ 学号：_____

任务描述

根据图 5.8 – 1、图 5.8 – 2 所示的滑轮组零件图和爆炸图，看懂其装配关系和工作原理，并拆画各零件的零件图。

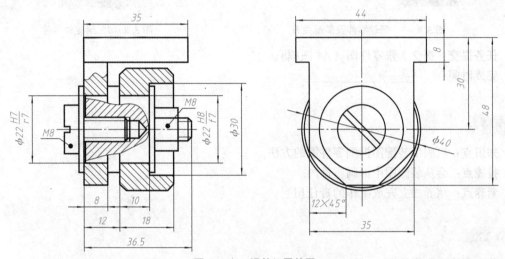

图 5.8 – 1 滑轮组零件图

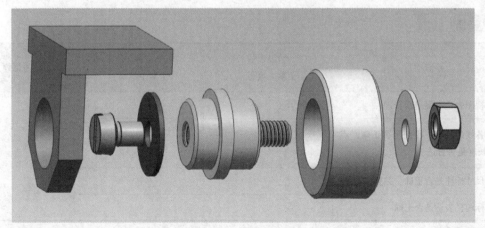

图 5.8 – 2 滑轮组爆炸图

任务一：按照国家标准规定的线型画法及尺寸标注规则，用 A4 图幅按 1∶1 的比例拆画其中用于支承滑轮轴的支架的零件图。

任务二：图 5.8 – 3 所示为滑轮零件及装配关系。要求：按照国家标准规定的线型画法及尺寸标注规则，用 A4 图幅按 1∶1 的比例拆画滑轮组零件图。

任务三：图 5.8 – 4 所示为滑轮轴零件。要求：按照国家标准规定的线型画法及尺寸标注规则，用 A4 图幅按 1：1 的比例拆画滑轮轴零件图。

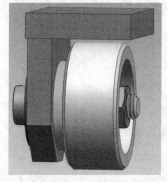  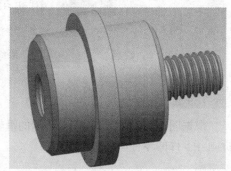

图 5.8 – 3　滑轮零件及装配关系　　　　　　　图 5.8 – 4　滑轮轴零件

任务提交：提交 3 张零件图（A4 图幅）。

完成时间：_____。

知识点：巩固由装配图拆画零件图的方法。

技能点：会从装配图中拆画零件图。

素养点：培养独立完成工作的责任担当。

 任务实施

独立完成 3 张零件图。

 检查评估

检查项目	结果评估 （学生填写）	自评分 （学生填写）	教师总评
1. 视图表达方案是否合理			
2. 各线的线型、粗细是否正确，点划线长度是否合适			
3. 尺寸标注是否正确、完整、清晰			
4. 标题栏表达是否正确			

注：评分分为优、良、中、及格、不及格。

 小结及反思

反思自己能否独立完成本次任务？有哪些薄弱环节需要他人帮助？列出来，查询相关资料，加深理解。

任务5.9 滑轮组装配图绘制

姓名：_____班级：_____学号：_____

 任务描述

根据在任务 5.8 中画的滑轮组零件图，拼画滑轮组的装配图。

任务提交：提交一张装配图（A4 图纸）。

完成时间：_____。

 学习要点

知识点：巩固装配图的规定画法、螺纹紧固件的查表方法及规定画法。

技能点：尺规绘图，查阅手册。

素养点：培养独立完成工作的责任担当。

 任务实施

独立完成一张装配图。

检查评估

检查项目	结果评估 （学生填写）	自评分 （学生填写）	教师总评
1. 视图表达方案是否合理			
2. 各线的线型、粗细是否正确，点划线长度是否合适			
3. 尺寸标注是否符合装配图要求			
4. 各零件装配位置是否正确			
5. 标题栏表达是否正确			
6. 明细栏和序号表达是否正确			

注：评分分为优、良、中、及格、不及格。

小结及反思

说说你在绘制滑轮组装配图时，与画减速器装配图相比有哪些进步？

参 考 文 献

［1］ 丁一，梁宁. 机械制图［M］. 2 版. 重庆：重庆大学出版社，2016.

［2］ 安增桂，田耘. 机械制图［M］. 北京：中国铁道出版社，2011.

［3］ 刘哲，高玉芬. 机械制图［M］. 大连：大连理工大学出版社，2014.

［4］ 韩凤霞，刘英超. 互换性与技术测量［M］. 北京：北京邮电大学出版社，2016.

［5］ 乌尔里希·菲舍尔，等. 简明机械手册［M］. 云忠，杨放琼，译. 长沙：湖南科技大学出版社，2009.

［6］ 国家标准化管理委员会. 产品几何技术规范（GPS）几何公差 形状、方向、位置、跳动公差标注：GB/T 1182—2018［S］. 北京：中国标准出版社，2018.

［7］ 国家标准化管理委员会. 产品几何技术规范（GPS）技术产品文件中表面结构的表示法：GB/T 131—2006［S］. 北京：中国标准出版社，2006.

［8］ 国家技术监督局. 形状和位置公差未注公差值：GB/T 1184—1996［S］. 北京：中国标准出版社，1996.

附　录

A.1　普通螺纹

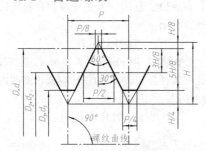

标记示例

公称直径 10 mm、右旋、中径和顶径公差带代号为 6h，中等旋合长度的普通粗牙螺纹标记：

M10 – 6h

附表 A – 1　普通螺纹的直径与螺距（摘自 GB/T 193—2003）　　　　mm

公称直径 d, D			螺距 P		公称直径 d, D			螺距 P	
第一系列	第二系列	第三系列	粗牙	细牙	第一系列	第二系列	第三系列	粗牙	细牙
3			0.5				(28)		2, 1.5, 1
	3.5		(0.6)	0.35	30			3.5	(3), 2, 1.5, (1), (0.75)
4			0.7				(32)		2, 1.5
	4.5		(0.75)	0.5		33		3.5	(3), 2, 1.5, (1), (0.75)
5			0.8				35		(1.5)
		5.5			36			4	3, 2, 1.5, (1)
6		7	1	0.75 (0.5)			(38)		1.5
8			1.25	1, 0.75, (0.5)	39			4	3, 2, 1.5, (1)
		9	(1.25)				40		(3), (2), 1.5
10			1.5	1.25, 1, 0.75, (0.5)	42	45		4.5	(4), 3, 2, 1.5, (1)
12			1.75	1.5, 1.25, 1, (0.75), (0.5)	48			5	
		11	(1.5)	1, 0.75, (0.5)			50		(3), (2), 1.5
	14		2	1.5, (1.25), 1, (0.75), (0.5)		52		5	(4), 3, 2, 1.5, (1)
		15		1.5 (1)			55		(4), (3), 2, 1.5
16			2	1.5, 1, (0.75), (0.5)	56			5.5	4, 3, 2, 1.5, (1)
		17		1.5 (1)			58		(4), (3), 2, 1.5
20	18		2.5	2, 1.5, 1, (0.75), (0.5)		60		(5.5)	4, 3, 2, 1.5, (1)
	22			2, 1.5, 1, (0.75)			62		(4), (3), 2, 1.5
24			3	2, 1.5, (1), (0.75)	64			6	4, 3, 2, 1.5, (1)
		25		2, 1.5, (1)			65		(4), (3), 2, 1.5
		(26)		1.5		68		6	4, 3, 2, 1.5, (1)
	27		3	2, 1.5, 1, (0.75)			70		(6), (4), (3), 2, 1.5

注：1. 优先选用第一系列，其次是第二系列，第三系列尽可能不用；

　　2. M14×1.25 仅用于发动机的火花塞，M35×1.5 仅用于滚动轴承的锁紧螺母。

A.2 梯形螺纹

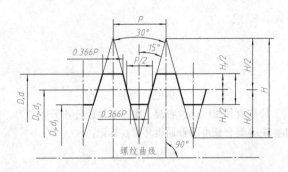

标记示例

公称直径 40 mm、螺距 7 mm、右旋、中径和顶径公差代号 7e、中等旋合长度的外螺纹标记：

Tr40×7-7e

公称直径 40 mm、螺距 7 mm、左旋、中径和顶径公差代号 7H、长旋合长度的内螺纹标记：

Tr40×7LH-7H-L

附表 A-2　梯形螺纹的直径与螺距（摘自 GB/T 5796.2—2005）　　mm

公称直径 d		螺距 P		公称直径 d			螺距 P	
第一系列	第二系列			第一系列	第二系列			
8		1.5*		32		10	6*	3
	9	2*	1.5		34	10	6*	3
10		2*	1.5	36		10	6*	3
	11	3	2*		38	10	7*	3
12		3*	2	40		10	7*	3
	14	3*	2		42	10	7*	3
16		4*	2	44		12	7*	3
	18	4*	2		46	12	8*	3
20		4*	2	48		12	8*	3
	22	8	5*	3	50	12	8*	3
24		8	5*	3	52	12	8*	3
	26	8	5*	3	55	14	9*	3
28		8	5*	3	60	14	9*	3
	30	10	6*	3				

注：优先选择第一系列直径，在每个直径对应的各螺距中优先选择加*的螺距。

附录 B　表面粗糙度

附表 B-1　按 ISO 公差规格的粗糙度推荐值

公称尺寸范围/mm	Rz 和 Ra 的推荐值/μm	ISO 公差等级						
		5	6	7	8	9	10	11
1~6	Rz	2.5	4	6.3	6.3	10	16	25
	Ra	0.4	0.8	0.8	1.6	1.6	3.2	6.3
6~10	Rz	2.5	4	6.3	10	16	25	40
	Ra	0.4	0.8	0.8	1.6	3.2	6.3	12.5

公称尺寸 范围/mm	Rz 和 Ra 的 推荐值/μm	ISO 公差等级						
		5	6	7	8	9	10	11
10 ~ 18	Rz	4	4	6.3	10	16	25	40
	Ra	0.8	0.8	0.8	1.6	3.2	6.3	12.5
18 ~ 80	Rz	4	6.3	10	16	16	40	63
	Ra	0.8	0.8	1.6	3.2	3.2	6.3	12.5
80 ~ 250	Rz	6.3	10	16	25	25	40	63
	Ra	0.8	1.6	1.6	3.2	3.2	6.3	12.5
250 ~ 500	Rz	6.3	10	16	25	40	63	100
	Ra	0.8	1.6	1.6	3.2	6.3	12.5	25

附录 C 密封圈

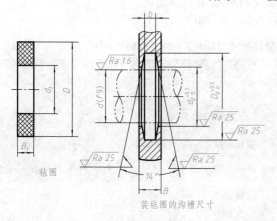

毡圈

装毡圈的沟槽尺寸

标记示例

$d = 50$ mm 的毡圈油封标记：

毡圈 50 JB/ZQ 4606—1986

附表 C-1 毡圈油封及槽（JB/ZQ 4606—1986）

mm

轴径 d	毡圈			槽				
	D	d_1	B_1	D_0	d_0	b	B_{min}	
							钢	铸铁
15	29	14	6	28	16	5	10	12
20	33	19		32	21			
25	39	24	7	38	26	6	12	15
30	45	29		44	31			
35	49	34		48	36			
40	53	39		52	41			
45	61	44	8	60	46	7		
50	69	49		68	51			
55	74	53		72	56			
60	80	58		78	61			

注：本标准适用于线速度 $v < 5$ m/s。

附录 D 普通平键

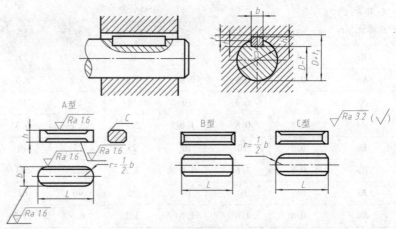

标记示例

$b = 16$ mm、$h = 10$ mm、$L = 100$ mm 的平键标记：

GB/T 1096 键 $16 \times 10 \times 100$

附表 D–1 普通平键的公称尺寸（GB/T 1096—2003）

mm

轴的公称直径 d	键尺寸 $b \times h$	键槽											
		宽度 b						深度				半径 r	
		基本尺寸	极限偏差					轴 t		毂 t_1			
			松连接		正常连接		紧密连接	基本尺寸	极限偏差	基本尺寸	极限偏差		
			轴 H9	毂 D10	轴 N9	毂 JS9	轴和毂 P9					最小	最大
6~8	2×2	2	+0.025 0	+0.060 +0.020	−0.004 −0.029	±0.012 5	−0.006 −0.031	1.2	+0.10	1.0	+0.10	0.08	0.16
>8~10	3×3	3						1.8		1.4			
>10~12	4×4	4	+0.030 0	+0.078 +0.030	0 −0.030	±0.015	−0.012 −0.042	2.5		1.8			
>12~17	5×5	5						3.0		2.3			
>17~22	6×6	6						3.5		2.8		0.16	0.25
>22~30	8×7	8	+0.036 0	+0.098 +0.040	0 −0.036	±0.018	−0.015 −0.051	4.0		3.3			
>30~38	10×8	10						5.0		3.3			
>38~44	12×8	12	+0.043 0	+0.120 +0.050	0 −0.043	±0.021 5	−0.018 −0.061	5.0		3.3			
>44~50	14×9	14						5.5		3.8		0.25	0.40
>50~58	16×10	16						6.0	+0.20	4.3	+0.20		
>58~65	18×11	18						7.0		4.4			
>65~75	20×12	20	+0.052 0	+0.149 +0.065	0 −0.052	±0.026	−0.022 −0.074	7.5		4.9			
>75~85	22×14	22						9.0		5.4		0.40	0.60
>85~95	25×14	25						9.0		5.4			
>95~110	28×16	28						10.0		6.4			

注：1. 键长 L 系列：6，8，12，14，16，18，20，22，25，28，32，36，40，45，50，56，63，70，80，90，100，125，140，160，180，200，220，250，…。

2. 在工作图中，轴上键槽深度用 $d - t$ 标注。

3. 平键轴槽的长度公差用 H14。

4. 键槽的对称度公差：为便于装配，轴槽及轮毂槽对轴及轮毂轴心的对称度公差根据不同要求，一般可按 GB/T 1184—1996 中附表对称度公差 7～9 级选取。键槽（轴槽及轮毂槽）的对称度公差的公称尺寸是指键宽 b。

5. 表中 $(d - t)$ 和 $(d + t_1)$ 两组组合尺寸的极限偏差按相应的 $(t$ 和 $t_1)$ 的极限偏差选取，但 $(d - t)$ 的极限偏差值应取负号。

6. 导向平键的轴槽与轮毂槽用较松键连接的公差。

附录 E　圆柱销

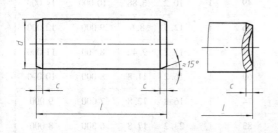

标记示例

公称直径 $d = 6$ mm、公差为 m6、公称长度 $l = 30$ mm、材料为钢、不经淬火、不经表面处理的圆柱销的标记：

销　GB/T 119.1　6 m6×30

公称直径 $d = 6$ mm、公差为 m6、公称长度 $l = 30$ mm、材料为 A1 组奥氏体不锈钢、表面简单处理的圆柱销的标记：

销　GB/T 119.1　6 m6×30 – A1

附表 E–1　圆柱销的公称尺寸（GB/T 119.1—2000）　　　mm

d(m6/h8)[①]	0.6	0.8	1	1.2	1.5	2	2.5	3	4	5
$c \approx$	0.12	0.16	0.2	0.25	0.3	0.35	0.4	0.5	0.63	0.8
l 的范围	2～6	2～8	4～10	4～12	4～16	6～20	6～24	8～30	8～40	10～50
d(m6/h8)[①]	6	8	10	12	16	20	25	30	40	50
$c \approx$	1.2	1.6	2	2.5	3	3.5	4	5	6.3	8
l 的范围	12～60	14～80	18～95	22～140	26～180	35～200	50～200	60～200	80～200	95～200

注：其他公差由供需双方协议。

附录 F　深沟球轴承

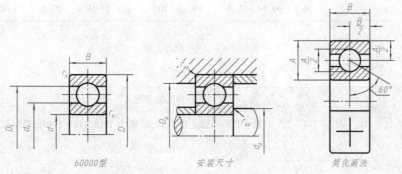

60000型　　　　　　安装尺寸　　　　　　简化画法

标记示例：滚动轴承　6210 GB/T 276—2013

轴承代号	公称尺寸/mm			其他尺寸/mm			安装尺寸/mm			基本额定负荷/kN		极限转速/(r·min⁻¹)	
	d	D	B	$d_1 \approx$	$D_1 \approx$	r_s (min)	d_a (min)	D_a (max)	r_{as} (max)	C_r	C_{0r}	min	max
(1) 0 系列													
6004	20	42	12	26.9	35.1	0.6	25	37	0.6	7.22	4.45	15 000	19 000
6005	25	47	12	31.8	40.2	0.6	30	42	0.6	7.75	4.95	13 000	17 000
6006	30	55	13	38.4	47.7	1	36	49	1	10.2	6.88	10 000	14 000
6007	35	62	14	43.4	53.7	1	41	56	1	12.5	8.6	9 000	12 000
6008	40	68	15	48.8	59.2	1	46	62	1	13.2	9.42	8 500	11 000
6009	45	75	16	54.2	65.9	1	51	69	1	16.2	11.8	8 000	10 000
6010	50	80	16	59.2	70.9	1	56	74	1	16.8	12.8	7 000	9 000
6011	55	90	18	66.5	79	1.1	62	83	1	23.2	17.8	6 300	8 000
6012	60	95	18	71.9	85.7	1.1	67	88	1	24.5	19.2	6 000	7 500
(0) 2 系列													
6204	20	47	14	29.3	39.7	1	26	41	1	9.88	6.16	14 000	18 000
6205	25	52	15	33.8	44.2	1	31	46	1	10.8	6.95	12 000	16 000
6206	30	62	16	40.8	52.2	1	36	56	1	15.0	10.0	9 500	13 000
6207	35	72	17	46.8	60.2	1.1	42	65	1	19.8	13.5	8 500	11 000
6208	40	80	18	52.8	67.2	1.1	47	73	1	22.8	15.8	8 000	10 000
6209	45	85	19	58.8	73.2	1.1	52	78	1	24.5	17.5	7 000	9 000
6210	50	90	20	62.4	77.6	1.1	57	83	1	27	19.8	6 700	8 500
6211	55	100	21	68.9	86.1	1.5	64	91	1.5	33.5	25.0	6 000	7 500
6212	60	110	22	76	94.1	1.5	69	101	1.5	36.8	27.8	5 600	7 000

附录 G　标准公差

附表 G –1　标准公差

公称尺寸范围/mm	标准公差等级																	
	IT1	IT2	IT3	IT4	IT5	IT6	IT7	IT8	IT9	IT10	IT11	IT12	IT13	IT14	IT15	IT16	IT17	IT18
	标准公差																	
	(μm)											(mm)						
<3	0.8	1.2	2	3	4	6	10	14	25	40	60	0.1	0.14	0.25	0.4	0.6	1	1.4
<3～6	1	1.5	2.5	4	5	8	12	18	30	48	75	0.12	0.18	0.3	0.48	0.75	1.2	1.8

公称尺寸	标准公差等级																	
范围/mm	IT1	IT2	IT3	IT4	IT5	IT6	IT7	IT8	IT9	IT10	IT11	IT12	IT13	IT14	IT15	IT16	IT17	IT18
	标准公差																	
	（μm）											（mm）						
<6~10	1	1.5	2.5	4	6	9	15	22	36	58	90	0.15	0.22	0.36	0.58	0.9	1.5	2.2
<10~18	1.2	2	3	5	8	11	18	27	43	70	110	0.18	0.27	0.43	0.7	1.1	1.8	2.7
<18~30	1.5	2.5	4	6	9	13	21	33	52	84	130	0.21	0.33	0.52	0.84	1.3	2.1	3.3
<30~50	1.5	2.5	4	7	11	16	25	39	62	100	160	0.25	0.39	0.62	1	1.6	2.5	3.9
<50~80	2	3	5	8	13	19	30	46	74	120	190	0.3	0.46	0.74	1.2	1.9	3	4.6
<80~120	2.5	4	6	10	15	22	35	54	87	140	220	0.35	0.54	0.87	1.4	2.2	3.5	5.4

基本偏差为 h、js、H 和 JS 的公差等级的极限偏差可通过标准公差来推导：

h：$es=0$；$ei=-IT$；

js：$es=+IT/2$；$ei=-T/2$；

H：$ES=+IT$，$EI=0$；

JS：$ES=+IT/2$；$EI=-IT/2$

附表 G-2　线性尺寸的极限偏差数值

公差等级	尺寸分段							
	0.5~3	>3~6	>6~30	>30~120	>120~400	>400~1000	>1000~2000	>2000~4000
f（精密级）	±0.05	±0.05	±0.1	±0.15	±0.2	±0.3	±0.5	—
m（中等级）	±0.1	±0.1	±0.2	±0.3	±0.5	±0.8	±1.2	±2
c（粗糙级）	±0.2	±0.3	±0.5	±0.8	±1.2	±2	±3	±4
v（最粗级）	—	±0.5	±1	±1.5	±2.5	±4	±6	±8

附录 H　螺纹连接

H.1　六角头螺栓

六角头螺栓 A 级和 B 级（摘自 GB/T 5782—2016）、六角头螺栓 C 级（摘自 GB/T 5780—2016）

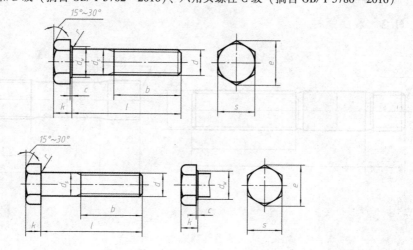

标记示例

螺栓规格 d = M12、公称长度 l = 80，性能等级为 8.8 级、表面氧化、产品等级为 A 级的六角头螺栓：

螺栓 GB/T 5782 M12 × 80

螺栓规格 d = M12、公称长度 l = 80，性能等级为 4.8 级、表面氧化、产品等级为 C 级的六角头螺栓：

螺栓 GB/T 5780 M12 × 80

附表 H–1　六角头螺栓　　　　　　　　　mm

螺纹规格 d		M5	M6	M8	M10	M12	M16	M20	M24	M30	M36
b (参考)	$l \leq 125$	16	18	22	26	30	38	46	54	66	78
	$125 < l \leq 200$	—	—	28	32	36	44	52	60	72	84
	$l > 200$	—	—	—	—	—	57	65	73	85	97
c		0.5	0.5	0.6	0.6	0.6	0.8	0.8	0.8	0.8	0.8
d	A	6.9	8.9	11.6	14.6	16.6	22.5	28.2	33.6	—	—
	B	6.7	8.7	11.4	14.4	16.4	22	27.7	33.2	42.7	51.1
k (公称)		3.5	4	5.3	6.4	7.5	10	12.5	15	18.7	22.5
r		0.2	0.25	0.4	0.4	0.6	0.6	0.8	0.8	1	1
e	A	8.79	11.05	14.38	17.77	20.03	26.75	33.53	39.98	—	—
	B	8.63	10.89	14.20	17.59	19.85	26.17	32.95	39.55	50.85	60.79
s (公称)		8	10	13	16	18	24	30	36	46	55
l		25~50	30~60	35~80	40~100	45~120	50~160	65~200	80~240	90~300	110~360
l_g						$l_g = l - b$					
l (系列)		25, 30, 35, 40, 50, (55), 60, (65), 70, 80, 90, 100, 110, 120, 130, 140, 150, 160, 180, 200, 220, 240, 260, 280, 300, 320, 340, 360									

注：1. 括号内的规格尽可能不采用，末端按 GB/T 2—2016。

2. A 级用于 $l \leq 24$ 和 $l \leq 10d$ 或 $l \leq 150$ mm（按较小值）的螺栓；B 级用于 $l > 24$ 和 $l > 10d$ 或 $l > 150$ mm（按较小值）的螺栓。

H.2　双头螺柱

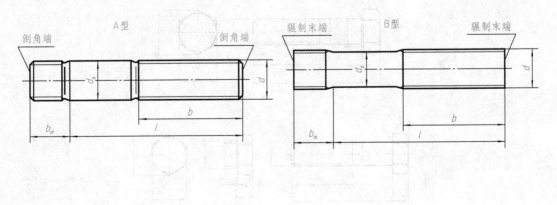

标记示例

两端均为粗牙普通螺纹，$d = M10$，公称长度 $l = 50$ mm，性能等级为 4.8 级，不经表面处理的，B 型，$b_m = 2d$ 的双头螺柱标记：

螺柱 GB/T 900 M10×50

旋入机体的一端为粗牙普通螺纹，旋入螺母端为螺距 $P = 1$ mm 的细牙普通螺纹，$d = M10$，公称长度 $l = 50$ mm，性能等级为 4.8 级，不经表面处理的，A 型，$b_m = 2d$ 的双头螺柱标记：

螺柱 GB/T 900 AM10—M10×1×50

附表 H-2 双头螺柱

mm

螺纹规格 d	b_m				l/b				
	GB/T 897	GB/T 898	GB/T 899	GB/T 900					
M4	—	—	6	8	$\dfrac{16-22}{8}$, $\dfrac{25-40}{14}$				
M5	5	6	8	10	$\dfrac{16-22}{10}$, $\dfrac{25-50}{16}$				
M6	6	8	10	12	$\dfrac{20-22}{10}$, $\dfrac{25-30}{14}$, $\dfrac{32-75}{18}$				
M8	8	10	12	16	$\dfrac{20-22}{12}$, $\dfrac{25-30}{16}$, $\dfrac{32-90}{22}$				
M10	10	12	15	20	$\dfrac{25-28}{14}$, $\dfrac{30-38}{16}$, $\dfrac{40-120}{26}$, $\dfrac{130}{32}$				
M12	12	15	18	24	$\dfrac{25-30}{16}$, $\dfrac{32-40}{20}$, $\dfrac{45-120}{30}$, $\dfrac{130-180}{36}$				
M16	16	20	24	32	$\dfrac{30-38}{20}$, $\dfrac{40-55}{30}$, $\dfrac{60-120}{38}$, $\dfrac{130-200}{44}$				
M20	20	25	30	40	$\dfrac{35-40}{25}$, $\dfrac{45-65}{35}$, $\dfrac{70-120}{46}$, $\dfrac{130-200}{52}$				
(M24)	24	30	36	48	$\dfrac{45-50}{30}$, $\dfrac{55-75}{45}$, $\dfrac{80-120}{54}$, $\dfrac{130-200}{60}$				
(M30)	30	38	45	60	$\dfrac{60-65}{40}$, $\dfrac{70-90}{50}$, $\dfrac{95-120}{60}$, $\dfrac{130-200}{72}$, $\dfrac{210-250}{85}$				
l（系列）	12，(14)，16，(18)，20，(22)，25，(28)，30，(32)，35，(38)，40，45，50，55，60，(65)，70，(75)，80，(85)，90，(95)，100～260（十进位，2800，300）								

注：1. 尽可能不用括号内的规格，末端按 GB/T 2—2016 规定。

2. $b_m = 1d$，一般用于钢；$b_m = (1.25 \sim 1.5)d$，一般用于钢对铸铁；$b_m = 2d$，一般用于钢对铝合金的连接。

H.3 螺钉

1. 开槽圆柱头螺钉

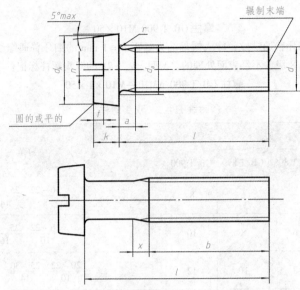

标记示例

螺纹规格 d = M5，公称长度 l = 20 mm，性能等级为 4.8 级，不经表面处理的开槽圆柱头螺钉标记：

螺钉 GB/T 65 M5×20

附表 H−3 开槽圆柱头螺钉（GB/T 65—2016）　　　　　　　　　　　mm

螺纹规格 d	M1.6	M2	M2.5	M3	M4	M5	M6	M8	M10
P（螺距）	0.35	0.4	0.45	0.5	0.7	0.8	1	1.25	1.5
a_{max}	0.7	0.8	0.9	1	1.4	1.6	2	2.5	3
b_{min}	25	25	25	25	38	38	38	38	38
d_{kmin}	3.2	4	5	5.6	8	9.5	12	16	20
k_{max}	1	1.3	1.5	1.8	2.4	3	3.6	4.8	6
$n_{公称}$	0.4	0.5	0.6	0.8	1.2	1.2	1.6	2	2.5
r_{min}	0.1	0.1	0.1	0.1	0.2	0.2	0.25	0.4	0.4
t_{min}	0.35	0.5	0.6	0.7	1	1.2	1.4	1.9	2.4
x_{max}	0.9	1	1.1	1.25	1.75	2	2.5	3.2	3.8
公称长度 l	2~16	2.5~20	3~25	4~30	5~40	6~50	8~60	10~80	12~80
L（系列）	2, 2.5, 3, 4, 5, 6, 8, 10, 12,（14），16, 20, 25, 30, 35, 40, 45, 50,（55），60, 65, 70,（75），80								

注：1. 括号内的规格尽可能不采用。

　　2. M1.6~M3 公称长度在 30 mm 以内的螺钉，制出全螺纹；M4~M10 公称长度在 40 mm 以内的螺钉，制出全螺纹。

2. 开槽沉头螺钉

标记示例

螺纹规格 d = M5，公称长度 l = 20 mm，性能等级为 4.8 级，不经表面处理的开槽沉头螺钉标记：

螺钉 GB/T 68 M5 × 20

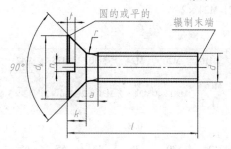

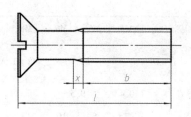

附表 H－4　开槽沉头螺钉　　　　　　　　　　　　　　　mm

螺纹规格 d	M1.6	M2	M2.5	M3	M4	M5	M6	M8	M10
P（螺距）	0.35	0.4	0.45	0.5	0.7	0.8	1	1.25	1.5
a_{max}	0.7	0.8	0.9	1	1.4	1.6	2	2.5	3
b_{min}	25	25	25	25	38	38	38	38	38
d_{kmax}	3	3.8	4.7	5.5	8.4	9.3	11.3	15.8	18.3
k_{max}	1	1.2	1.5	1.65	2.7	2.7	3.3	4.65	5
$n_{公称}$	0.4	0.5	0.6	0.8	1.2	1.2	1.6	2	2.5
r_{min}	0.4	0.5	0.6	0.8	1	1.3	1.5	2	2.5
t_{min}	0.5	0.6	0.75	0.85	1.3	1.4	1.6	2.3	2.6
x_{max}	0.9	1	1.1	1.25	1.75	2	2.5	3.2	3.8
公称长度 l	2.5~16	3~20	4~25	5~30	6~40	8~50	8~60	10~80	12~80

注：1. 括号内的规格尽可能不采用。

　　2. M1.6~M3 公称长度在 30 mm 以内的螺钉，制出全螺纹；M4~M10 公称长度在 40 mm 以内的螺钉，制出全螺纹。

H.4　1 型六角螺母

1 型六角螺母——A 级和 B 级（摘自 GB/T 6170—2015）

1 型六角螺母——细牙 A 级和 B 级（摘自 GB/T 6171—2016）

1 型六角螺母——C 级（摘自 GB/T 41—2016）

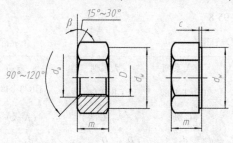
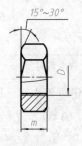
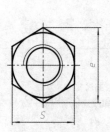

A级和B级　　　　　　　　　　　　　　　　　　C 级

标记示例

螺纹规格 D = M12，性能等级为 5 级，不经表面处理，C 级的 1 型螺母标记：

螺母 GB/T 41 M12

螺纹规格 D = M24，螺距 P = 2 mm，性能等级为 10 级，不经表面处理，B 级的 1 型细牙螺母标记：

螺母 GB/T 6171 M24 × 2

附表 H – 5　1 型六角螺母　　　　　　　　mm

螺纹规格 D	D	M4	M5	M6	M8	M10	M12	M16	M20	M24	M30	M36	M42	M48
	$D \times P$	—	—	—	M8 × 1	M10 × 2	M12 × 1.5	M16 × 1.5	M20 × 2	M24 × 2	M30 × 2	M36 × 3	M42 × 3	M48 × 3
	C	0.4	0.5		0.6			0.8					1	
	$S_{公称}$	7	8	10	13	16	18	24	30	36	46	55	65	75
e_{min}	A，B 级	7.66	8.79	11.05	14.38	17.77	20.03	26.75	32.95	39.55	50.58	60.79	72.02	82.6
	C 级	—	8.63	10.89	14.2	17.59	19.85	26.17	32.95	39.55	50.85	60.79	72.02	82.6
m_{max}	A，B 级	3.2	4.7	5.2	6.8	8.4	10.8	14.8	18	21.5	25.6	31	34	38
	C 级	—	5.6	6.1	7.9	9.5	12.2	15.9	18.7	22.3	26.4	31.5	34.9	38.9
d_{wmax}	A，B 级	5.9	6.9	8.9	11.6	14.6	16.6	22.5	27.7	33.2	42.7	51.1	60.6	69.4
	C 级	—	6.9	8.7	11.5	14.5	16.5	22	27.7	33.2	42.7	51.1	60.6	69.4

注：1. P 为螺距。

　　2. A 级用于 $D \leqslant 16$ 的螺母；B 级用于 $D \geqslant 16$ 的螺母；C 级用于 $D \geqslant 5$ 的螺母。

　　3. 螺纹公差：A、B 级为 6H，C 级为 7H。力学性能等级：A、B 级为 6、8、10 级；C 级为 4、5 级。

H.5　垫圈

小平垫圈 – A 级（摘自 GB/T 848—2002）

平垫圈 – A 级（摘自 GB/T 97.1—2002）

平垫圈倒角型 – A 级（摘自 GB/T 97.2—2002）

平垫圈 – C 级（摘自 GB/T 95—2002）

大垫圈 – A 级（摘自 GB/T 96.1—2002）

大垫圈 – C 级（摘自 GB/T 96.2—2002）

特大垫圈 – C 级（摘自 GB/T 5278—2002）

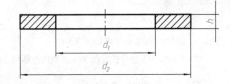

标记示例

标准系列，公称尺寸 d = 8 mm，由钢制造的硬度等级为 200 HV 级，不经表面处理，产品等级为 A 级的平垫圈标记：

垫圈 GB/T 95 8

附表 H – 6　垫圈　　　　　　　　mm

公称尺寸（螺纹规格 d）	标准系列								特大系列			大系列			小系列		
	GB/T 95（C 级）			GB/T 97.1			GB/T 97.2			GB/T 5287			GB/T 96			GB/T 848		
				（A 级）			（A 级）			（C 级）			（A，C 级）			（A 级）		
	d_1 min	d_2 max	h	d_1 min	d_2 max	h	d_1 min	d_2 max	h	d_1 min	d_2 max	h	D min	D max	h	d min	d_2 max	h
4	—	—	—	4.3	9	0.8	—	—	—	—	—	—	4.3	12	1	4.3	8	0.5

公称尺寸 (螺纹规格 d)	标准系列									特大系列			大系列			小系列 GB/T 848		
	GB/T 95（C 级）			GB/T 97.1			GB/T 97.2			GB/T 5287			GB/T 96					
				（A 级）			（A 级）			（C 级）			（A，C 级）			（A 级）		
	d_1 min	d_2 max	h	d_1 min	d_2 max	h	d_1 min	d_2 max	h	d_1 min	d_2 max	h	D min	D max	h	d min	d_1 max	h
5	5.5	10	1	5.3	10	1	5.3	10	1	5.5	18	2	5.3	15	1.2	5.3	9	1
6	6.6	12	1.6	6.4	12	1.6	6.4	12	1.6	6.6	22	2	6.4	18	1.6	6.4	11	1.6
8	9	16	1.6	8.4	16	1.6	8.4	16	1.6	9	28	3	8.4	24	2	8.4	15	1.6
10	11	20	2	10.5	20	2	10.5	20	2	11	34	3	10.5	30	2.5	10.5	18	1.6
12	13.5	24	2.5	13	24	2.5	13	24	2.5	13.5	44	4	13	37	3	13	20	2
14	15.5	28	2.5	15	28	2.5	15	28	2.5	15.5	50	4	15	44	3	15	24	2.5
16	17.5	30	3	17	30	3	17	30	3	17.5	56	5	17	50	3	17	28	2.5
20	22	37	3	21	37	3	21	37	3	22	72	6	22	60	4	21	34	3
24	26	44	4	25	44	4	25	44	4	26	85	6	26	72	5	25	39	4
30	33	56	4	31	56	4	31	56	4	33	105	6	33	92	6	31	50	4
36	39	66	5	37	66	5	37	66	5	39	125	8	39	110	8	37	60	5

注：1. C 级垫圈没有 Ra 3.2 和去毛刺的要求。

2. A 级适用于精装配系列，C 级适用于中装配系列。

3. GB/T 848—2002 主要用于圆柱头螺钉，其他用于标准六角头螺栓、螺钉、螺母。

H.6 螺纹紧固件的通孔

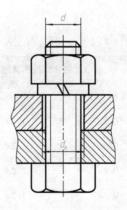

螺栓用通孔									
螺纹 d	通孔 $d_h^{1)}$ 系列			螺纹 d	通孔 $d_h^{1)}$ 系列			螺纹 d	通孔 d		
	精密	中等	粗糙		精密	中等	粗糙		精密	中等	粗糙
M1	1.1	1.2	1.3	M5	5.3	5.5	5.8	M24	25	26	28
M1.2	1.3	1.4	1.5	M6	6.4	6.6	7	M30	31	33	35
M1.6	1.7	1.8	2	M8	8.4	9	10	M36	37	39	42
M2	2.2	2.4	2.6	M10	10.5	11	12	M42	43	45	48
M2.5	2.7	2.9	3.1	M12	13	13.5	14.5	M48	50	52	56
M3	3.2	3.4	3.6	M16	17	17.5	18.5	M56	58	62	66
M4	4.3	4.5	4.8	M20	21	22	24	M64	66	70	74

$^{1)}d$ 的公差等级：精密系列为 H12；中等系列为 H13；粗糙系列为 H14

H.7　盲孔的最小旋入长度

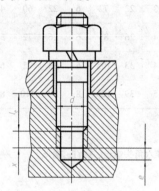

$x \approx 3P$，P 是螺距
$e \approx 0.5d$

附表 H-8　盲孔的最小旋入长度

应用范围		粗牙螺纹和性能等级对应的最小旋合长度 $l_e^{1)}$			
		3.6~4.6	4.8~6.8	8.8	10.9
结构钢	$\sigma_b = 400$ N/mm^2	0.8d	1.2d	—	—
	$\sigma_b = 400\sim600$ N/mm^2	0.8d	1.2d	1.2d	—
	$\sigma_b = 600\sim800$ N/mm^2	0.8d	1.2d	1.2d	1.2d
	$\sigma_b > 800$ N/mm^2	0.8d	1.2d	1.0d	1.0d
铸铁材料		1.3d	1.5d	1.5d	—

应用范围	粗牙螺纹和性能等级对应的最小旋合长度 $l_e^{1)}$			
	3.6 ~ 4.6	4.8 ~ 6.8	8.8	10.9
铜合金	1.3d	1.3d		—
铸铝合金	1.6d	2.2d		—
铝合金，时效硬化	0.8d	1.2d	1.6d	—
铝合金，无时效硬化	1.2d	1.6d	—	—
塑料	2.5d	—	—	—

1) 细牙螺纹的旋合长度 l_e = 1.25 × 粗牙螺纹的旋合长度

附录 I 公差带

附表 I-1 常用及优先轴公差带极限偏差带（摘自 GB/T 1800.4—1999）   μm

公称尺寸 /mm		常用及优先公差带（带圈者为优先公差带）											
		a	b		c			d				e		
大于	至	11	11	12	9	10	⑪	8	⑨	10	11	7	8	9
—	3	−270 −330	−140 −200	−140 −240	−60 −85	−60 −100	−60 −120	−20 −34	−20 −45	−20 −60	−20 −80	−14 −24	−14 −28	−14 −39
3	6	−270 −345	−140 −215	−140 −260	−70 −100	−70 −118	−70 −145	−30 −48	−30 −60	−30 −78	−30 −105	−20 −32	−20 −38	−20 −50
6	10	−280 −370	−150 −240	−150 −300	−80 −116	−80 −138	−80 −170	−40 −62	−40 −49	−40 −98	−40 −130	−25 −40	−25 −47	−25 −61
10	14	−290 −400	−150 −260	−150 −330	−95 −138	−95 −165	−95 −205	−50 −77	−50 −93	−50 −120	−50 −160	−32 −50	−32 −59	−32 −75
14	18													
18	24	−300 −430	−160 −290	−160 −370	−110 −162	−110 −194	−110 −240	−65 −98	−65 −117	−65 −149	−65 −195	−40 −61	−40 −73	−40 −92
24	30													
30	40	−310 −470	−170 −330	−170 −420	−120 −182	−120 −220	−120 −280	−80 −119	−80 −142	−80 −180	−80 −240	−50 −75	−50 −89	−50 −112
40	50	−320 −480	−180 −340	−180 −430	−130 −192	−130 −230	−130 −290							
50	65	−340 −530	−190 −380	−190 −490	−140 −214	−140 −260	−140 −330	−100 −146	−100 −174	−100 −220	−100 −290	−60 −90	−60 −106	−60 −134
65	80	−360 −550	−200 −390	−200 −500	−150 −224	−150 −270	−150 −340							

公称尺寸/mm		常用及优先公差带（带圈者为优先公差带）												
		a	b		c			d				e		
大于	至	11	11	12	9	10	⑪	8	⑨	10	11	7	8	9
80	100	−380 −600	−200 −440	−220 −570	−170 −257	−170 −310	−170 −390	−120 −174	−120 −207	−120 −260	−120 −340	−72 −109	−72 −126	−72 −159
100	120	−410 −630	−240 −460	−240 −590	−180 −267	−180 −320	−180 −400							
120	140	−460 −710	−260 −510	−260 −660	−200 −300	−200 −360	−200 −450	−145 −208	−145 −245	−145 −305	−145 −395	−85 −125	−85 −148	−85 −185
140	160	−520 −770	−280 −530	−280 −680	−210 −310	−210 −370	−210 −460							
160	180	−580 −830	−310 −560	−310 −710	−230 −330	−230 −392	−230 −480							
180	200	−660 −950	−340 −630	−340 −800	−240 −355	−240 −425	−240 −530	−170 −242	−170 −285	−170 −460	−170 −460	−100 −146	−100 −172	−100 −215
200	225	−740 −1 030	−380 −670	−380 −840	−260 −375	−260 −445	−260 −550							
225	250	−820 −1 110	−420 −710	−420 −880	−280 −395	−280 −465	−280 −570							
250	280	−920 −1 240	−780 −800	−480 −1 000	−300 −430	−300 −510	−300 −620	−190 −271	−190 −320	−190 −400	−190 −510	−110 −162	−110 −191	−110 −240
280	315	−1 050 −1 370	−540 −860	−540 −1 060	−330 −460	−330 −540	−330 −650							
315	355	−1 200 −1 560	−600 −960	−600 −1 170	−360 −500	−360 −590	−360 −720	−210 −299	−210 −350	−210 −440	−210 −570	−125 −214	−125 −214	−125 −265
355	400	−1 350 −1 710	−680 −1 040	−680 −1 250	−400 −540	−400 −630	−400 −760							

公称尺寸/mm		常用及优先公差带（带圈者为优先公差带）															
		f					g			h							
大于	至	5	6	⑦	8	9	5	⑥	7	5	⑥	⑦	8	⑨	10	⑪	12
—	3	−6 −10	−6 −12	−6 −16	−6 −20	−6 −31	−2 −6	−2 −8	−2 −12	0 −4	0 −6	0 −10	0 −14	0 −25	0 −40	0 −60	0 −110
3	6	−10 −15	−10 −18	−10 −22	−10 −28	−10 −40	−4 −9	−4 −12	−4 −16	0 −5	0 −8	0 −12	0 −18	0 −30	0 −48	0 −75	0 −120

公称尺寸/mm		常用及优先公差带（带圈者为优先公差带）															
		f					g			h							
大于	至	5	6	⑦	8	9	5	⑥	7	5	⑥	⑦	8	⑨	10	⑪	12
6	10	-13 / -19	-13 / -22	-13 / -28	-13 / -35	-13 / -49	-5 / -11	-5 / -14	-5 / -20	0 / -6	0 / -9	0 / -15	0 / -22	0 / -36	0 / -58	0 / -90	0 / -150
10	14	-16 / -24	-16 / -27	-16 / -34	-16 / -43	-16 / -59	-6 / -14	-6 / -17	-6 / -24	0 / -8	0 / -11	0 / -18	0 / -27	0 / -43	0 / -70	0 / -110	0 / -180
14	18																
18	24	-20 / -29	-20 / -33	-20 / -41	-20 / -53	-20 / -72	-7 / -16	-7 / -20	-7 / -28	0 / -9	0 / -13	0 / -21	0 / -33	0 / -52	0 / -84	0 / -130	0 / -210
24	30																
30	40	-25 / -36	-25 / -41	-25 / -50	-25 / -64	-25 / -87	-9 / -20	-9 / -25	-9 / -34	0 / -11	0 / -16	0 / -25	0 / -39	0 / -62	0 / -100	0 / -160	0 / -250
40	50																
50	65	-30 / -43	-30 / -49	-30 / -60	-30 / -76	-30 / -104	-10 / -23	-10 / -29	-10 / -40	0 / -13	0 / -19	0 / -30	0 / -46	0 / -74	0 / -120	0 / -190	0 / -300
65	80																
80	100	-36 / -51	-36 / -58	-36 / -71	-36 / -90	-36 / -123	-12 / -27	-12 / -34	-12 / -47	0 / -15	0 / -22	0 / -35	0 / -54	0 / -87	0 / -140	0 / -220	0 / -350
100	120																
120	140	-43 / -61	-43 / -68	-43 / -83	-43 / -106	-43 / -143	-14 / -32	-14 / -39	-14 / -54	0 / -18	0 / -25	0 / -40	0 / -63	0 / -100	0 / -160	0 / -250	0 / -400
140	160																
160	180																
180	200	-50 / -70	-50 / -79	-50 / -96	-50 / -122	-50 / -165	-15 / -35	-15 / -44	-15 / -61	0 / -20	0 / -29	0 / -46	0 / -72	0 / -115	0 / -185	0 / -290	0 / -400
200	225																
225	250																
250	280	-56 / -79	-56 / -88	-56 / -108	-56 / -137	-56 / -186	-17 / -40	-17 / -49	-17 / -69	0 / -23	0 / -32	0 / -52	0 / -81	0 / -130	0 / -210	0 / -320	0 / -520
280	315																
315	355	-62 / -87	-62 / -98	-62 / -119	-62 / -151	-62 / -202	-18 / -43	-18 / -54	-18 / -75	0 / -25	0 / -36	0 / -57	0 / -89	0 / -140	0 / -230	0 / -360	0 / -570
355	400																

公称尺寸/mm		带圈者为优先公差带（带圈者为优先公差带）														
		js			k			m			n			p		
大于	至	5	⑥	7	5	⑥	7	5	6	7	5	⑥	7	5	⑥	7
—	3	±2	+3	±5	+4 / 0	+6 / 0	+10 / 0	+6 / +2	+8 / +2	+12 / +2	+8 / +4	+10 / +4	+14 / +4	+10 / +6	+12 / +6	+16 / +6

公称尺寸 /mm		带圈者为优先公差带（带圈者为优先公差带）														
		js			k			m			n			p		
大于	至	5	⑥	7	5	⑥	7	5	6	7	5	⑥	7	5	⑥	7
3	6	±2.5	±4	±6	+6 +1	+9 +1	+13 +1	+9 +4	+12 +4	+16 +4	+13 +8	+16 +8	+20 +8	+17 +12	+20 +12	+24 +12
6	10	±3	±4.5	±7	+7 +1	+10 +1	+16 +1	+12 +6	+15 +6	+21 +6	+16 +10	+19 +10	+25 +10	+21 +15	+24 +15	+30 +15
10	14	±4	±5.5	±9	+9 +1	+12 +1	+19 +1	+15 +7	+18 +7	+25 +7	+20 +12	+23 +12	+30 +12	+26 +18	+29 +18	+36 +18
14	18															
18	24	±4.5	±6.5	±10	+11 +2	+15 +2	+23 +2	+17 +8	+21 +8	+29 +8	+24 +15	+28 +15	+36 +15	+31 +22	+35 +22	+43 +22
24	30															
30	40	+5.5	±8	±12	+13 +2	+18 +2	+27 +2	+20 +9	+25 +9	+34 +9	+28 +17	+33 +17	+42 +17	+37 +26	+42 +26	+51 +26
40	50															
50	65	±6.5	±9.5	±15	+15 +2	+21 +2	+32 +2	+24 +11	+30 +11	+41 +11	+33 +20	+39 +20	+50 +20	+45 +32	+51 +32	+62 +32
65	80															
80	100	±7.5	±11	±17	+18 +3	+25 +3	+38 +3	+28 +13	+35 +13	+48 +13	+38 +23	+45 +23	+58 +23	+52 +37	+59 +37	+72 +37
100	120															
120	140	±9	±12.5	±20	+21 +3	+28 +3	+43 +3	+33 +15	+40 +15	+55 +15	+45 +27	+52 +27	+67 +27	+61 +43	+68 +43	+83 +43
140	160															
160	180															
180	200	±10	±14.5	±23	+24 +4	+33 +4	+50 +4	+37 +17	+46 +17	+63 +17	+51 +31	+60 +31	+77 +31	+70 +50	+79 +50	+96 +50
200	225															
225	250															
250	280	±11.5	±16	±26	+27 +4	+36 +4	+56 +4	+43 +20	+52 +20	+72 +20	+57 +34	+86 +34	+86 +34	+79 +56	+88 +56	+108 +56
280	315															
315	355	±12.5	±18	±28	+29 +4	+40 +4	+61 +4	+46 +21	+57 +21	+78 +21	+62 +37	+94 +37	+94 +37	+87 +62	+98 +62	+119 +62
355	400															

| 公称尺寸/mm | | 常用及优先公差带（带圈者为优先公差带） | | | | | | | | | | | | | | |
大于	至	r5	r6	r7	s5	s⑥	s7	t5	t6	t7	u6	u7	v6	x6	y6	z6
—	3	+14 +10	+16 +10	+20 +10	+18 +14	+20 +14	+24 +14	—	—	—	+24 +18	+28 +18	—	+26 +20	—	+32 +26
3	6	+20 +15	+23 +15	+27 +15	+24 +19	+27 +19	+31 +19	—	—	—	+31 +23	+35 +23	—	+36 +28	—	+43 +35
6	10	+25 +19	+28 +19	+34 +19	+29 +23	+32 +23	+38 +23	—	—	—	+37 +28	+43 +28	—	+43 +34	—	+51 +42
10	14	+31 +23	+34 +23	+41 +23	+36 +28	+39 +28	+46 +28				+44 +33	+51 +33	—	+51 +40	—	+61 +50
14	18												+50 +39	+56 +45		+71 +60
18	24	+37 +28	+41 +28	+49 +28	+44 +35	+48 +35	+56 +35	—	—	—	+54 +41	+62 +41	+60 +47	+67 +54	+76 +63	+86 +73
24	30	—	—	—	—	—	—	+50 +41	+54 +41	+62 +41	+61 +48	+69 +48	+68 +55	+77 +64	+88 +75	+101 +88
30	40	+45 +34	+50 +34	+59 +34	+54 +43	+59 +43	+68 +43	+59 +48	+64 +48	+73 +48	+76 +60	+85 +60	+84 +68	+96 +80	+110 +94	+128 +112
40	50							+65 +54	+70 +54	+79 +54	+86 +70	+95 +70	+97 +81	+113 +97	+130 +114	+152 +136
50	65	+54 +41	+60 +41	+71 +41	+66 +53	+72 +53	+83 +53	+79 +66	+85 +66	+96 +66	+106 +87	+117 +87	+121 +102	+141 +122	+169 +144	+191 +172
65	80	+56 +43	+62 +43	+73 +43	+72 +59	+78 +59	+89 +59	+88 +75	+94 +75	+105 +75	+121 +102	+132 +102	+139 +120	+165 +146	+193 +174	+229 +210
80	100	+66 +51	+73 +51	+86 +51	+86 +71	+93 +71	+106 +71	+106 +91	+113 +91	+126 +91	+146 +124	+159 +124	+168 +146	+200 +178	+236 +214	+280 +258
100	120	+69 +54	+76 +54	+89 +54	+94 +79	+101 +79	+114 +79	+119 +104	+126 +104	+139 +104	+166 +144	+179 +144	+194 +172	+232 +210	+276 +254	+332 +310
120	140	+81 +63	+88 +63	+103 +63	+110 +92	+117 +92	+132 +92	+140 +122	+147 +122	+162 +122	+195 +170	+210 +170	+227 +202	+273 +248	+325 +300	+390 +365
140	160	+83 +65	+90 +65	+105 +65	+118 +100	+125 +100	+140 +100	+152 +134	+159 +134	+174 +134	+215 +190	+230 +190	+253 +228	+305 +280	+365 +340	+440 +415

公称尺寸 /mm		常用及优先公差带（带圈者为优先公差带）													
		r			s			t			u		v	x	y	z
大于	至	5	6	7	5	⑥	7	5	6	7	6	7	6	6	6	6
160	180	+86 +68	+93 +68	+108 +68	+126 +108	+133 +108	+148 +108	+164 +146	+171 +146	+186 +146	+235 +210	+250 +210	+277 +252	+335 +310	+405 +380	+490 +465
180	200	+97 +77	+106 +77	+123 +77	+142 +122	+151 +122	+168 +122	+186 +166	+195 +166	+212 +166	+265 +236	+282 +236	+313 +284	+379 +350	+454 +425	+549 +520
200	225	+100 +80	+109 +80	+126 +80	+150 +130	+159 +130	+176 +130	+200 +180	+209 +180	+226 +180	+287 +258	+304 +258	+339 +310	+414 +385	+499 +470	+604 +575
225	250	+104 +84	+113 +84	+130 +84	+160 +140	+169 +140	+186 +140	+216 +196	+225 +196	+242 +196	+313 +284	+330 +284	+369 +340	+454 +425	+549 +520	+669 +640
250	280	+117 +94	+126 +94	+146 +94	+181 +158	+190 +158	+210 +158	+241 +218	+250 +218	+270 +218	+347 +315	+367 +315	+417 +385	+507 +475	+612 +580	+742 +710
280	315	+121 +98	+130 +98	+150 +98	+193 +170	+202 +170	+222 +170	+263 +240	+272 +240	+292 +240	+382 +350	+402 +350	+457 +425	+557 +525	+682 +650	+822 +790
315	355	+133 +108	+144 +108	+165 +108	+215 +190	+226 +190	+247 +190	+293 +268	+304 +268	+325 +268	+426 +390	+447 +390	+511 +475	+626 +590	+766 +730	+936 +900
355	400	+139 +114	+150 +114	+171 +114	+233 +208	+244 +208	+265 +208	+319 +294	+330 +294	+351 +294	+471 +435	+492 +435	+566 +530	+696 +660	+856 +820	+1 036 +1 000

公称尺寸 /mm		常用及优先公差带（带圈者为优先公差带）												
		A	B	C	D					E		F		
大于	至	11	11	12	0	8	⑨	10	11	8	9	6	7	⑧	9
—	3	+330 +270	+200 +140	+240 +140	+120 +60	+34 +20	+45 +20	+60 +20	+80 +20	+28 +14	+39 +14	+12 +6	+16 +6	+20 +6	+31 +6
3	6	+345 +270	+215 +140	+260 +140	+145 +70	+48 +30	+60 +30	+78 +30	+150 +30	+38 +20	+50 +20	+18 +10	+22 +10	+28 +10	+40 +10
6	10	+370 +280	+240 +150	+300 +150	+170 +80	+62 +40	+76 +40	+98 +40	+130 +40	+47 +25	+61 +25	+22 +13	+28 +13	+35 +13	+49 +13
10	14	+400 +290	+260 +150	+330 +150	+205 +95	+77 +50	+93 +50	+120 +50	+160 +50	+59 +32	+75 +32	+27 +16	+34 +16	+43 +16	+59 +16
14	18														
18	24	+430 +300	+290 +160	+370 +160	+240 +110	+98 +65	+117 +65	+149 +65	+195 +65	+73 +40	+92 +40	+33 +20	+41 +20	+53 +20	+72 +20
24	30														

公称尺寸 /mm		常用及优先公差带（带圈者为优先公差带）													
		A	B		C	D				E		F			
大于	至	11	11	12	⑪	8	⑨	10	11	8	9	6	7	⑧	9
30	40	+470 +310	+330 +170	+420 +170	+280 +120	+119 +80	+142 +80	+180 +80	+240 +80	+89 +50	+112 +50	+41 +25	+50 +25	+64 +25	+87 +25
40	50	+480 +320	+340 +180	+430 +180	+290 +130										
50	65	+530 +340	+380 +190	+490 +190	+330 +150	+146 +100	+170 +100	+220 +100	+290 +100	+106 +60	+134 +60	+49 +30	+60 +30	+76 +30	+104 +30
65	80	+550 +360	+390 +200	+500 +200	+340 +150										
80	100	+600 +380	+400 +220	+570 +220	+390 +170	+174 +120	+207 +120	+260 +120	+340 +120	+126 +72	+159 +72	+58 +36	+71 +36	+90 +36	+123 +36
100	120	+630 +410	+460 +240	+590 +240	+400 +180										
120	140	+710 +460	+510 +260	+660 +260	+450 +200										
140	160	+770 +520	+530 +280	+680 +280	+460 +210	+208 +145	+245 +145	+305 +145	+395 +140	+148 +85	+185 +85	+68 +43	+83 +43	+106 +43	+143 +43
160	180	+830 +580	+560 +310	+710 +310	+480 +230										
180	200	+950 +660	+630 +340	+800 +340	+530 +240										
200	225	+1 030 +740	+670 +380	+840 +380	+550 +260	+242 +170	+285 +170	+355 +170	+460 +170	+172 +100	+215 +100	+79 +50	+96 +50	+122 +50	+165 +50
225	250	+1 110 +820	+710 +420	+880 +420	+570 +280										
250	280	+1 240 +920	+800 +480	+1 000 +480	+620 +300	+271 +190	+320 +190	+400 +190	+510 +190	+191 +110	+240 +110	+88 +56	+108 +56	+137 +56	+186 +56
280	315	+1 370 +1 050	+860 +540	+1 060 +540	+650 +330										
315	355	+1 560 +1 200	+960 +600	+1 170 +600	+720 +360	+299 +210	+350 +210	+440 +210	+570 +210	+214 +125	+265 +125	+98 +62	+119 +62	+151 +62	+221 +62
355	400	+1 710 +1 350	+1 040 +680	+1 250 +680	+760 +400										

| 公称尺寸/mm | | 常用及优先公差带（带圈者为优先公差带） | | | | | | | | | | | | | | | | | |
大于	至	G 6	⑦	H 6	⑦	⑧	⑨	10	⑪	12	JS 6	7	8	K 6	⑦	8	M 6	7	8
—	3	+8/+2	+12/+2	+6/0	+10/0	+14/0	+25/0	+40/0	+60/0	+100/0	±3	±5	±7	0/−6	0/−10	0/−14	−2/−8	−2/−12	−2/−16
3	6	+12/+4	+16/+4	+8/0	+12/0	+18/0	+30/0	+48/0	+75/0	+120/0	±4	±6	±9	+2/−6	+3/−9	+5/−13	−1/−9	0/−12	+2/−16
6	10	+14/+5	+20/+5	+9/0	+15/0	+22/0	+36/0	+58/0	+90/0	+150/0	±4.5	±7	±11	+2/−7	+5/−10	+6/−16	−3/−12	0/−15	+1/−21
10	14	+17/+6	+24/+6	+11/0	+18/0	+27/0	+43/0	+70/0	+110/0	+180/0	±5.5	±9	±13	+2/−9	+6/−12	+8/−19	−4/−15	0/−18	+2/−25
14	18																		
18	24	+20/+7	+28/+7	+13/0	+21/0	+33/0	+52/0	+84/0	+130/0	+210/0	±6.5	±10	±16	+2/−11	+6/−15	+10/−23	−4/−17	0/−21	+4/−29
24	30																		
30	40	+25/+9	+34/+9	+16/0	+25/0	+39/0	+62/0	+100/0	+160/0	+250/0	±8	±12	±19	+3/−13	+7/−18	−12/−27	−4/−20	0/−25	+5/−34
40	50																		
50	65	+29/+10	+40/+10	+19/0	+30/0	+46/0	+74/0	+120/0	+190/0	+300/0	±9.5	±15	±23	+4/−13	+9/−21	+14/−32	−5/−24	0/−30	+5/−41
65	80																		
80	100	+34/+12	+47/+12	+22/0	+35/0	+54/0	+87/0	+140/0	+220/0	+350/0	±11	±17	±27	+4/−15	+10/−25	+16/−38	−6/−28	0/−35	+6/−48
100	120																		
120	140																		
140	160	+39/+14	+54/+14	+25/0	+40/0	+63/0	+100/0	+160/0	+250/0	+400/0	±12.5	±20	±31	+4/−18	+12/−28	+20/−43	−8/−33	0/−40	+8/−55
160	180																		
180	200																		
200	225	+44/+15	+61/+15	+29/0	+46/0	+72/0	+115/0	+185/0	+290/0	+460/0	±14.5	±23	±36	+5/−24	+13/−33	+22/−50	−8/−37	0/−46	+9/−63
225	250																		
250	280	+49/+17	+69/+17	+32/0	+52/0	+81/0	+130/0	+210/0	+320/0	+520/0	±16	±26	±40	+5/−27	−16/−36	+25/−56	−9/−41	0/−52	+9/−72
280	315																		
315	355	+54/+18	+75/+18	+36/0	+57/0	+89/0	+140/0	+230/0	+360/0	+570/0	±18	±28	±44	+7/−29	+17/−40	+28/−61	−10/−46	0/−57	+11/−78
355	400																		

公称尺寸/mm		常用及优先公差带（带圈者为优先公差带）										
		N			P		R		S		T		U
大于	至	6	⑦	8	6	⑦	6	7	6	⑦	6	7	⑦
—	3	−4 −10	−4 −14	−4 −18	−6 −12	−6 −16	−10 −16	−10 −20	−14 −20	−14 −24	—	—	−18 −28
3	6	−5 −13	−4 −16	−9 −20	−9 −17	−8 −20	−12 −20	−11 −23	−16 −24	−15 −27	—	—	−19 −31
6	10	−7 −16	−4 −19	−3 −25	−12 −21	−9 −24	−16 −25	−13 −28	−20 −29	−17 −32	—	—	−22 −37
10	14	−9 −20	−5 −23	−3 −30	−15 −26	−11 −29	−20 −31	−16 −34	−25 −35	−21 −39	—	—	−26 −44
14	18												
18	24	−11 −24	−7 −28	−3 −36	−18 −31	−14 −35	−24 −37	−20 −41	−31 −44	−27 −48	—	—	−33 −54
24	30											−37 −50	−33 −54	−40 −61
30	40	−12 −28	−8 −33	−3 −42	−21 −37	−17 −42	−29 −45	−25 −50	−38 −54	−34 −59	−43 −59	−39 −64	−51 −76
40	50											−49 −65	−45 −70	−61 −86
50	65	−14 −33	−9 −39	−4 −50	−26 −45	−21 −51	−35 −54	−30 −60	−47 −66	−42 −72	−60 −79	−55 −85	−76 −106
65	80						−37 −56	−32 −62	−53 −72	−48 −78	−69 −88	−64 −94	−91 −121
80	100	−16 −38	−10 −45	−4 −58	−30 −52	−24 −59	−44 −66	−38 −73	−64 −86	−58 −93	−84 −106	−78 −113	−111 −146
100	120						−47 −69	−41 −76	−72 −94	−66 −101	−97 −119	−91 −126	−131 −166
120	140	−20 −45	−12 −52	−4 −67	−36 −61	−28 −68	−56 −81	−48 −88	−85 −110	−77 −117	−115 −140	−107 −147	−155 −195
140	160						−58 −83	−50 −90	−93 −118	−85 −125	−127 −152	−119 −159	−175 −215
160	180						−61 −86	−53 −93	−101 −126	−93 −133	−139 −164	−131 −171	−195 −235

公称尺寸/mm		常用及优先公差带（带圈者为优先公差带）										
		N			P		R		S		T		U
大于	至	6	⑦	8	6	⑦	6	7	6	⑦	6	7	⑦
180	200						−68 −97	−60 −106	−113 −142	−105 −151	−157 −186	−149 −195	−219 −265
200	225	−22 −51	−14 −60	−5 −77	−41 −70	−33 −79	−71 −100	−63 −109	−121 −150	−113 −159	−171 −200	−163 −209	−241 −287
225	250						−75 −104	−67 −113	−131 −160	−123 −169	−187 −216	−179 −225	−267 −313
250	280	−25 −57	−14 −66	−5 −86	−47 −79	−36 −88	−85 −117	−74 −126	−149 −181	−138 −190	−209 −241	−198 −250	−295 −347
280	315						−89 −121	−78 −130	−161 −193	−150 −202	−231 −263	−220 −272	−330 −382
315	355	−26 −62	−16 −73	−5 −94	−51 −87	−41 −98	−97 −133	−87 −144	−179 −215	−169 −226	−257 −293	−247 −304	−369 −426
355	400						−103 −139	−93 −150	−197 −233	−187 −244	−283 −319	−273 −330	−414 −471

附录 J　几何公差

直线度、平面度公差值

圆度、圆柱度公差值

平行度、垂直度、
倾斜度公差值

同轴度、对称度、
圆跳动、全跳动公差值

轴和轴承座孔
的几何公差